日欧エネルギー・環境政策の
現状と展望

―― 環境史との対話 ――

田北廣道 著

九州大学出版会

　　　　　はしがき

　2000年4月の九州大学経済学部の大学院重点化に伴う組織再編のなかで，スタッフ横断的な研究プロジェクト「日本経済に関する政策形成・評価の総合的研究」が立ち上げられた。このプロジェクトは，「政策評価研究会」を中心にして定期的な研究報告会の開催と『年報(政策分析)』刊行を核とした活動の展開を計画していた。このプロジェクトへの参加を勧められたとき，専門領域の隔たりが大きいことから多少躊躇する気持ちはあったが，「清水の舞台から飛び降りる」気持ちで「日欧エネルギー・環境政策」を分担テーマに掲げ，敢えて挑戦することにしたが，それには2つの理由がある。
　第1は，学的な関心である。筆者は，1970年代以降内外学界において幅広い関心を集めてきた「プロト工業化」をめぐる論争史を検討したことがある[1]。この「プロト工業化」とは，概念の提唱者であるF.メンデルスにしたがえば，機械制・工場制に基づく本格的な工業化に先行して農村部に展開した域外市場向け手工業のことで，地域内の農業・工業・人口動態の相互作用が工業化の前提条件(資本蓄積，工場労働者の予備軍，企業家精神，内部市場等)の形成を促進するという意味から，工業化の第1ステップに位置づけられる。このようにプロト工業化論は，産業革命ないし産業資本主義の史的起源をめぐる古典的議論の文脈で登場したが，国民国家をではなく地域を分析単位に据えていた事情もあって，その受け止め方は国によって多様だったが，ドイツ学界は，いち早くかつ積極的に対応した。P.クリーテらマクス・プランク研究所の3人のネオマルキストたちは，「工業化前の工業化」としてその概念を批判的に継承し，封建制から資本主義への移行の最終局面に位置づける所説を提示した。そして，これら「第一世代」にとってのハイライトが，1982年第8回国際経済史会議の主要テーマへの選定であり，折しも南北問題が先鋭化するなか，途上国の工業化にとって有効な処方箋を西欧諸国の歴史的経験

に求めようとする現代的要請とも重なって国際的に大きな関心を集めることになった。欧米はもちろん，アジア・アフリカを含む世界各国から寄せられた49本の論考をもとに仮説の検証が行われ，ここに国際的に認知された版の理論が完成した。

　この理論は，婚姻行動の変化や顕示的消費など平民の文化的諸相にも目配りして，歴史人口学や社会史をはじめ広範な分野の成果を組み込んでおり，「地域的な全体史」の典型例として，いわば70年代の社会経済史研究の一つの到達点を示していた。しかし，管見の限り，18世紀後半–19世紀初頭ドイツにおける薪炭価格高騰の原因の一つを，燃料多消費型の産業を含む「プロト工業」の急成長に求める所説をめぐる論議を除けば，環境問題を正面から取り上げた業績は皆無に等しい状況にあった[2]。それが「工業化期の環境問題」に目を開かせ，1990年代初頭以降のドイツ学界の代表的な研究文献・論文の収集を手がけ始める直接のきっかけとなった。

　ところで，丁度そのころから「第一世代」の理論は，限界を露呈していた。1982年の国際経済史学会以降その理論に沿って地域研究が活性化したが，成果の大半は理論を確認するどころか，疑問を投じたからだ。しかも，批判の矛先は理論の個々の構成要素にとどまらず，工業化の前提条件形成という理論の根幹にも向けられており，「工業化の挫折」や「農業への回帰」の例が多数報告されるに及んで，「第一世代」は「線形的進化」理論としての限界を露呈しつつ表舞台から退いていった。実は，本書第6章で見るように，環境史研究の一大潮流が「経済成長・技術進歩」を鍵概念に経済社会の歴史的歩みを再構成する従来の方法への果敢な挑戦にあることを考慮するとき，「第一世代」理論が環境問題を等閑視したことも十分首肯できるのである[3]。

　しかし，1990年代初頭に「第二世代」を標榜しつつ登場した歴史家たちが，「線形的進化」論を俎上に載せたからといって，環境次元を取り入れた工業化研究に踏み出したわけではない。とくに，「第二世代」は，プロト工業化の進展そのものが共同体・領主制的な諸制度を解体に導くと考えた「第一世代」の暗黙の前提をするどく問題とし，さらに一歩進んでプロト工業の発展を左右する要因として社会制度に照準を合わせた研究を推進したからである。当然ながら，その出発点からして「第二世代」は，一つの理論体系への収斂

というよりは，むしろ多様な社会制度に彩られた多数の地域的工業化論に拡散する傾向をもっており，「第一世代」と違って明快な定式化は不可能である。そこで，「第二世代」の旗振り人の一人，S. オギルビーの所説を紹介しよう[4]。

　オギルビーは，ヴュルテンベルクの黒森地方の毛織物工業に例をとり，領邦国家とギルド・カンパニーとの間の互酬的な共生関係を検出し，それをプロト工業の順調な発展にとっての足かせと理解した。オギルビーにあって，社会制度は市場を通じた自由な資源配分にとっての障害物に他ならない。しかし，このような古典的な制度解釈は，新制度派経済学の流れをくむ歴史家たちから，きびしい批判を受けることになった。その点は，1980年代から多数の歴史家と経済理論家との参加のもと再燃してきた新版ギルド論争から容易に読みとれる[5]。ギルドの本質的機能をめぐっても，自由主義史学とマルクス・レーニン主義史学に代表される古典的な営業独占説以外にも下記の所説が提示されて，まさに百花繚乱の様相を呈している。情報の非対称性のもとでの生産・販売における取引費用の節減を軸にした所説（Gustaffson），ギルドの加入制限を資本ストック増に伴う保護・防衛費用の拡大への歯止めから説明する「資本課税」説（Hickson / Thompson），成員相互の低利での資金融通を柱とする「信用供与」説（Pfister），ギルドをめぐる不断の競争から技術革新・製品改良を通じた利潤追求を志向する「レント」説（Epstein）が，その代表例に当たる[6]。

　これら新理論の中には，史実から遊離した理論の「一人歩き」と見なさざるをえないものもあるにはあるが，他方で，1970年代以降に史料基盤の拡大，統計的手法の利用，および社会史との対話に代表される「方法と問題意識の革新」を通じて進められてきた古典理論批判の一つの到達点を表現していることを看過してはならない。プロト工業化に関連する限りでみても，技術革新への柔軟な対応，農村ギルドの遍在，低コストの単純作業を補完する熟練労働力の供給，手工業親方から企業家への上昇の広範な検出など多様な成果が提示されている。少なくとも，プロト工業化の時期までギルドは，経済局面の変化や地域間競争に敏速に対応できる柔軟性を備えた制度だったのである[7]。

以上のように,「第二世代」は,新制度派経済学との対話を通じて,新たな工業化論の構築にもつながる豊かな可能性を秘めているが,それと同時に共同体・領主制的関係の解体と工業化の進展を過度に強調するあまり,国民経済の縮図として地域的工業化を位置づける古典的所説に先祖返りするか,あるいはそれとは正反対に,地域的工業化の無限の比較史に堕する危険性をもっている。これらの限界を乗り越え,「第二世代」の成果を十分に活かすためには,プロト工業化をより広い歴史的文脈に位置づけて再構成することが必要である。そして,この点で手がかりを与えるのが W. ジーマンの近業である。ジーマンは,第6章で詳述するように,19世紀ドイツ史を読み解く鍵概念として「二重(産業・市民)革命」を挙げる従来の所説に飽きたらず,「エコ(生態系)革命」概念を付け加えており,それを通じて「成長・進歩」と,今日の環境危機まで繋がるような人間・自然関係の根本的変化との葛藤に満ちた時代相を描き出している。この意味での「エコ革命」の時代状況の中にプロト工業化論を位置づけて再解釈を試みること,これがそもそも環境史に関心を抱いた学的なきっかけである。

　第2の理由は,大学院重点化に伴う研究・教育の一体的推進という研究会の掲げる目標に共感を覚えたからにほかならない。筆者のように中・近世西欧経済史を専攻する研究者は,ともすれば自分の対象とする時代と地域に閉じこもりがちである。しかし,我が国における経済史学の展開は,元来,日本資本主義論争に象徴されるように現状認識と将来戦略の構築という眼前の問題との格闘を出発点に置いていたはずである。この意味からも「現代と歴史の対話」に根ざした社会経済史の研究・教育の再編を考えていた。そして,今回の研究プロジェクトへのお誘いが,第1,第2の問題関心の遭遇する契機となった。しかも,ドイツ学界における環境史研究・教育は,1990年代からそれを地でいくかのような方向に踏み出しており,我々が学ぶべき模範例が存在していたことを忘れてはならない。詳細は,別稿および第6章1節に譲るが,研究・教育に関係する事実を一つずつ紹介しておこう。

　研究面では,環境史研究の急成長にとって直接の契機となったのが,1970年代の2度にわたる石油危機,および酸性雨や森林枯死として表面化していた環境危機に他ならなかったことを挙げれば十分であろう。この現代からの

問いかけに敏速に応えるかのように，社会経済史や技術史をはじめ歴史科学は，総力を挙げて歴史的なエネルギー転換や林業史に取り組み，論議が著しく活発化した。ドイツ学界の挑戦は，それにとどまらず，環境問題の解明には人文・社会科学と自然科学の双方の協力が不可欠なことから，学際的な研究集会の組織と成果の刊行が相次ぎ，また1990年代からは文理融合的なカリキュラム編成や学位授与に向けた試みも始動してきている。現代の環境危機を呼び水にして，環境史は研究・教育の革新に踏み出してきたのである[8]。

環境史は，もはや行きすぎた「成長」の裏面史として社会経済史叙述を飾る「刺身のつま」などではなく，独自の学問領域として自己主張を始めたのである。2003年10月環境史をテーマにしたパネルで同席した東洋史の先生が，台湾で開催された中国環境史に関わる国際研究集会での経験談として，純粋に歴史時代を扱った報告は3点にすぎず，他はいずれも現代の環境破壊を中心とした内容であったことに驚かされた主旨の話をされた。それは，環境問題を考える上で「現代と歴史」双方向から接近する必要性を，いやが上にも再確認してみせている。環境問題の考察に当たり「現代と歴史の対話」の視角から双方向的に接近を試みるのも，この辺りの事情を念頭に置いてのことである。

ちなみに，『政策分析2000』－『政策分析2003』に掲載した論文4点のうち2本につき英訳を発表したのも，研究・教育の一体的推進の主旨に沿ったものである。とくに，筆者の属する国際経済・経営部門（専攻）では，大学院で学ぶ留学生の増加に対応するためにも，英語による講義の実施が繰り返し話題になってきた。大学院教育において「市場経済史」を担当する筆者が，西洋経済史に関する研究成果を英語で講義するにしても，それは横書きの内容を縦書きに直し，さらに今一度横書きしたとのそしりを免れまい。エネルギー政策を軸としてではあれ，EU・ドイツと日本の比較分析の結果を英訳して，その意義を問うたのも，その辺りの事情を考慮してのことである。

本書は，過去4年間に上記の研究プロジェクトにおいて筆者が担当した下記の研究成果に大きく依拠している。

1.「EUエネルギー政策の基本理念と戦略」九州大学大学院経済学研究院・

政策評価研究会編著『政策分析2000——21世紀への展望』九州大学出版会，2000年，pp. 303–335.
2. 「ヨーロッパにおける環境政策手段の変化——1970年代以降に法規制から経済的手段への重心移動はあったか」九州大学大学院経済学研究院・政策評価研究会編著『政策分析2001——比較政策論の視点から』九州大学出版会，2001年，pp. 113–141.
3. 「日本におけるエネルギー政策の展望——ドイツとの比較を中心に」九州大学大学院経済学研究院・政策評価研究会編著『政策分析2002——90年代の軌跡と今後の展望』九州大学出版会，2002年，pp. 151–182.
4. 「日欧エネルギー・環境政策の現状——環境史からの教訓」九州大学大学院経済学研究院・政策評価研究会編著『政策分析2003——政策・制度への歴史的接近の視軸から』九州大学出版会，2003年，pp. 129–186.
5. The Principle and Strategy of EU Energy Policy, in Research Project Group for Policy Evaluation in Kyushu University（ed.）, *New Perspectives on Policy Planning and Analysis*. Kyushu University Press, 2001, pp. 143–162.
6. A Perspective on the Energy Policy in Japan: A Lesson from a Comparison with a German Case, in Research Project Group for Policy Evaluation in Kyushu University（ed.）, *New Perspectives on Policy Planning and Analysis 2002*. Kyushu University Press, 2003, pp. 57–88.

なお，2000–2002年度には，九州大学大学院経済学研究院の重点化特別経費から，2003年度には同じく特別共同研究費から研究補助を受けた。また，2001–2002年度には「初期工業化期ドイツにおける環境問題と住民運動に関する研究」に関して科学研究補助金・基盤研究（C）（2）からの支援をえた。それに関連した下記の3論文も，本書の構想に活かされていることを付言しておきたい。

1. 「18–19世紀ドイツにおけるエネルギー転換——『木材不足』論争をめぐって」『社会経済史学』68–6, 2003年，pp. 41–54.

2. 「『ドイツ最古・最大』の環境闘争――1802/03 年バンベルク・ガラス工場闘争に関する史料論的概観」『経済学研究』69-3・4, 2003 年，pp. 235-269.
3. 「19-20 世紀ドイツにおける環境行政の諸局面――環境史の挑戦」『経済学研究』70-4・5, 2004 年，pp. 311-339.

　本書が，そもそも研究費投入額に見合っただけの成果を上げられたかどうか心許ない限りだが，その判断は読者諸賢の判断に委ねることにして，この場では本部局と関係の深い元税理士の南信子氏の寄付金をもとにして設けられた「南信子」基金から刊行助成をえて，本書を世に問うことが「重点化研究推進」の主旨にも十分適っていることを確認するとともに，出版の機会をご提供いただいた南信子氏に深く感謝したい。最後になったが，門外漢として手探りで現代のエネルギー・環境問題に取り組み始めた筆者に，機会あるごとに温かい助言を与えてくださった研究会メンバーの諸氏に心から謝意を表したい。本書の出版にあたり，九州大学出版会の編集長の藤木雅幸氏と担当者の永山俊二氏の両氏にお世話になった。心よりお礼を申し上げたい。

注

1) 我が国の代表的な業績だけを挙げておこう。石坂昭雄「地域世界の経済史――ヨーロッパ経済」社会経済史学会編『社会経済史学の課題と展望(学会創立 60 周年記念)』有斐閣，1992 年。斎藤修『プロト工業化の時代――西欧と日本の比較史』日本評論社，1985 年。篠崎信義・石坂昭雄・高橋秀行編著『地域工業化の比較史研究』北海道大学図書刊行会，2003 年。田北廣道「ドイツ学界におけるプロト工業化研究の現状 (1)――東ドイツ学界の場合」『商学論叢(福岡大学)』32-2, 1987 年，pp. 399-434. 田北廣道「プロト工業化から手工業地域へ――第 8 回国際経済史会議以降の欧米学界」『経済学研究(九州大学経済学会)』第 62 巻合併号，1996 年，pp. 149-169. 田北廣道「西欧工業化期の経済と制度――第二世代の『プロト工業化』研究に寄せて」伊東弘文・徳増俤洪編『現代経済システムの展望』九州大学出版会，1997 年，pp. 265-287. 馬場哲『ドイツ農村工業史――プロト工業化・地域・世界市場』東京大学出版会，1993 年。フランクリン・メンデルス，ルドルフ・ブラウン他著，篠塚信義・石坂昭雄・安元稔編訳『西欧近代と農村工業』北海道大学図書刊行会，1991 年。
2) 本書 6.3「化石燃料へのエネルギー転換」を参照せよ。
3) 「地域的工業化」の文脈で，機械破壊運動を機械制・工場制に抵抗する「後ろ

向きの」小生産者の闘争と捉える古典的見解に修正を迫ったランドールの業績は，数少ない例外をなす (Randall, A.J., Work, Culture and Resistance to Machinery in the West of England Woollen Industry, in Hudson, P. (ed.), *Regions and Industries*. Cambridge, 1989, pp. 175–198. Randall, A.J., *Before the Luddites*. Cambridge, New York, 1991)。

4) 代表的業績として Ogilvie, S.C., *State Corporatism and Proto-Industry. The Württemberg Black Forest 1580–1797*. Cambridge, 1997 を挙げておく。オギルビーの所説に批判的な立場の業績に Ebeling, D., / Mager, W. (ed.), *Proto-industrialisierung in der Region*. Bielefeld, 1997. Kriedte, P. / Medick, H. / Schlumbohm, J., Proto-Industrialisierung am Ende des 20. Jahrhunderts, in *Jahrbuch für Wirtschaftsgeschichte*, 1998, pp. 49–78 がある。オギルビー説の意義と限界については，田北廣道「西欧工業化期の経済と制度——第二世代の『プロト工業化』研究に寄せて」伊東弘文・徳増俠洪編『現代経済システムの展望』九州大学出版会，1997 年，pp. 265–287 を参照せよ。

5) この新版ギルド論争を意識しつつ 1998 年国際経済史会議でもパネルが組織されたが，その内容は最近の研究の到達点の総まくりの感がある (Núñez, C. (ed.), *Guilds, Economy and Society*. Sevilla, 1998)。

6) Epstein, S.R., Craft Guilds, Apprenticeship and Technological Change in Preindustrial Europe, in *The Journal of Economic History*, 58–3, pp. 684–713. Gustafsson, B., The Rise and Economic Behaviour of Medieval Craft Guilds, in Id (ed.), *Power and Economic Institutions*. Worchester, 1991, pp. 69–107. Hickson, C.R. / Thompson, E. A., A New Theory of Guilds and European Economic Development, in *Explorations in Economic History*, 28, 1991, pp. 127–168. Pfister, U., Craft Guilds and Proto-industrialization in Europe, 16th to 18th Centuries, in Núñez, C. (ed.), *Guilds, Economy and Society*. Sevilla, 1998, pp. 11–23.

7) 田北廣道「手工業者とギルド」佐藤彰一・池上俊一・高山博編『西洋中世史研究入門』名古屋大学出版会，2000 年，pp. 146–153.

8) Bayerl, G. / Troitzsch, U. (ed.), *Quellentexte zur Geschichte der Umwelt von der Antike bis heute*. Göttingen / Zürich, 1998, pp. 19–20 のドイツの研究組織に関する叙述を参照せよ。

目　次

はしがき i

第1章　課題と方法 1
1.1　課題と分析視角——比較の「横軸」と「縦軸」—— 1
1.2　本書の構成 6

第2章　1990–2000年EUエネルギー政策の基本理念と戦略 11
2.1　EUにおける環境・エネルギー政策の歩み 11
2.1.1　環境政策の展開——EU政策への環境保全の統合へ——
2.1.2　EUエネルギー政策の転換——持続可能な資源利用へ——
2.2　再生可能エネルギーの拡大策 26
——1997年「将来のエネルギー白書」の構想——
2.3　ドイツにおける新たなエネルギー政策の追究 32
2.3.1　2000年「再生可能エネルギー法」——法制度の変化と政策効果——
2.3.2　「エネルギー対話2000の成果」——エネルギー政策再構築の試み——
2.4　小括——日欧エネルギー政策の基本理念・戦略の比較—— 49

第3章　2000–2002年日独エネルギー政策の比較 59
3.1　2000–2002年日本のエネルギー政策——惰性の継続—— 62
3.1.1　1998年6月「長期エネルギー需要見通し」の微修正
——2001年7月「新見通し」——
3.1.2　地球温暖化対策の進展とその問題点
3.1.3　新エネルギー促進策——法的枠組みの整備の遅れ——
3.1.4　環境税——導入への消極的姿勢——
3.1.5　原子力——あくなき推進——

3.2　1998-2002年ドイツのエネルギー政策 78
　　　──脱原子力と気候保全──
　3.2.1　エネルギー転換──脱原子力と基本目標の調和──
　3.2.2　気候保全プログラム──持続可能なエネルギー政策に向けて──
　3.2.3　再生可能エネルギーの促進──倍増計画の実践──
　3.2.4　エコ税制改革──エネルギー節約と「小さな配当」──
　3.2.5　2020年エネルギー市場予測──ドイツ版「長期見通し」──
3.3　小括──ドイツからの教訓── 97

第4章　2003年日欧エネルギー・環境政策の現状 105
　　　──評価と教訓──

4.1　EUエネルギー政策の効果をめぐる論争 106
　4.1.1　学説の概観
　4.1.2　小　括
4.2　EUエネルギー政策の評価──重点領域を中心に── 113
　4.2.1　EUエネルギー政策の展望
　　　　──2002年6月「緑書への最終報告」──
　4.2.2　省エネ・効率化の推進と再生可能エネルギー拡充策
　4.2.3　原子力論議の再燃
　4.2.4　小　括
4.3　日本のエネルギー政策の現状 131
　4.3.1　2002年6月に至るエネルギー政策
　4.3.2　2003年7月「エネルギー基本計画（案）」
　4.3.3　原子力政策──飽くなき追究──
　4.3.4　新エネルギー──制度化の遅れ──
　4.3.5　温暖化対策税の具体化に向けて──一歩前進？──
　4.3.6　小　括
4.4　日欧エネルギー・環境政策の現状──中間総括── 154

第5章　1970年代以降ヨーロッパにおける環境政策手段の変化 .. 159
　　　──法規制から経済的手段への重心移動はあったか──

5.1　本章の位置づけ──「横軸」と「縦軸」の橋渡し── 159

5.2 中・東欧における環境政策の変遷 162
　　　――指令・統制型の限界――
　5.2.1 資本主義の本質矛盾としての環境問題――社会主義の優越性――
　5.2.2 高度な工業化・都市化の産物としての環境問題
　5.2.3 1980年代後半の環境問題の新展開とその限界
5.3 環境政策における経済的手段 174
　5.3.1 経済的手段の事後評価
　5.3.2 政策手段の選択から政策形成・施行過程へ
　5.3.3 経済的手段から情報開示へ？
5.4 小括――「国家 vs 市場」を超えて―― 193

第6章　環境史からの教訓 201
　　　――19-20世紀ドイツの環境行政――
6.1 環境史に関する研究動向の概観 202
　　　――環境ガヴァナンスとの関連で――
6.2 1800-1950年ドイツ環境行政における2局面 212
　6.2.1 2つの事例研究
　6.2.2 法制的変化――企業の事前認可制度と「隣人権」の制限――
　6.2.3 小　括
6.3 化石燃料へのエネルギー転換 229
　6.3.1 「木材不足」論争
　6.3.2 小　括
　む　す　び 239

第7章　結　　論 249

　資料・参考文献一覧 261

第1章

課題と方法

1.1 課題と分析視角——比較の「横軸」と「縦軸」——

　1893年シカゴ万国博覧会の開幕前日，全米新聞協会は記念行事の一つとして100人の有識者に1世紀後の未来図を描かせた。エネルギーの点では，当時エネルギー消費に占める石炭の割合が60%を超えていたこともあって，この趨勢は今後も継続すると予想された。電気が蒸気機関を駆逐するとの予測はあったが，石油時代の到来，自動車の普及，安価なエネルギーの普及と生活スタイルの根本的変化，それが様々な次元で地球環境に与える深刻な影響を考えた者は一人もいなかった[1]。翻ってヨーロッパに目を転じてみれば，1880年代のイギリスでは石炭埋蔵量の有限性を意識して太陽光技術開発の必要性もすでに説かれており[2]，また1903年ドイツでは石炭の大量使用が大気に与える影響として「温室効果」にも注意が喚起されていた[3]。しかし，新たな埋蔵資源の発見や採掘技術の改良が続き，また「生態系のプロメテウス」として水力・火力発電による電力が，石炭時代につきものの煤煙や悪臭など深刻な環境汚染を一掃できるとする神話も登場し，さらには電動モーターが蒸気機関を駆逐して第二次産業革命に道を開くなか，そうした危機感はいつの間にか霧散してしまった[4]。

　このシカゴ万博から100年後の現在，われわれは温室効果ガスの排出削減，環境負荷の低減，そして「持続可能な発展」のためのエネルギー転換を迫られている。エネルギー源の主力である化石燃料に加え，1950年代には核融合による永続エネルギー源という幻想を生み出し，オイルショック後には化石燃料の代替物あるいは二酸化炭素を排出しないクリーンなエネルギーとして

表 1–1　1900 年と 1997 年における世界のエネルギー使用量(石油換算量)

	1900 年		1997 年	
石炭	501(百万トン)	55(%)	2,122(百万トン)	22(%)
石油	18	2	2,940	30
天然ガス	9	1	2,173	23
原子力	0	0	579	6
再生可能エネ*	383	42	1,833	19
合計	911	100	9,647	100

(注)　*は，バイオマス，水力，風力，地熱，太陽エネルギーを含む．
[典拠]　レスター・ブラウン，1999，p. 39．

　もてはやされた原子力も，重大な事故や廃棄物処理など多くの問題を抱えたままで，世界の中心舞台から降りつつある．それに代わって，近年，広く注目を集めてきたのが，太陽光，風力，小型水力，各種のバイオマス，地熱・ヒートポンプ，など再生可能エネルギー源である．我が国の資源エネルギー庁は，それらに発電・熱利用目的の廃棄物を含め「新エネルギー」に一括りして考えているが[5]，経済史家の目からみれば，最近の趨勢は新エネルギーというよりは，むしろ近代技術の装いを施した 1900 年時点の旧エネルギー・システムへの回帰とさえ見なせる(表 1–1 を参照)．いや，ドイツ学界における環境史研究の開拓者の一人，R. P. ジーフェーレの挙げた西欧エネルギー源構成の推計に従えば，1800 年頃への逆戻りともいえる．動力・機械エネルギーも含めて，木材 41%，畜力 41%，水力 12%，人力 3%，風力 1% の構成比となっていたからである[6]．この状況が，19 世紀にまで遡及して現代の環境・エネルギー政策を長期的に再検討する作業を要請しているともいえるが，この点は下で立ち返る．

　ところで，以上のような動きは，1997 年第 3 回の気候変動協約国会議(COP3)，京都会議における温室効果ガス削減の数値目標の設定，その目標達成の手段として排出量取引や柔軟化メカニズムの確認などを受けて加速度化してきた．ただ，1998 年ブエノスアイレスで開催された第 4 回会議(COP4)における，それら手段の適否や数量制限をめぐる日米両国とヨーロッパ諸国の激しい意見の対立からもうかがえるように，エネルギー・ミックスの考え

方や環境(炭素)税の導入など経済的手段の使い方、あるいは政策スタイルをはじめ、先進国の間でもエネルギー政策は決して一枚岩ではない[7]。その印象的な例が、原子力をめぐる日本とドイツ（EU）の対照的な姿勢である。

この両国は、電力供給会社の地域独占の解体、電力に占める原子力の比重——1999年ドイツで31％、1997年日本で35％[8]——、省エネとエネルギー効率改善の徹底の点で相通ずるものがあるが、こと原子力エネルギーについてはまったく別の道を歩んでいる。

我が国が、1998年総合エネルギー調査会部会のまとめた2010年までの「長期エネルギー需給見通し」において、3E（「Energy Security エネルギー安定供給」、「Environmental Protection 環境保全」、「Economic Growth 経済成長」）の調和をエネルギー政策の基調に据えつつ、ベスト・ミックスの要に原子力と天然ガスを挙げており、とくに原子力発電の比重を2010年までに45％まで高める目標を設定している[9]。この内容は、後述の通り、JCO事故の影響もあって2001年7月の「今後のエネルギー政策について」において微修正されたが、「準国産エネルギー源」と表現される原子力の拡充方針は変わっていない。他方、ドイツでは、2000年6月14日社会民主党・緑の党の連立内閣が、キリスト教民主・社会同盟、自由党および産業界からの根強い反発にもかかわらず、原子炉の耐用年限を32年と見なし順次閉鎖に踏み切る方針を提示したことは記憶に新しい[10]。また、最初に運転停止されるはずのオプリヒハイム原発が、フィリップスブルク原発の残余発電量の一部を継承することで2年間運転期間を延長されることが決まり、大きな議論を呼んだこと、しかしこのオプリヒハイムに先行して2004年運転停止予定のシュターデ原発が2003年11月14日に商業用発電の中止を決定したこと、これら2点も周知の通りである[11]。その他、両国のエネルギー政策の違いは多数ある。例えば、我が国で2004年以降の導入を睨んで近年ようやく具体的な議論の叩き台が提示された「炭素税」も、ドイツでは1999年4月に導入され、市場メカニズムを利用したエネルギー消費と温室効果ガスの排出削減とクリーンなエネルギーへの転換が積極的に推進されて、すでに一定の効果を上げている。

このような日欧におけるエネルギー政策の基本スタンスの違い、あるいはそのような違いを生み出す政策決定に至る社会的プロセス、政策目標を実現

するための法的・制度的条件と，それを支える経済社会思想の比較や政策効果の検討が，筆者の一方の課題となる[12]。その際，比較の対象として取り上げるのは EU，あるいは 1980 年代後半からデンマーク・オランダとともに「緑のトロイカ」の一角を占め環境先進国の仲間入りしたドイツである。これは，同時代の政策間の相互比較という意味から，座標軸で言えば比較の「横軸」に相当する。

ただ，あらかじめ一言しておくが，ドイツを比較の対象国に選んだのは，EU 内の環境優等国として学ぶべき点が多々あるからだけではない。産業構造やエネルギー事情の点で我が国と重なる部分も多く，比較の相手として好適な条件を備えているからに他ならない。

まず，産業構造でみると，第二次産業の比率は，ドイツ 24.1% と日本 24.7%——合衆国 18.0%，OECD 諸国の平均 19.8%——と，情報化や金融・サービス化の進展する中で製造業は先進国の中でも高い比重を保っている[13]。エネルギー事情についても，豊富な石炭・褐炭埋蔵量を誇るドイツと石油依存度の高い日本との間に相違はあるものの，高い輸入依存度——1997 年ドイツで 60%，日本は 79%——と一次エネルギー源と電源の構成において類似性が目立つ。1997 年一次エネルギー源について，ドイツで石油 40.1%，石炭・褐炭 24.8%，天然ガス 20.7%，原子力 12.8%，水力・その他 1.7%，日本では石油 52.7%，石炭 16.8%，天然ガス 10.7%，原子力 16.1%，水力・その他 3.7% だし，電源についても，ドイツで石炭・褐炭 53.4%，原子力 31.1%，天然ガス 9.2%，水力・その他 3.7%，石油 1.3%，日本では原子力 31%，石油 18.2%，天然ガス 20.5%，石炭 19.1%，水力・その他 9.1% の順になっているからである[14]。

ところで，もう一方の課題は，1–2 世紀といった長期的視野から今日のエネルギー・環境政策の位置づけを考察し，今後の展望をえることである。これは同時代の環境先進地域 EU との比較を内容とする「横軸」に対して，史的な比較という意味から「縦軸」に当たる。このような作業の必要性は，今日の地球温暖化問題の史的起源が化石燃料の大量消費を生みだした「産業革命」まで遡及できるという一事をもってしても明らかであろう。しかし，1970 年代の石油危機を境に急成長をとげ，今日では歴史科学の主流の一つを

第1章　課題と方法　　　　　　　　　　　　　　　　　　　　5

占めるに至った環境史の成果に照らして考えるとき，その必要性がいちだんと切実な響きをもって現れてくる。

　詳細は，本書第6章で扱うが，1981年ドイツ経済社会史と技師協会は揃って環境をテーマにした研究集会を組織して，これまで「経済成長・技術進歩」を暗黙の指導概念としてきた社会経済史・歴史理論に果敢に挑戦する姿勢を示したからである。ただ，その後の環境史研究の活性化にもかかわらず，環境次元を適切に組み込んだ新たな工業化像――それ自体，現代の高度な産業・情報化社会の出発点として今日の経済社会を解釈する際の指標ともなる[15]――の提示には至っていないが，その場合でも19-20世紀環境行政の史的展開について，平板な線形的進化には還元できない斬新な解釈が与えられてきた。19世紀ドイツ環境行政が立脚し，その後放棄されてきた「生活権」に基づく抵抗原理を発掘し，それを近代化過程で克服された伝統的で古くさい残滓と片づけずに，歴史的文脈内に的確に位置づけ再検討することで，「現代と歴史の対話」にも道が開けてこよう。そして，その点にこそ，上記の比較の「横軸」に加えて環境史との対話を「縦軸」として設定する積極的な意義がある。

　J. R. マクニールは「20世紀環境史」をサブタイトルに掲げた2000年の著書において，長期的な経済・人口指数の検討から20世紀型の成長が，もはや反復不能だと結論づけて，長期的な接近の必要を浮き彫りにした[16]。また，19世紀ドイツ史に関する一般的叙述を著したジーマンは，19世紀を「二重（産業・市民）革命」の概念で捉えるのに飽きたらず「エコ革命」を付け加えて，成長・進歩には還元できない複合的で葛藤に満ちた時代相を描写した[17]。さらに，『緑の世界史』を上梓したポンティングが，環境認識の変化の考察において「有限性を無視した経済学」と表現したように，短期的な視野からする政策論や環境経済学も「成長・進歩」概念を下敷きにしており，それを再検討するための重要な手がかりを環境史が提供できると考えるからでもある[18]。そして，1997年「EU政策への環境の統合: 環境と雇用」は，資源の過剰利用と労働の過小利用を招いた最大の元凶の一つを，量的発展に偏った「経済成長」の長期的追究に帰していた事実をも考慮するとき，「環境史の挑戦」の現代的含意も，いっそう鮮明となろう[19]。

1.2　本書の構成

　以上のように本書は，我が国のエネルギー・環境政策の現状と展望を，「横軸」「縦軸」の双方から検討することを課題としており，当然のことながら，これら2つの座標軸を中心に構成されている。すなわち，1990年代から2003年まで日欧エネルギー・環境政策につき時代を追って比較検討する第2，3，4章の3章からなる「横軸」，そして「横軸」「縦軸」に橋渡しする「現代と歴史の対話」を扱う第5章を間に挟んで，19–20世紀ドイツ環境史を扱う第6章の「縦軸」につなぐ編成をとっているが，その概要は以下の通りである。

　まず第2章では，日欧比較の第一歩として，1990–2000年エネルギー政策の法的・制度的枠組み条件に焦点を絞り込み，基本理念・戦略を概観する。その論述の重心は，次の4点である。第1に，EUエネルギー・環境政策の史的足跡を簡単に辿り，環境をすべての政策部門に組み込んだ「部門横断的」政策の成立に至る過程を明らかにする。第2に，EUの重点領域として推進されている再生可能エネルギー拡充の具体的試みを紹介し，併せて風力発電においてドイツが世界一の地位を獲得する上で多大な寄与を行った法・制度条件の整備を考察する。第3に，1999–2000年ドイツにおいて21世紀のエネルギー政策立案に向けて社会諸層の合意形成のために組織された「エネルギー対話2000」の概要を紹介し，需用者参加型の政策スタイルの重要性を確認する。第4に，1997年の京都会議開催直後の1998年「長期エネルギー需給見通し」に集約された我が国のエネルギー政策を取り上げ，その基本理念・戦略を概観しつつ，EUとの異同について考察する。

　続く第3章では，1990年代後半–2002年日独エネルギー政策の比較から，我が国の学ぶべき教訓の導出を試みる。京都会議の翌年にまとめられた「長期需給見通し」は，その後「失われた10年」と呼ばれる経済不況下でも生じた二酸化炭素排出量の大幅増加やJCO事故の煽りをもうけて修正を余儀なくされた。1998年「需給見通し」に微修正を施した2001年「今後のエネルギー政策について」（「新見通し」），あるいは2002年「地球温暖化対策推進大綱」（「新大綱」）など京都議定書の批准も睨んで活発化してきた新たな動きを追

求する。他方，ドイツでは 1998 年秋に連立内閣を組織した社会民主党・緑の党が，2002 年秋の連邦議会選挙を前に，これまでの活動報告と将来展望のために作成した「エネルギー報告」をもとに，エネルギー政策の特質を析出し，併せて日本との比較を行う。この時期日本・EU エネルギー政策の基本理念は横並びとなったが，それも我が国の政策に根本的な変化をもたらさなかったことを明らかにする。

　第 4 章では，2002–2003 年日欧エネルギー・環境政策の現状を押さえた上で，日本が模範として追随すべきと考えてきた環境先進地域 EU（ドイツ）の政策が，真に模範たりうるか否かの問題を，2 つの角度から考察する。一方は，EU エネルギー・環境政策の実効性をめぐり戦わされている論争史の検討であり，楽観論・悲観論の検討を通じ，今日，評価基準の確定が急務とされる状況ではあるが，とりあえずウォーレンスの提示した 8 指標に基づく限り，明瞭な前進があることを確認する。もう一方は，EU エネルギー政策の主要領域である再生可能エネルギー，省エネ・効率，原子力に関する 2, 3 の資料の分析を行い，現在までの到達度もさることながら，政策形成，定期的な評価，施策の見直しのサイクルが形成されて将来に明るい展望が開けていることを再確認する。

　第 5 章は，比較の「横軸」「縦軸」の橋渡しの章を占めており，「現代環境政策論と環境史の対話」を課題とする。その際に着目したのは，1980 年代後半から環境政策の手段として法規制と並んで広く注目されるようになった経済的手段(排出量取引，環境税，補助金，京都メカニズムなど)の意義と限界をめぐる論争であり，それを 2 つの角度から考察する。一つは，法規制の限界を強調する論者からは，その論拠に好んで用いられる旧社会主義諸国の環境政策についての検討であり，同時に環境史研究では西ドイツに一歩先行した取り組みを見せた旧東ドイツの研究動向と関連づけつつ考察した。旧東欧諸国は中央集権型の計画経済・行政機構など，少なくとも制度的には資本主義諸国より優れた条件を備えながらも，法規制の実効性を上げることはできなかった。その理由は，重厚長大型の産業構成や行政的硬直性など，これまで挙げられてきた要因以外にも，市場の機能不全と市民参加の不徹底が決定的な意味を持つことを指摘する。もう一方は，経済的手段の政策効果をめぐ

る論議の再検討である。環境経済学によれば，経済的手段は法規制に比して費用対効果の面で優れた特質を備えているはずだが，当初期待されたほどの普及をみなかった。この問題の検討は，政策論，社会学，政治学など関係する諸分野での一つの共通理解，すなわち政策効果を左右するのは「国家（法規制）か市場（経済的手段）か」という手段選択ではなく，むしろ政策形成・施行・監視のすべての政策過程における市民参加と影響行使に他ならないこと，したがって「国家・市場・市民」三者の織りなす関係こそが比較検討されるべきであるというのである。この接近方法は，環境史の成果とすりあわせつつ，第6章で扱う19–20世紀環境政策（行政）史の研究にも適用されることになる。

　比較の「縦軸」に相当する第6章では，ドイツ学界における環境史研究の成果の検討から，現代のエネルギー・環境政策の学ぶべき教訓を引き出す。そこで取り扱われるのは，次の4つの領域である。第1に，1970年代から現在に至る研究動向の考察であり，およそ10年刻みで段階的に発展してきて，今日では独自の学問分野として確立したこと，その間「成長・進歩」概念から離れて経済社会の歩みを追求する方法が浸透してきたこと，などが明らかにされる。第2に，現代政策論と環境史の成果をすりあわせて，とくにM. イエーニッケらの提唱する政策主体と主要政策とを目安とした環境政策の時代区分を叩き台にして，本論で適用する方法の再定式化を行う。それに続く第3・4は，現代のエネルギー・環境政策と密接に関連した一対の問題にたいし19–20世紀ドイツ環境史の研究成果と絡めて考察する実証分析の節である。第3では，19世紀初頭と19世紀後半–20世紀初頭から代表的な環境運動を一つずつ取り上げ，政策主体の配置と市民の環境行政への影響の大小を，抵抗の拠り所となった「隣人権（相隣関係法）」や環境立法の集権化と関連づけて考察し，「国家・市場（企業）・市民」三者の関係に注目する限り，生活権を基礎にした市民の影響力が次第に排除され被害発生後の事後的な損害賠償請求への後退が進展して，いわば環境行政における反転があったことを明らかにする。第4では，19世紀ドイツにおける薪炭から石炭へのエネルギー転換の推進要因をめぐり1980年代から今日までくすぶり続けている，いわゆる「木材不足」論争を概観する。この論争は，今日，脱原子力や再生可能エネル

ギー・燃料電池拡充など我々が直面する新たなエネルギー転換にとって興味深い問題を投げかけてくれる。とりわけ，W. ゾンバルト以来「化石燃料への移行」の推進力として広く受容されてきた，燃料供給のボトルネックの克服説のような技術・経済決定論的手法の限界を鋭く指摘し，それに代わって「上」は経済社会思想・理念から「下」は日常的な自然とのつき合い方まで，経済社会全体を捉えた緩やかな構造転換の重要性が明らかにされているからである。

第7章は本書の結論に当たる。比較の「横軸」「縦軸」からの検討結果を，EU 型エネルギー・環境政策への転換，基本的人権に基づく環境政策への転換，およびそれを支える生存を軸にした新たな経済科学あるいは新たな安全保障科学の構成への提言としてまとめる。

なお，本書で利用する資料・文献は，第7章「結論」の後にまとめて挙げているので，適宜参照願いたい。

最後に，本論に進む前にお断りしておきたいことが3点ある。一つは，本論は「エネルギー・環境政策」の標題を掲げているが，あくまで論述の中心はエネルギー政策にあり，環境問題はエネルギー政策と関連するかぎりで簡単に扱われるに過ぎない。次に，本論の時代射程は2003年までに限られており，2004年5月成立の拡大 EU については，ごく簡単に触れるにとどまっている。さらに，環境史の論述も，おもにドイツ学界の成果に依拠しており，我が国の動向については触れていないことである。いずれも，筆者の今後の課題とさせていただきたい。

注

1) レスター・ブラウン，1999, p. 38.
2) R. P. ジーフェーレによれば，19世紀初頭から石炭の代替エネルギーをめぐる論議が持ち上がり，1880年代には太陽光技術の開発が提案されたという（Sieferle 1989, pp. 38–39）。
3) Brüggemeier / Toyka-Seid 1995, p. 263.
4) Wengenroth 1993, pp. 38–40.
5) 資源エネルギー庁 1999, pp. 98–99, 135–154.
6) Sieferle 1989, pp. 24–50.
7) COP3 については，京都議定書を参照せよ。COP4 については環境庁提供の情

報,「地球温暖化防止ブエノスアイレス会議の争点」が，簡にして要を得た概観を与えている．
8) ドイツの数字は，2000 年 6 月『エネルギー対話 2000 の成果』(本書巻末の資料一覧・ドイツ関係 (4)) の末尾に載せられた「エネルギー経済の現状」，そして日本の数字は資源エネルギー庁 1999, p. 162 による．
9) 資源エネルギー庁 1999, pp. 14–21 の I–2「エネルギー政策の基本的考え方」，および 1998 年 6 月「総合エネルギー調査会需給部会中間報告」を参照せよ．
10) 資料一覧・ドイツ関係の (5) (14) をみよ．Germany's Nuclear Energy Policy. Nuclear Issues Briefing Paper 46. June 2000 は，温室効果ガスの排出のないクリーンなエネルギーとしての原子力の積極的寄与や，既存の原発存続に 81% が賛意を示したという 1997 年の世論調査の結果を引き合いに出して，段階的な運転停止案を拒否する立場を表明している．また，『エネルギー対話 2000 の成果』に関する解説も参照せよ．
11) 資料一覧・ドイツ関係 (16) (17) (18) と本書 4. 2. 3 を参照せよ．
12) 環境先進地域 EU 諸国における環境問題解決のための日常的取り組みを多面的に扱った著書からも多くの啓発を受けた(福田 1999: 飯田 2000: 今泉 2003: 米国の例だがカーソン 1974)．
13) 宮崎・田谷 2000, p. 5.
14) 資源エネルギー庁 1999, pp. 213, 221 所収の表「主要国のエネルギー構成」「主要国の発電電力量の構成」による．
15) 時代状況を映し出す鏡として「産業革命」論の辿った史的変遷については，田北 1993 を参照せよ．
16) McNeill 2000.
17) Siemann 1995.
18) ポンティング 1994.
19) 資料一覧・EU 関係の (2)-3 と本書 2. 1. 1 を参照せよ．

第2章

1990–2000年EUエネルギー政策の基本理念と戦略

2.1 EUにおける環境・エネルギー政策の歩み

　本章では，1992–2000年EU・ドイツ・日本における主要な環境・エネルギー関係の法・資料(表2–1)を手がかりにして，EUにおける環境・エネルギー政策の歩みを簡単に振り返ってみよう[1]。

2.1.1 環境政策の展開——EU政策への環境保全の統合へ——

　1999年EUが発表した環境に関する「現状と見通し」は，これまでのEUによる環境問題との取り組みの足跡を振り返りながら，現在の課題と今後の展望を簡明に描き出しているので，1997年アムステルダム条約，および1998年「第5回EU環境プログラム：持続可能性に向けて」も参考にしながら，その内容を簡単に紹介してみよう。それを通じて，1990年以降の環境政策の質的転換の諸相を浮き彫りにできると考えるからである。

　EU (EC)の環境保全との取り組みの歴史は古く，1970年代まで遡及できる。1973–76年に一連の行動計画が策定され，最低基準値の設定による排出・騒音防止，廃棄物管理，水質・大気汚染の防止がはかられた。しかし，このような立法措置は一定の改善をもたらしたものの，期待通りの成果を上げることはできなかった。それが後に，E. U. ワイツゼッカーらによる「グリーン税制改革」をはじめ経済的手段の活用と市場を通じた調整の必要性へと導くことになる[2]。その間，EU市場では環境保全よりも経済成長と貿易拡大とが優先されているとの批判の声が高まっていた。これを受けて1987年EC条約には，初めて環境保全の目標と行動計画が盛り込まれることになり，

表 2–1　1990–2000 年 EU（EC）・ドイツ・日本におけるエネルギー関係の法・制度変化

年月	内容
1991 年	「ALTENAR. I」（再生可能エネルギー支援のための EC プログラム，91–97 年）
1991 年	「(再生可能エネルギー)電力買取り法」（「買取り法」と略す）●
1992 年	「Agenda 21」（国連環境・開発会議：リオ地球サミット）
1992 年	「EC 環境プログラム：持続可能性に向けて」→ 95 年に評価・修正，98 年に改訂
1992 年　6 月	「環境・開発へのリオ宣言 COP1」→ 温室効果ガス排出の抑制
1993 年	「EU マーストリヒト条約」→ EU 政策の基礎「環境を尊重した持続可能な成長」
1994 年	「再生可能エネルギー利用電力の買取り法」（91 年法の修正）●
1995 年 12 月	「電気事業法の改正」★
1996 年	「SAVE. II」→ EU エネルギー効率促進のための多年次計画(96–98 年)
1996 年 11 月	「緑書(再生可能エネルギー促進)」→ 97 年「白書：将来のエネルギー」へ
1997 年　3 月	「ALTENAR. II」（再生可能エネルギー源の支援，98–99 年）
1997 年　4 月	「EU エネルギー政策・行動に関する総合的見解」
1997 年　5 月	「EU 気候変動のエネルギー次元」→ 温室効果ガス排出削減のための政策手段
1997 年 10 月	「EU アムステルダム条約」→ 法的基礎の確立
1997 年 11 月	「EU 戦略と行動計画のための白書：将来のエネルギー」
1997 年 11 月	「EU 政策への環境政策の統合：環境と雇用」
1997 年 12 月	「京都議定書（COP3)」→ 温室効果ガス削減の数値目標の設定
1998 年	「SAVE. III」→ エネルギー合理的・効率的な利用
1998 年　1 月	「エネルギー生産物への課税：エネルギー課税のための EU 枠組み」
1998 年　4 月	「EU 政策：エネルギーの合理的利用のための戦略に向けて」
1998 年　4 月	「新エネルギー経済法」→ EU 指針の国内法への転換 ●
1998 年　6 月	「長期エネルギー需給見通し」★
1998 年　6 月	「環境を EU 政策に統合するための戦略」
1998 年　9 月	「第 5 回 EU 環境プログラム」(1992, 95 年に評価・修正)
1998 年 10 月	「EU エネルギー政策への環境の統合」→ 97 年 4 月「総合的見解」の継承
1998 年 11 月	「ブエノスアイレス会議（COP4)」→ 日米・EU の対立姿勢
1999 年	「EU 政策(エネルギー)：現状と見通し」→ 内部市場の形成
1999 年　3 月	「エコ税制改革への発進のための法」→ 炭素税の導入 ●
1999 年　5 月	「改正電力事業法」(2000 年 3 月施行)★
1999 年　7 月	『エネルギー 2000』（資源エネルギー庁編）★
1999 年　7 月	「EU 政策への環境政策の統合：現状と見通し」
1999 年 11 月	「EU 都市環境の持続可能な発展への環境次元の統合」
2000 年　2 月	「ALTENAR. III」（再生可能エネルギー支援のための多年次プログラム，2000–2003)
2000 年　2 月	「再生可能エネルギー法」→ 91, 94, 98 年「買取り法」の発展的解消 ●
2000 年　6 月	「エネルギー対話 2000 の成果」●
2000 年　6 月	「脱原子力についての連邦政府・電力供給会社の協定」●

（注）　★は日本，●はドイツ，無印は EU・国連

第2章　1990–2000年EUエネルギー政策の基本理念と戦略　　　13

それが環境に対する取り組みの転換点となった。

　しかし，EUの対応が本格化してくるのは1990年代に入ってからのことである。1992年リオデジャネイロで開催された「地球サミット」と国連による21世紀に向けた行動計画「Agenda 21」の発表と時を同じくして「(1992–2000年)環境プログラム：持続可能性に向けて」が発表された。これは，「Agenda 21」の主題である「持続可能な発展」を意識しつつ，環境問題に対処するための新戦略を打ち出したものである。その際，1992年時点での環境状態に関する報告——大気，水質，土壌，自然(生物多様性，沿岸・森林)，都市環境，廃棄物管理の6点での汚染の深刻化・複合化を結論する——を踏まえ，かつ法規制に依拠した対応の限界を銘記した上で，新たに政策的誘導を構想した点で特徴的である。そこで提示された戦略の主要原則を挙げれば，次の通りである。自然資源や環境に悪影響を与える諸部門に改善を施すためのグローバルな活動の支援，現在および将来世代に害を及ぼす今日の趨勢と行動の抜本的な修正，政府・企業・市民・消費者など環境に関連した主体の社会行動の是正，責任分担の明瞭化，新たな環境手段の活用，2000年までの長期目標の設定が，それに当たる。この「環境プログラム」は1995年の中間評価を受けて修正を施され，1998年に「第5回環境プログラム(1998–2000年)」に練り上げられたが，その内容には後で立ち帰る。

　それと並行して1993年EU(マーストリヒト)条約には，「環境を尊重した持続可能な成長」の促進がEUの任務として盛り込まれ，ここに従来の環境に関する行動計画は政策にまで引き上げられた。しかし，マーストリヒト条約は，政策の意思決定に当たり投票による多数決原理を採用しながらも，メンバー国の国内法との関係調整に際しては，複数の原理を採用していた事情もあって足並みの乱れが目立ち，これが多くの非難を受ける一因となった。例えば，一般的な行動計画については共同決定，環境政策については協力，課税(環境税)，都市・農村計画，土地利用，エネルギー供給については諮問，と3種類の異なった手続きが定められており，メンバー国によって受け止め方も様々であったからである。それに加えて，「地球サミット」の主題である「持続可能な発展」の原則が明確には取り込まれていないとの批判も寄せられていた。このような問題点を解決し「EU環境政策をいっそう鮮明で効果的

にする」狙いから手直しされたのが，1997年10月のアムステルダム条約である。

このアムステルダム条約は，環境問題を行政当局とすべての経済部門が直面する最大の挑戦と捉え，「持続可能な発展」原則の追求をEUの目標であると明記した。そのことが，同時にEU政策全体に大きな衝撃を与えることになる。すなわち，持続可能な発展の促進が大原則に据えられたため，環境以外のEU政策についても環境への影響を評価する必要が生じたからである。その端的な現れが新第6条であり，すべてのEU政策・活動の決定と実施に当たり環境保全との調和を盛り込むように定められた。それと並んで，EUの環境保全規定の適用におけるメンバー国間の平等性を生み出すための措置と意思決定方法の簡素化もはかられ，政策推進のための法的条件が整えられた。

次なるステップは，アムステルダム条約による法的基盤の確立を受けた「EU政策への環境政策の統合」である。この原則は，1997年11月には「EU政策への環境政策の統合：環境と雇用」にすでに取り入れられ，具体化されることになるが，同時に1997年12月京都会議（COP3）における温室効果ガスの排出削減の数値目標設定など，グローバルな環境問題への関心が大きく働いていたことを忘れてはならない。

この「環境と雇用」では，まずEU経済の現状に対する反省から始め，労働資源の過小利用と自然資源の過剰利用が高い失業率と環境負荷を生みだしていると総括している。次いで，ここまで事態を悪化させた原因の一つに，量的側面に囚われた「経済成長」の長年にわたる追求を挙げ，それに代わる指針として将来世代の需要充足にも配慮した「持続可能な発展」を踏襲することを宣言する[3]。それとあわせて，現在の生産方法(工業，輸送，エネルギー，農業)と消費パターンを地球の生態系の復元力以内に抑える努力の必要を強調し，その具体策として，一次エネルギー・原料利用の効率化，生産物・廃棄物の系統的なリサイクル，耐久性ある生産物のデザイン化，再生可能なエネルギー・原料の優先的利用，経営における環境対策の「出口(排出口)での処理」から生産工程でのクリーン技術への切り替え，の5点を挙げている。さらに，それら環境関係の経済活動・エコビジネスが生む雇用実績が，すでに350万人に達していると述べて，「二重の配当」をもたらすグリーン税

制の導入をはじめ，雇用創出効果をもつ技術開発や環境教育への財政・金融支援を長期戦略として打ちだしている。

この場では，次の2点に注目したい。一つは，「経済成長」から「持続的な(経済)発展」への目標の転換である。そのこと自体，ユトレヒト条約からアムステルダム条約の間の環境問題への基本スタンスの変化を象徴しているわけだが，「経済成長」の表現は，少なくともEUの環境・エネルギー関係の資料から見る限り，「環境と雇用」と同じ1997年11月に出された「将来のエネルギー：再生可能エネルギー源。EUの戦略・行動計画のための白書」(以下，「白書」と略す)における使用を最後に姿を消している。

もう一つは，「雇用と環境」において環境保全の目標が，第一次・二次・三次産業を包括して「部門横断的」な性格を示していることである。すなわち，個々の部門への環境保全の統合を越えて，そのような部門横断的な接近の意図を初めて打ち出したのである。この観点は，その後1998年6月「環境をEU政策に統合するための戦略」，1998年9月「第5回環境プログラム」，そして1999年7月にまとめられた「EU政策への環境政策の統合」に継承され，明確な目標，優先的な行動計画，重点領域，および法的・財政金融的手段を備えた政策体系へと集約されて，ほぼ現在のEU環境・エネルギー政策の輪郭が完成することになる。次に，EUの環境政策の現状を明らかにするために，それら3資料を概観しておこう。

1998年6月の「環境をEU政策に統合するための戦略」は，従来のEUによる環境への対応策が法規制を軸としていたため，一部の問題にだけ有効だったとの反省に立って，いわば「部門別」から「部門横断的」への転換の必要性を指摘してはいるが，EU政策全体に環境保全を統合するための総花的なガイドライン7項目の提示に終わった感は否めない。すなわち，この戦略を京都議定書と「Agenda 2000」(EU農業政策への環境保全統合から展開した農村・都市・地域開発に関する行動計画)に基づく長期的な挑戦と位置づけつつ，EU機関のすべての活動内への環境次元の統合，既存の政策評価の基準としての環境次元の統合，主要領域の行動に対する環境保全戦略の設定，1998年12月ウィーンで開催される欧州閣僚理事会におけるメンバー国の経済政策全体への環境統合の進展具合に関する報告，優先的行動とモニタ

リング方式の決定,部門別の環境統合の進展と成果に関する欧州閣僚理事会による評価,欧州閣僚理事会・議会・委員会による本ガイドラインの実施モニタリングに関する共同研究を,挙げたにとどまっている。

続く,1998年9月「第5回環境プログラム」となると,より具体的で立体的な構成となっている。まず,その目標を持続可能な発展に見あったEU成長パターンの軌道修正,および環境に関係した部門間での新たな関係の構築とに整理した上で,重点部門と関連づけつつ戦略的な行動計画を挙げる。すなわち,産業,エネルギー(効率の改善,化石燃料消費の削減,再生可能エネルギー源の拡大),運輸(インフラ構造・自動車管理の改善,公共交通機関の発展,燃料の質の改良),農業(集約化や化学肥料・農薬の大量投下による土壌劣化の防止),観光(山岳・沿岸地域の環境悪化防止)の5つの重点部門において,下記の6戦略を追究しようというのである。すなわち,自然資源の長期的保全,汚染・廃棄物と闘う総合的な接近,再生不能な資源・エネルギー消費の削減,効率的でクリーンな輸送手段の開発・採用,都市環境の質的改善,産業・原子力の安全管理,がそれに当たる。それに続いて,目標達成のためのさまざまな手段の紹介に進む。法的な規制手段(新規の最低基準設定,国際協定,内部市場に関するルール作成),財政的な手段(環境税など),分野横断的な手段(情報交換,環境統計の改善,技術の研究・開発),金融的な支援手段(ライフ LIFE プログラムなど[4])が挙げられており,法規制と経済的手段を組み合わせて完成度の高い政策体系となっている。

1999年7月には,1998年6月から欧州閣僚理事会における部門別の戦略・成果の報告を順次とりまとめる形で「EU政策への環境政策の統合」が発表された。まず,1998年6月のカディフ欧州閣僚評議会では,京都議定書に盛り込まれた温室効果ガスの排出削減と取り組むために運輸,エネルギーの両部門,および大量の農薬・化学肥料使用と集約農法による環境負荷の目立つ農業部門が,続く1998年12月ウィーン欧州閣僚評議会では前記3部門に加えて,EU単一市場,産業,経済開発の諸部門が,そして1999年6月のケルンと12月のヘルシンキの欧州閣僚評議会では財政・金融や漁業の両部門が,対象として取り上げられた。この場では,1999年11月の「都市環境の持続可能な発展への環境次元の統合」に言及するに留めておきたい。EU人口

の8割が居住する都市の環境保全に寄与する自治体の活動——570都市ネットワーク間の情報交換，協力，優れた実践・経験の移転，その評価・モニタリング——に対し2001–2004年の4年間に2,400万ユーロの財政支援の提供を，その内容としているが，ヨーロッパで長い伝統を持つ各自治体が連携しつつ環境保全の推進者の一翼をなしている点に注意したい。

　以上のように，EUの環境政策は幾つかの段階を経て，質的な変化をたどりつつEU政策全体への統合にまで進んできた。1993年マーストリヒト条約における「環境行動から環境政策」へのグレードアップ，1997年「持続可能な発展」を目標とした「すべてのEU政策への環境保全の統合」のための法的基盤の整備，それ以降の個別部門の政策への環境統合を経てエネルギー部門を含めた「部門横断的」接近へと，今日の環境・エネルギー政策の基本的な枠組みができあがったが，その意義と限界については後で立ち返る。

2.1.2　EU エネルギー政策の転換——持続可能な資源利用へ——

　J. H. マトレリーは，『EUエネルギー政策』と題する著書において1985–92年を主たる対象時代にしながら欧州委員会を中心とするEU共通のエネルギー政策の形成・施行活動の足跡とその限界を考察した[5]。この著書は，温室効果ガス削減に向けて数値目標が設定された京都会議の開催年である1997年に出版されたため，今日の目から見れば，修正の必要な箇所も幾つかあるが，「EUエネルギー政策」を表題に掲げて正面から取り上げた唯一の業績であり，またその後の研究にも大きな影響を与えたので，その概要の紹介から始めよう。

　まず，指摘さるべきは，EUにおいてエネルギー政策は，必ずしも大きな関心をひいてこなかったことである。W. グラントらは，エネルギー政策を「EU政策における最弱の領域」とまで表現している[6]。この点は，EUの史的起源が1957年欧州石炭・鉄鋼共同体，あるいは欧州原子力共同体といったエネルギーに関する経済協力にまで遡及できることを想起するとき，奇異の感を禁じ得ないが，この低い関心の理由は，次の2点に要約されている。第1に，エネルギー政策は，包括的な経済政策や安全保障政策の重要な一環として各国政府に属する権限と考えられてきた。F. マクガヴァンに従えば，「過去

の計画経済の名残」と表現されるようなエネルギー産業の保護や地域独占が，その証左である[7]。第2に，各国政府の主要な関心は低廉な価格での安定供給の確保に置かれており，採用される政策は，エネルギー資源の賦存状況や輸入依存度の違いもあって，共通の政策の構想にはほど遠かった(後掲の表4-3を参照)。

1968年には「ECエネルギー政策のためのガイドライン」も発表されて一歩前進の感もあったが，それにもかかわらずメンバー国相互の貿易障壁の除去がまだ課題に挙げられている状態だった。この事情が，1970年代の石油危機に際し，安定供給の確保という共通目標に向けての共同歩調の採用を困難にしていた。

この状況に転機をもたらしたのが，1985年単一欧州法に基づく内部市場形成の胎動であった。電気・ガスの市場統合に象徴されるように，内部市場計画の一環として共通のエネルギー政策が模索されるようになったからだ。この時期の規制緩和と市場開放の動きとも相まって，低価格での安定供給を保証することで，エネルギー産業は競争的環境下の合理化に弾みを付けた。当然のことながら，EUエネルギー政策に直接関与する欧州委員会を中心にして，欧州司法裁判所，閣僚理事会，閣僚評議会，欧州議会の活動が積極化した。その際，東欧革命・ソ連邦の解体と並行した中東欧におけるエネルギー構造転換への協力や環境問題に対する関心の高まり，あるいはEU条約内へのエネルギー憲章の取り込みといった対外的・対内的な状況が，欧州委員会の活動の追い風となっていた。この時期欧州委員会は，情報収集，戦略領域の設定や各種の財政支援などの活動を展開し，エネルギー政策における地位を高めた。しかし，各国政府のエネルギー政策における自主的権限が削がれたわけではなく，依然として主導権は政府の手の中にあった。

その間，1980年代後半以降の環境問題への関心の高まりが，それまで内部市場形成の付随物の地位にとどまっていたエネルギー政策を独自の政策領域へと押し上げていく。ここに規制緩和(経済性・廉価さ)，安定供給，および環境保全の調和的達成というエネルギー政策の基本目標が出そろってくる。しかし，市場開放と環境保全のための規制は，いわば水と油の関係に立つだけに，各国政府は経済競争力の維持のためにEU機関による調整を求めた。

第 2 章　1990–2000 年 EU エネルギー政策の基本理念と戦略　　　　19

　その結果，EU エネルギー政策は 1992 年までの全盛期を迎えた。ちなみに，政府間の役割分担や具体的手段にまで立ち入った検討は加えられなかったものの，1990 年ダブリンで開催された欧州閣僚評議会は，2000 年を目処に 1990 年レベルまで二酸化炭素の排出量を削減する目標を掲げて，気候変動枠組み条約締約国会議を先取りするかのような動きも見せていた。

　1992 年から 1996 年までの時期は，マトレリーからは「EU エネルギー政策の停滞期」に位置づけられている。1992 年は，リオ地球サミットにおいて「持続可能性」原則が高らかに宣言され，気候変動への国際的取り組みが本格化した年に当たるだけに，停滞期との解釈には疑問の余地がある。その際，停滞の指標として挙げられたのは，以下の 4 点である。第 1 に，欧州委員会と欧州司法裁判所の活力低下を象徴的に示す発布指令数の減少。第 2 に，1995 年に発表された EU 共通のエネルギー政策に関する「緑書」のなかに EU 機関の権限強化が一切盛り込まれなかったこと。第 3 に，安定供給確保のための交渉・協定の主役は依然として各国政府だったこと。第 4 に，環境政策とエネルギー政策の調和は，「第 5 回環境行動計画」が掲げた持続可能性の目標にもかかわらず，価格低下のなか燃料消費量が著増した事実からもうかがえるように，その達成が困難なこと。

　ただ，1990 年代の EU エネルギー政策を「停滞」と捉える所説とは立場を異にする学説もある。グラントらは，気候変動枠組み条約への EU の参加と広範なリーダーシップの発揮，あるいは上記「行動計画」への「持続可能性」原則の取り込みを引き合いに出しつつ，気候変動を含む環境問題こそが，EU エネルギー政策の決定的転機と理解している。「EU において効果的な気候変動戦略を展開する上で主要な困難の一つは，EU の権限が確立していないエネルギー政策という政治的に敏感な領域と密接に関係していることである。メンバー国は，この領域全般で行われる意思決定に対するコントロールを留保して，(EU 機関の)権限拡大を許容することをつよく渋っている。エネルギー政策は，多数の『構造的利害』に従属しており，そのようなものとして EU 政策のなかで最弱の領域の一つである。環境論議は，EU レベルのエネルギー政策を模索させる主要な契機となった」[8]。

　そして，1980 年代半ばの内部市場形成の付随物としてスタートした EU エ

ネルギー政策は，環境論議の盛り上がりを契機として独自の領域にまで上昇した。その後1990年代の動向について，上記の環境政策と同じように少し敷衍して述べてみよう。

　EU環境政策が1997年9月のアムステルダム条約を境に急速に整備されるのと並行して，「EU政策への環境保全の統合」の一部門としてエネルギー政策も姿を整えてくる。いや，1992年リオ地球サミット（COP1）で決定され1994年に発効した温室効果ガスの排出制限，あるいはその具体化を懸案に掲げた京都会議（COP3）など緊急を要するグローバルな課題に直面していただけに，エネルギー部門の対応の方が一歩先んじていたとも言える。

　1997年4月に欧州委員会は，「エネルギー政策・行動に関する総合的見解」を発表して，エネルギー政策の体系化をつよく打ちだした。その背景には，EU条約の中にエネルギー部門を扱った法的基盤がなく，内部市場，環境，対外関係など様々な部門の政策内にエネルギー関係の規定が分散・併存していて，政治・経済的な意思決定を支える原則がきわめて不透明になっていた事情がある。したがって，「総合的見解」の第1目標は，EUエネルギー行動を一貫した仕方で束ねること，そして政策決定の基盤を明らかにすること，の2点に置かれている。第2の目標は，EUエネルギー政策のより効率的な遂行である。そのためにEUの3つの優先的行動目標である，エネルギー供給の安全確保，競争力（効率）の改善，および環境保全を軸にエネルギー部門の行動を再編すべきだという。

　そのうち最も詳細な説明が加えられるのが，エネルギー供給の安全確保である。すなわち，供給国との関係調整，省エネ・効率化，化石燃料の代替エネルギー源の開発，環境に優しい技術・企画への支援・協力，危機管理手段，国際機関との協力など多数の項目に言及されるが，すでにEU政策へのエネルギー次元の統合が挙げられていることは注意をひく。第2の競争力の改善については，それを達成する手段の一つとしてエネルギー市場の統合が取り上げられる。1999年「EU政策，エネルギー：現状と見通し（エネルギーにおける単一市場の形成）」に基づいて若干補足説明を加えれば，次の通りである。電気・ガスの市場統合を推進してエネルギー供給企業間の競争を刺激し，生産コストの削減をはかろうというのである。そのためにEUは1988年以

来 3 段階の対応を行ってきている。第 1 期(1988–1991 年)には，最終消費者の料金体系における透明性の確立と主要送電ネットワークの整備が，第 2 期(1992–1999 年)には電力供給企業以外の第三者によるネット接続のための共通ルールの形成が進められたが，ヨーロッパ横断的なネット建設の試みは行財政・環境上の問題から大きく遅れており，第 3 期の内部市場の統合完成にはほど遠い状況にある。最後の環境保全については，持続可能性の追究と関連づけて再生可能エネルギー源の開発と省エネ・効率化の推進が掲げられている。

ところで，1997 年 5 月欧州委員会が発表した「気候変動のエネルギー次元」は，先の「総合的見解」とは違って，二酸化炭素を中心とした温室効果ガスの排出削減という国際的要請への対応をつよく意識している。換言すれば，それは同年 12 月の京都会議向けの準備作業の中間総括の位置を占めており，EU 独自の数値目標の設定とこの目標達成のための行動・手段がまとめられている。まず，エネルギー消費の現在の趨勢が今後とも継続する限り，2010 年には 8% の二酸化炭素の排出増が確実だとして，15% の削減目標——京都議定書では EU の削減目標は 8% とされた——を設定する。そして，OECD 諸国と中進国にも，下記のような省エネ・効率の改善によるエネルギー密度の低下，および再生可能エネルギーの拡大による二酸化炭素密度の低下，を二本柱とする政策手段の採用を提案した。省エネ・エネルギー効率の引き上げ(後述のセイヴ SAVE のようなエネルギー効率改善の支援プログラムも含む)，再生可能エネルギー開発の加速度化(税制による誘導，後述のアルテナー ALTENAR のような支援プログラム，電熱連結の推奨など)，自動車における二酸化炭素の排出削減の徹底，都市中心地をはじめとするエネルギー管理の促進，なかんずく温室効果ガスの排出削減をすべての政策——農林業，産業，環境保全，廃棄物管理，研究・開発，財政——に統合することが，その主要な内容をなしている。以上のような取り組みに鑑みるとき，1997 年 10 月のアムステルダム条約も，それら系統的な取り組みの一つの到達点とも見なせよう。次には，それらの資料で重要課題に挙げられた，省エネ・効率の改善と再生可能エネルギーの拡大のための取り組みを一瞥しておこう。

1997年11月欧州委員会は「白書」を発表した。これは，1996年「緑書（グリーン・ペーパー）」で挙げられたEU総エネルギー消費にしめる再生可能エネルギー比率の倍増(12%達成)の目標を継承し，実現に向けての行動計画をまとめたものであり，EUのエネルギー政策の特質を凝集的に表現しているので，次節で詳しく取り上げる。この場では，再生可能エネルギーの拡大策が1990年代にたどった足跡を概観し，あわせてその拡大が狭義の化石燃料の代替による温室効果ガス排出の削減にとどまらない，幅広い狙いをもっていることを明らかにする。

　EUにおける再生可能エネルギー源の利用促進策は，「白書」によれば1986年まで遡及できる。しかし，それが本格化するのは，1991年の「アルテナー」プログラムからである。この「アルテナー」は，第1期(1991–1997年)，第2期(1998–1999年)，第3期(2000–2003年)と一貫して，再生可能エネルギーの生産・利用に対する私的・公的投資の促進と，行動計画策定に不可欠な法的・経済的・政治的な条件形成との支援を行ってきた。その間，1996年の「緑書」を境にして再生可能エネルギーのEU総消費に占める比率が大きく引き上げられた——当初は1991–2005年に4%から8%だったものが，1996年には6%から12%に修正された——だけではなく，財政支援の狙い自体も手直しされたからだ。1997年3月の第2期プログラムの立ち上げに向けて，委員長のパプーティスは，その広範囲にわたる積極的な寄与を次のように表現した。

　「我々はヨーロッパにおける再生可能エネルギー源の発展において決定的な段階に立っている。我々は，我々のエネルギー・ミックスに占める再生可能エネルギー源の比率を増やすために自覚的な努力をしなければならない。私は，アルテナー・プログラムの拡充が必要であり，それが上記の目的の達成に寄与し，ひいては環境，エネルギー部門および経済全体にも利益をもたらすと確信する。我々が『緑書』のなかで輪郭を描いていたように，再生可能エネルギー源は，地域開発，雇用，社会経済的結束，競争力の強化，環境保全，エネルギー源の多様化を通じて，エネルギー供給の安全確保などEUの基本目標を達成する助けともなるからである」。二酸化炭素をはじめとする有害物質の排出削減と化石燃料の代替に加えて，地域開発や雇用創出，あるい

はエネルギーの輸入依存の軽減と EU 内エネルギー源への代替による供給の安全確保が前景に押し出されている。このような「アルテナー」プログラムと EU 環境・エネルギー政策との緊密な連携の観点は，2000 年 2 月欧州委員会が発表した「再生可能エネルギー：アルテナー・プログラム」からも明瞭に読みとれるが，その具体化のための行動計画・戦略を定式化したのが 1997 年 11 月の「白書」ということになる。

　他方，省エネ・効率化の改善にも力を尽くしてきた。1998 年 4 月の「エネルギーの合理的利用のための戦略に向けて」を基にして，その点を見てみよう。その主要な狙いの一つは，エネルギー効率改善のための経済的な潜在力の掘り起こしと，効率改善目的の投資を阻害する障害の除去とである。報告書によれば，1998-2010 年エネルギー効率改善の経済的潜在力は対 1995 年比で 18% にも達するが，その前には経済的・法的障害が大きく立ちはだかっている。まず，エネルギーの市場価格がコストを正確に反映していないことが経済的障害となって，効率改善への投資が不当に低く抑えられていることがある。したがって，課税・料金引き上げによって外部費用を内部化し，同時に電気・ガス市場の自由化により競争を促し生産効率を上昇させることで，エネルギー価格の引き下げをはかる必要がある。次に，法的・制度的な障害には，下記の 3 つの次元が考えられており，いずれも手直しの必要が強調される。一つは，エネルギーの販売が，提供されるサービスの種類によってではなく，kWh（キロワット時）という一定量によって行われる慣行，第 2 に，建築業者・地主が効率的な暖房・給湯施設への投資を見合わせる要因として，高い運営コストの借家・間借人への転嫁を許容する法・慣行，そして最後に，技術・金融措置に関する情報不足がある。

　それに続き，上記の「アルテナー」に相当する支援プログラムとして，「セイヴ」——技術面以外の建造物・工場・交通における効率化，効率化のための専門教育・再教育，情報交換と協力の推進，再生可能エネルギーの効率改善，地域・自治体のエージェンシー設置——プログラムの評価，ヨーロッパ復興開発基金による投資支援などに言及しつつ，広範な EU 政策との連携が重要な戦略として強調される。すなわち，地域開発，運輸，財政・金融，研究・開発，国際協力の各政策にもエネルギー効率改善を盛り込まなければならな

いという。EU 環境・エネルギー政策における「部門横断的」な接近の必要が，ここでもつよく叫ばれている。

そして，その総仕上げとして 1998 年 10 月の「EU エネルギー政策への環境の統合」がくる。その内容は，これまでのエネルギー関係の法的・制度的枠組みの確認と新規の追加，エネルギー政策の他の目標との調和，環境次元を統合したエネルギー政策の目標，目標達成のための手段の 4 項目から構成されている。以下，それらを順次見ていこう。

第 1 の法的・制度的枠組みにおいては，1997 年 4 月に出された上記の「総合的見解」を継承しつつ，持続可能なエネルギー政策の展開を基調に据えることがまず確認される。それに続いて，エネルギー関係の法や支援プログラムを列挙しながら，環境次元の政策への統合を論じているが，それは経済活動のすべての領域を包括する広がりを示している。すなわち，既述の「セイヴ」「アルテナー」を始めとする支援プログラム，1988 年に制定され 1994 年に一部修正を施された「大規模な焼却施設からの排出規制」，1989 年 EU 委員会指令以降繰り返し手直しされた「廃棄物焼却」関係の法，1998 年 2 月に EU 閣僚理事会・議会に諮られた「洋上にある使用されていない石油・ガス採掘施設の撤去と処分」が含まれているからである。それに自動車の排出規制など新たな立法措置が加わる。

なかでも特筆すべきは，1997 年 6 月制定(98 年 1 月発効)の「エネルギー生産物への課税：エネルギー課税のための EU 枠組み」である。それは，エネルギー生産物(自動車・暖房用燃料，産業・商業用燃料，電力)に対する課税最低ライン(税率)の設定を内容としている。この計画は，1992 年 EU レベルでの「炭素・エネルギー税」導入の試みの挫折の後を受けて浮上したが，次の 2 点で注目される。一方では，法制定の狙いとして，市場統合(共通税率の適用による均質な競争条件の創出)と環境保全(エネルギー価格の上昇による消費抑制や公共交通機関に対する税減免措置による代替)の促進と並んで，雇用創出が明記されていることである。すなわち，エネルギー課税を，全体として税の負担増を回避する形で行うことで，とくに労働に対する賦課を減ずることで，雇用水準を高めようというのである。これは，1997 年の『環境税とグリーン税制改革』において OECD が，OECD 諸国の直面する高失業

と高労働賦課を緩和する手段の一つに掲げた「二重の配当(環境保全と失業削減)」と重なり合っている。確かに,それが生み出す雇用創出効果について過大な期待を寄せることはできまいが,北欧諸国・オランダに加えて EU 諸国における環境税導入の動きに弾みをつけたことも否定できないのである[9]。もう一方は,再生可能エネルギーに減免措置が講じられて,従来のエネルギーと市場における競争力の強化がはかられていることである。

　第 2 に,環境保全とエネルギー政策の他の目標,すなわち競争力の強化と供給の安全確保の調和が挙げられる。その際,EU,メンバー国,地域,自治体がさまざまなレベルで採用する協力的・補完的行動の重要性が指摘されている。

　第 3 に,環境次元を考慮した EU のエネルギー政策の目標が,省エネ・効率改善,クリーンなエネルギー(再生可能エネルギー)の生産・利用の拡大,およびエネルギーの生産・利用から発生する環境負荷の軽減の 3 点にまとめられ,それと同時にこれら目標を達成するための手段が 6 項目に整理され提案されている。すなわち,EU・各国政府・地域・自治体の情報交換と最良の実践例の普及など緊密な連携,「アルテナー」「セイヴ」プログラムに基づく再生可能エネルギーと電熱連結施設の発展,エネルギー政策と他の EU 政策との調和,京都議定書や気候変動を睨んだエネルギー政策の遂行,エネルギー政策をめぐる非メンバー国との対話の推進,エネルギー政策への環境次元の統合についてのモニタリング。

　以上のように,エネルギー政策は,もともと EU 政策内で「最弱の領域」として出発し,まずは 1985 年単一市場の付随物として,次いで 1990 年代の環境論議の活性化のなか,化石燃料が二酸化炭素排出の最大の元凶である事情も手伝って,独自の政策領域へと地位を高めてきた。とくに,地球温暖化論議の盛り上がりのなか京都会議に向けた準備作業の過程で,1997 年 11 月 EU 環境政策の定式化を行ったアムステルダム条約の発効に先行して整備されてきた。すなわち,1997 年 4・5 月には,それまで様々な部門に分散していたエネルギー関係の法を束ねて法的枠組みの確立がはかられ,温室効果ガスの排出削減ないしエネルギー次元の「EU 政策への統合」のための基礎固めが行われた。それと並行して,エネルギーにおける環境保全策の中核に位

置する，省エネ・効率改善と再生可能エネルギーの拡大とが財政支援を含めて推進され，1997年6月のエネルギー生産物への最低課税率規定とあわせて，エネルギー供給の安全確保，競争力の改善，環境保全からなるEUの行動目標を遂行するための手段が出揃ってくる。その最終的な到達点が，1998年10月「EUエネルギー政策への環境の統合」である。

2.2 再生可能エネルギーの拡大策
―― 1997年「将来のエネルギー白書」の構想 ――

EUエネルギー政策は，安定供給の確保，競争力の改善，および環境保全からなる基本目標の間の調和をはかりながら整備され，とくに省エネ・効率の改善および化石燃料に代わるクリーン・エネルギー源の開発・利用を重点的に推進してきた。エネルギー関係の法的基盤の確立から始め，目標達成のための「アルテナー」「セイヴ」など研究・開発・導入などに対する財政支援プログラムの拡充を通じて，政策体系として完成度を高めてきた。本節で扱う1997年11月「白書」は，付表に掲げられた1998–2010年の行動計画からもうかがえるように，狭義の再生可能エネルギーの促進策に留まらず，「エネルギー政策への環境次元の統合」のための諸手段を総動員した政策具体化の試みである。これは，EUエネルギー政策の中長期的戦略である脱原子力，および化石燃料内での環境負荷の小さな資源への燃料転換と対をなす重点領域に位置する。しかも，EUエネルギー政策の基本目標が推計値の形をとっていることから，我が国のエネルギー政策との比較にとっても興味ある素材を提供している。

ところで，1998年の我が国の「長期エネルギー需給見通し」改定後も石油代替エネルギーの上位には依然として原子力・石炭・天然ガスが名を連ねており，地熱・新エネルギーはそれらの1/10にも達していない。その根底には，新エネルギーの抱える問題があろうが，それを一方的に誇張することは許されまい。たとえば，資源エネルギー庁は，「太陽，風力等の新エネルギーは賦存量が膨大で，二酸化炭素の発生がゼロ，または少ない等，環境負荷低減の観点から導入を推進すべきであるが，一般にエネルギー密度が希薄であ

り，実用化への問題が多い。現時点では，コストが割高であり，自然条件に左右されることが最大の問題となっている」[10] と表現しているが，「コストが割高」を含めて，行論中に明らかになるように，見直しが必要だからである[11]。

ところで，この「白書」の内容は，EU メンバー国各々につき，戦略目標，行動計画，離陸のためのキャンペーン，追跡調査を挙げて多岐にわたるが，この場では「将来のエネルギー」と表現される再生可能エネルギーが EU 経済に与える効果，あるいは政策立案の基礎にある経済学的な論拠に照準を合わせて概観してみよう。

まず，「白書」は，1996 年 11 月の「緑書」を継承しつつ，EU 総エネルギー消費に占める再生可能エネルギーの比率を 1996 年時点の 6% 弱から 2010 年に 12% へと倍増する目標を掲げている。この「希望的ではあるが，現実味ある目標」の達成のためには，エネルギー，環境，雇用，税制，競争，研究・開発，農業，地域と広範な政策分野にまたがり，同時に EU，メンバー国，地域，各自治体に至る様々な次元の協力に支えられた，包括的な行動計画が必要である。この協力をえるためにも，行動計画の推進から得られる経済・社会・政治的な効果が，次のように説明されている。

第 1 に，エネルギー供給の安全確保という政策目標に適している。EU のエネルギー輸入依存率は 1996 年には 50% に達し，しかも 2020 年には 70% まで上昇すると見込まれているが，後述の 2002 年 6 月「緑書・最終報告」でも述べられているように，エネルギー資源の賦存量の乏しい EU にあって石油・天然ガス供給国の地理的偏在につきまとう経済・政治的なリスクを緩和できるというのである[12]。

第 2 に，「EU の経済的構成にとって重要な中小規模の企業」を中心にした雇用増加が期待できる。ただ，再生可能エネルギーの生産・サービス技術の顕著な前進，それと並行したコスト低減にもかかわらず，創業資金が高額にのぼるという制約もあって従来のエネルギーと十分な競争力を備えてはいない。それは，「(従来のエネルギー価格は)歴史的に低いレベルで安定している」からに他ならないが，この相対的な低価格自体，本来負うべき一部費用の第三者への転嫁，政府の補助支給，および地域独占により保証された安定

市場の保証の産物に他ならない。したがって、再生可能エネルギーの競争力の強化と生産コスト引き下げとに繋がるような、長期的に安定した枠組みが提供さるべきである。この文脈で多様な支援策が採られているが、その中から再生可能エネルギーの競争力強化のための手段を2例だけ取り上げよう。

一つは、再生可能エネルギーの研究・開発費の大幅増加に関わっている。欧州議会は「緑書」をめぐる論議の中で、その点を「今日、原子力研究のために使用されている水準まで再生可能エネルギーの支援を高める」と印象的に表現したが、これまでの研究・開発費助成のなかで原子力が突出した地位にあり、しかもそれに見合った成果を十分に上げてこなかった事実を考慮するとき、いたって当然の意見表明と思える[13]。

もう一つは、再生可能エネルギーの免税措置と並行した「エネルギー税」導入の提案である。これは、「汚染者負担原則」を踏襲しながら外部費用の内部化をはかり、「歴史的に低いレベル」に抑えられてきた従来のエネルギーとの価格競争力を高めることを狙っている。エネルギー税の導入は、税収の中立性の原則に立ちながら所得・法人税の減税措置と組み合わせることで、環境保全と失業削減との「二重の配当」をもたらすことには先に触れたが、次に取り上げる再生可能エネルギー関係の製造業・サービス業の発展を促進することから生まれる雇用増加をも考慮すれば、「白書」のいう「多重の配当」も十分説得力を持っている。1992年EUレベルの炭素・エネルギー税導入の試みは、メンバー国の足並みの乱れや産業界・OPECの反発もあって挫折したが、1999年ドイツの「エコ税」導入をはじめとして近年再始動してきたことを指摘しておきたい。

第3に、EUの再生可能エネルギー関係の産業・技術発展に対する支援策によるビジネス機会の拡大がある。風力発電技術の高度な発展に代表されるように、EU企業の技術的先導性が国際的にも市場拡大の機会を提供し、同時に雇用機会の増加をもたらしている。そのためにエネルギー市場の統合が進められ、あるいはメンバー国における財政・金融支援策の採用も奨励されている。その代表例には、再生可能エネルギー関係の投資に対する減税措置、同じく第三者金融機関による融資に対する税制優遇、生産プラント建設への補助金給付、施設・サービス購入のための財政的誘導、「グリーン・ファン

ド」がある。あるいは，この「白書」に盛り込まれた戦略・行動計画自体が，最大の支援策と表現できるやも知れない。ただ，これを平板な産業振興策と取り違えてはならない。輸出市場のなかにアフリカ，インド，東南アジアが挙げられているように，途上国における工業化の進展に伴うエネルギー消費量——裏返せば，温室効果ガス排出——の増加をも視野に入れた，クリーン・エネルギー供給戦略とも結びついているからである。

第4に，EU内部の地域・農村開発との緊密な連携がある。本来，小規模な施設の分散立地を前提とする再生可能エネルギーは，地域開発に好適な手段となる。EU地域委員会は，「緑書」に対する意見書のなかで，再生可能エネルギーの市場浸透に際して自治体が最良の主導性を発揮できると，述べている。自治体主導の在地的資源の利用によるクリーン・エネルギーへの転換，高いエネルギーの外部依存からの解放，労働集約的な再生可能エネルギー関連施設での雇用創出が，技術研究・開発や関連産業・サービスへの波及効果とあわせて，地域開発に大きく働くというのである。原子力，石炭(火力)，太陽光，風力の各発電所における10億kW当たり必要な年労働者数を比較すれば，前から順にそれぞれ100人，116人，248人，542人となり，再生可能エネルギーの雇用効果のほどは一目瞭然であろう[14]。この点，農業委員会の意見も異なるところはない。適切な財政・金融支援措置を通じたバイオマス部門の拡大が，農林業に新たな原料生産ないし残存物利用の機会を生み出し，所得水準の上昇と雇用機会の創出に寄与すると考えている[15]。

第5に，温室効果ガスを排出しないクリーン・エネルギーであることだが，この点についてはもはや多言は不要であろう。

以上の概観からも明らかなように，「白書」は，EUの主要な政策目標——エネルギー供給の安全確保，競争力の強化，環境保全——の追跡が，結果として大きな雇用創出効果を持つことを強調している。その点は，再生可能エネルギーの「倍増」計画に関する予備的な費用・便益計算の対象にされている項目を一瞥するとき明らかになる。すなわち，二酸化炭素排出量の削減，化石燃料使用量の低減として表現されるエネルギー供給の安全確保，と並んで雇用効果が取り上げられているからである。

ところで，12%の戦略目標達成のために「白書」は2つの行動を提案して

いる。一方は，各メンバー国が，それぞれの潜在力に応じて行う行動計画の策定である[16]。15 のメンバー国のなかにはベルギーとイギリスのように実質的な回答を回避するか検討中と答えたりするかして，消極的なところもあるにはあるが，他の国々は数値目標を設定し積極的に取り組む姿勢を示しており興味深い。ドイツの風力発電は，1998 年時点で 2,857 MW（メガワット）に達し 1,950 MW の合衆国を抜いて世界第 1 位になっているし，デンマークの総エネルギー消費に占める再生可能エネルギーの比率は，総エネルギー消費量の減少とも相まって 1996 年の 7.5% から 1997 年の 8.6% を経て 1998 年には 9.0% まで増加している[17]。

もう一方は，「技術的，実践的および経済的な制約内での再生可能エネルギー技術の可能な組み合わせを見極める最初の試み」と表現されるように，部門別の成長潜在力を勘案しての目標値の設定である。その後の部門ごとの成長率や 2001 年時点での達成状況については第 4 章で考察することにして，この場では 1997 年時点での行動計画をみよう。900 億トンと最大の伸び幅を示しているのは，「最も潜在力豊かな再生可能エネルギー」と呼ばれる各種バイオマス（液体，固体，ガスなど）であり，その 1/3 は欧州委員会から重点戦略に指定された「電熱連結」向け燃料となっている。第 2 に顕著な伸びを予想されるのは，風力である。それは，EU における風力発電施設による電力供給量が 1994–1997 年に 2 倍以上に増加したことを反映したものであるが，今回のキャンペーンでは僻地や離島など自然条件の厳しい場所に大規模なウィンドファームを設置する計画が立てられている[18]。太陽光発電は，日米に比べて大きく立ち遅れていることから，100 倍増が計画されている。これら 3 エネルギーは，「（再生可能エネルギー）離陸のためのキャンペーン」の重点部門に指定され，膨大な財政支援のもと模範例に取り上げられている。

このキャンペーンによって達成される燃費節約と二酸化炭素の排出削減効果は，表 2–2 の通りの推計値となる。それを行動計画全体に拡大して 1997–2010 年の必要な投資額，それによって生ずるビジネス機会の増加，化石燃料を中心とした燃費の節約額，二酸化炭素排出量の削減を推計値に基づき整理したのが，表 2–3 である。そのなかで燃費節約は，燃料輸入を 17% 強減少させるに十分な 21 億エキュに達すると見積もられている。また，二酸化炭素の

表 2–2　EU キャンペーン企画に関する費用・便益計算

キャンペーン	新設能力 (MW)	総投資 (1億エキュ)	公的基金 (1億エキュ)	燃費節減 (1億エキュ)	CO_2 削減量 (100万トン)
100万戸太陽光	1,000 MWp	3	1	0.07	1
1万 MW 風力	10,000 MW	10	1.5	2.8	20
1万 MW バイオ	10,000 MWth	5	1	—	16
100の自治体	1,500 MW	2.5	0.5	0.43	3
計		20.5	4	3.3	40

［典拠］　表 2–3 とも White Paper, 3. Campaign for take-off. の 3 節 Estimates of some of the costs and benefits から作成。

表 2–3　エネルギー部門ごとの投資の費用・便益推計

エネルギー部門	追加能力 1997–2010	施設の単位コスト (エキュ) 1997	同左 2010	投資総額 (1億エキュ) 1997–2010	追加営業 (1億エキュ) 2010	燃料費節約総額 (1億エキュ) 1997–2010	CO_2 削減 (100万t/年) 2010
風力	36GW	1,000/kW	700/kW	28.8	4/年	10	72
水力	13GW	1,200/kW	1,000/kW	14.3	2/年	6.4	48
太陽光	3GWp	5,000/kWp	3,000/kWp	9	1.5/年	0.4	3
バイオ	90Mtoe	—	—	84	24.1/年	—	255
地熱*	2.5GW	2,500/kW	1,500/kW	5	0.5/年	—	5
太陽熱	94Mi m²	400/m²	200/m²	24	4.5/年	4.2	19
合計				165.1	36.6	21	402

（注）　*には，ヒートポンプを含む。Mtoe：石油換算で100万トン，Mi：100万

排出量も 4 億トン削減されるが，それは，欧州委員会「気候変動」の計算によれば，代替エネルギーなしに二酸化炭素を削減するのに要する費用が 8 億トン当たり 15–35 億エキュ，そしてその削減が生む一次・二次の利益が年 15 億エキュないし 137 億エキュに相当することから，その 1/2 近くを節約できることになる。それらよりはるかに困難なのが，再生可能エネルギー部門における純雇用の増加幅の推計である。既に高い発展段階に達している風力については，およそ 3 万という比較的正確な推計数字があるものの，その他の部門では多様な技術利用と雇用形態のために計算は難しく，直接・間接雇用はおよそ 50 万人と見積もられている。

以上のように，1997年11月「エネルギー白書」は，持続可能性を目標に掲げた法基盤の整備を踏まえつつ，エネルギー政策を舞台として「部門横断的な環境次元の統合」理念を実際に適用した，一大実験案である．すなわち，メンバー国，地域，自治体の協力を得てキャンペーン企画も含め，膨大な財政支援のもとに行われる再生可能エネルギー「倍増」のための行動計画案である．EU内資源の最大限の活用，それを通じた輸入依存の軽減，温室効果ガスの排出削減に加えて，市場占有率の倍増と関連産業の発展促進による雇用創出が大きな目標をなしている点で特徴的である．分散型エネルギーの拡大による地域開発，中小企業の育成，関連産業の成長を促進することで，1997年11月「環境と雇用」でうたわれたように，経済成長から持続可能な発展への戦略転換を踏まえた雇用創出策のテストケースを提示したものとして注意をひく．ただ，この実現には膨大な資金を要することもあって，経済不況のなかで，その後どのような実績が積み上げられたかは，第4章で立ち返ることにする．

2.3　ドイツにおける新たなエネルギー政策の追究

　イエーニッケらの研究によれば，ドイツが環境先進国の仲間入りをした時期は決して早くなく，1980年代末以降のことである．その間，高度成長期に行政との連携のもと，硫黄・窒素酸化物排出の顕著な削減と高い経済成長を同時に達成した我が国と比べても一歩遅れていたことは意外と知られていない．「成功した環境政策」の代表例に我が国をあげたのも，その点でのOECDからのお墨付きに注目してのことである[19]．以下，連邦環境相テプファーのもとで名実ともに環境先進国となり，EU優等生となったドイツのエネルギー政策の特質を2つの角度から追跡する．一方は，再生可能エネルギーの拡充のための法制度の整備の足跡を辿る．それを通じて，風力部門でドイツを世界筆頭の地位にまで押し上げ，そしてEU諸国にも模範例を提供した2000年「再生可能エネルギー法」成立に至る法制的変革の筋道を明らかにする[20]．もう一方では，1999年6月から2000年5月まで組織された「エネルギー対話2000」を手がかりにして，21世紀に向けてのエネルギー政策構

築のための合意形成の試みを紹介する。後述のように，はじめから合意形成を困難ならしめる原子力問題が除外されており，また最終的にいくつかの環境団体が署名を拒否したように，争点は残されたままだが，経済界，政界，労働界，非政府組織をはじめ国民参加型の政策形成のモデルケースとしても，我々の興味をかき立てるからである。

2.3.1　2000年「再生可能エネルギー法」──法制度の変化と政策効果──

　ドイツにおいて再生可能エネルギーの奨励策が導入された時期は早く，EUの「アルテナー」プログラムが立ち上がる1991年まで遡及できる。1991年1月「再生可能エネルギーから作られた電力の公的電線への取り込みに関する立法」(以下，「買取り法」と略す)が施行され，水力，風力，太陽光，地下・浄化場ガス，農林業のバイオ残滓・廃棄物・木材加工物から生産され，5 MW未満の連邦・州など公的機関の所有下にない施設で発電された電力の買取り義務が定められた。すなわち，電力供給会社は，その供給地域内で再生可能エネルギーから生産された電力を指定された価格で購入する義務を負わされた。しかし，当初は既存の発電能力も過剰気味だった事情もあって電力会社は，つよい抵抗を示した。買取り価格は，電力供給会社の小売価格に連動する形で決められており，水力，地下・浄化場ガス，各種バイオは75％，太陽光と風力は90％，その他は65％と定められた。この買取り価格の高低からも明らかなように，最初から風力・太陽光発電施設が重点領域をなしていた。

　この「買取り法」は，1994年8月に微修正を施されることになる。太陽光・風力発電の買取り価格は90％に据え置かれたが，同時に，それ以外の電力は一律80％まで引き上げられた。したがって，太陽光・風力重視の姿勢は変わらないが，それ以外の再生可能エネルギー開発にもこれまで以上に力が注がれるようになった。

　この1994年「買取り法」は，1998年4月「エネルギー経済法の改正に関する立法」の一環として抜本的に改正された。その背景にはEUにおける電気・ガス市場統合の動きがあり，それが電力供給会社に対する競争制限法の撤廃と地域独占の解体へと導くことになった。この「エネルギー経済法」は，電力供給会社間の競争を促進して，価格引き下げをはかるだけでなく，EUの

「エネルギー政策への環境の統合」を意識し，環境保全を前面に押し出した。すなわち，第1条は，法制定の目的を「安全・廉価で環境に優しい電力とガスの供給」とうたい，続く第2条で「環境への優しさ」の内容を，合理的・節約的なエネルギー利用，クリーンで再生可能な資源の利用，環境負荷の小ささ，電熱連結と再生可能エネルギーの特別な重要性の4点から説明している。それを踏まえて，「買取り法」にも抜本的な改正を加えた。

まず，買取り義務について，新たに「電線管理者の供給地域内にない生産施設から得られる電力については，電力取り込みに便利な電線の最寄りの企業が，その義務を負うものとする」とあるように，最寄りの送電担当企業が付け加えられた。これは，電力供給会社における発電・送電・配電の三位一体性の解消により，再生可能エネルギー生産の拡大に対応した電線管理者の自立化をいっそう促進する狙いをもっている。次に，買取り価格はこれまで通りに据え置かれたが，今回初めて買取り電力量の上限規定とも解釈できる条文が追加された。すなわち，年間の電力供給量の5％を超える買取りが生じたとき，超過コストは電線管理者が担うこととされ，同時に電力料金の引き上げに通ずるような買取りについては遵守義務の対象外とされたからである。さらに，連邦政府の指示として，電力供給会社に対する再生可能エネルギー・電熱連結(コジェネレーター)の発電比率を高めるための自己努力に関する条文が追加され，上記の「環境への優しさ」という目的実現に向けての強い姿勢が示されている。この条文の末尾で連邦政府は，さまざまなグループからの意見聴取のうえ達成目標の確定を行うこと，2年後には連邦議会に報告すること，の2点を挙げているが，ほぼ2年後にこの「買取り法」は改められることになる。それが下記の2000年2月の「再生可能エネルギー法」である。

まず，第1条は立法の目的を「気候・環境保全に益するように，エネルギー供給の持続的な発展を可能にすること，そしてEU・ドイツ連邦共和国の目標に従って総エネルギー消費に占める再生可能エネルギーの比率を2010年までに少なくとも倍増するために，電力供給に占める再生可能エネルギーの貢献度を大きく高めること」と述べ，これまでと違って鮮明に気候・環境保全を前景に押し出している。法に付された解説に従えば，上述の1997年5

月「気候変動のエネルギー次元」，1997年11月の「白書」および1997年12月京都議定書に基づき，EU総エネルギー消費に占める再生可能エネルギー比率の12%までの引き上げと，ドイツに割り当てられた対1990年比で21%の温室効果ガスの排出削減という数値目標達成をはかるというのである。とくに，ドイツ国内の高い潜在力にもかかわらず，総エネルギー使用に占める再生可能エネルギーの比重は小さく，1999年の一次エネルギーの2.5%，電力の6%にすぎない[21]。しかも，伝統的な堰止め湖利用の大規模な水力発電は今後大きな開発は望めず，「現在利用されている風力，太陽光，バイオマス，水流のエネルギー源の潜在力を5倍増すること」が不可欠と考えられている。この「5倍増」の目標は，1999年の原子力発電の占める比率31%に相当する量であることを確認しておきたい。

　第2条は，その適用範囲に関わっている。過去10年間における再生可能エネルギーの発達を裏付けるかのように，除外施設の枠が拡大されている。これまでの5 MW以上の施設に加えて，20 MWを超えるバイオマス施設が盛り込まれている。

　第3条は，買取り義務を負う企業に関連する。今回は，これまでの電力供給会社から発電施設に最寄りの電線管理者が挙げられており，電力供給会社の独占解体後の発電・送電・配電の分業と競争原理の浸透をうかがわせて興味深い。

　第4条から第8条までは，再生可能エネルギー部門ごとの買取り価格が挙げられている。「5倍増」の目標達成のために最も大きな修正が加えられたのが，この買取り価格についてである。第5条のバイオマスと第7条の風力の例を見よう。既設のバイオマス装置で500 kWまでのものは，1 kW時当たり最低20ペニヒ，500 kWから5 MWまでは最低18ペニヒ，5 MW以上は最低17ペニヒ。ただし，2002年1月1日以降の新設施設からの買取り価格は1%引き下げることに決められている。風力については，営業開始後5年間は17.8ペニヒ。ただし，その間，150%以上の効率を達成したときには，その後も12ペニヒ。海上3マイル内の施設で2006年12月31日まで営業する施設は，9年間1 kW当たり17.8ペニヒ。旧来の施設については，最低4年間を保証する。2002年から新規に営業を始める施設については，買取り価格

を 1.5% ずつ減額する。したがって，次の 2 つの点で新機軸が打ち出されている。

一方では，電力の小売価格と連動した比率，つまり相対価格として決められていたものが，固定価格に改められたことである。この変更の理由を法の解説は，次のような一連の要因と関連づけて説明する。まず，メンバー国の間で電力市場の自由化の足並みが揃わず，自由化の進んだ国と遅れた国の間で互恵主義の原則がないため「小売り(市場)価格」への連動で対処しずらいことがある。次に，当初，電力供給会社が「買取り」に消極的な理由として挙げていた過剰な生産能力が比較的スムーズに解消されて，買取りの余力が生まれたことが挙げられる。1998 年法で設定された 5% の買取り上限は，北ドイツ地域の風力発電施設からはすでに窮屈と感じられるほどになっており，再生可能エネルギー推進の障害として今回は撤廃された[22]。さらに，既存の電力会社の価格競争上の優位性は，生産コストが市場価格に正確には反映されていない結果であると指摘された。すなわち，外部費用の一部を大衆に転嫁してきた歴史的な経緯に加え，最近の脱原発推進のための 700 億マルクの戻し税を始め膨大な補助金や税制上の優遇を受けており，その結果，人為的に低価格となってきた。他方，再生可能エネルギーの場合，技術的制約もあって「規模の経済」が働きにくく，相対的に高価格となっている。そこで，定期的な固定価格の見直しと従来型エネルギーに対する外部費用の内部化を並進することで，中・長期的な競争力の強化をはかるというのである。1999 年 3 月に成立した「エコ税制改革への発進のための法」に基づく「エネルギー税」の導入も，そのような意図を持っている(後掲の表 3-2 を参照)。そのうち石油税と電力税は，それぞれ 2003 年まで毎年 6 ペニヒないし 5 ペニヒずつ引き上げられるが，再生可能エネルギーからの発電分は，初めから免税扱いとされている。

もう一方は，施設の立地，規模，設置年に応じて異なる価格が設定され，しかも 2 年ごとの見直しにより，技術発展も睨みながら市場と費用の動きに対応できる体制がしかれていることである。

第 9 条は，最低買取り価格が創業開始後 20 年間支払われることを明記している。水力は除かれるが，本法発効以前に営業を始めた施設の創業年を 2000

年と見なす処置とあわせて長期の買取りを保証して，再生可能エネルギー部門への投資環境整備の意図を読みとれる．とくに，再生可能エネルギーの場合，創業時に比較的大きな資金が必要な事情を考慮するとき，この長期買取り保証の意義がいっそう明らかとなろう．

ところで，この「再生可能エネルギー法」の制定と上記のような様々な修正とは，1999年時点で4,400 MWと世界最大の発電量を誇るに至った風力の成功が大きく働いている．以下，法の解説とN. アルノホとW. シュルツとの論文によりながら，その点を見てみよう[23]．法整備による政策的舵取りの成果を考察できると考えるからである．

アルノホは，1986–1998年の風力発電の発展を施設数・発電量の変化を目安に4時期に区別している．第1期(1986–1989年)は開拓者の時期に当たる．続く，第2期(1990–1992年)は，滑り出しの時期で，1991年「買取り法」も手伝って施設数が高い上昇を示す．第3期(1993–1995年)は，成長期と呼ばれており，1994年「買取り法」でも引き続き小売価格の90％の買取り率が保証されたこともあって，施設数・発電量とも顕著な増加を経験した．風況に恵まれた沿岸地域から比較的条件の悪い内陸に設置の波が浸透してくるのも，この時期からのことである．第4期(1996–1997年)は確立期と表現されているように，施設数は減少に転じたものの，発電量は横ばい状態を保ち，施設の大型化が進む．第5期の表現は使われていないが，1998–1999年は急上昇の時期に入る．1998年には2,857 MWに達し，発電総量の1％の大台を初めて超え，1999年には4,400 MWと世界の1/3を占めるまでになった．この1998–1999年に急上昇をもたらした要因をアルノホは次のように整理している．

まず，1998年に改正された「買取り法」でも従来の買取り率が保証された結果，その行方を見守っていた投資家に大きな刺激を与えたことである．再生可能エネルギーの場合，設置の動機が営利的か自家消費充足的かにかかわりなく，創業時の高い資金投下に見合った代償の回収が発展の正否の鍵を握っている，といっても過言ではない．したがって，1991, 1994, 1998の各年に微修正を積み重ねてきた「買取り法」への反省を踏まえつつ，2000年「再生可能エネルギー法」における創業後20年間の買取りの保証は，EUの

長期的な枠組み条件提供の方針をも踏襲した，適切な舵取りと言わねばならない。

次に，1997年から州・自治体の音頭取りで始められた，風況優等地へのウィンドファーム建設プロジェクトが翌年には完了して，発電量の上昇に大きく寄与したことである。その際，連邦・州・自治体の財政支援が大きく働いたことは言うまでもない。

しかし，この時期の顕著な発展を，それら法的な条件整備，財政支援・公的プロジェクトの推進といった「上からの誘導」に帰すことは許されない。1998年に新設された施設の半数が1–1.5 MWの大型クラスに属するように，その間の技術改良・発展が重要な役割を演じていたのである。これは，大型施設に対する市場の過熱さえ生み出したが，生産工程のライン化や共同事業の推進など企業活動の活性化をもたらし，直接・間接あわせて2万人の雇用効果を生みだしている。アルノホが指摘するように，買取り価格が1995年の約17.2ペニヒから1999年の約16.5ペニヒに下落傾向にあるにもかかわらず，経営数は増加し収益も改善されたのである。また，大型化は，ウィンドファーム設置の地理的範囲を大きく広げることで，風力発電の発展に大きく寄与したことを付言しておく。

それ以外に，多様な経験の積み重ねが累積効果を生みだして，その発展を支える広範な裾野となったことを看過してはならない[24]。シュルツに従って，それを列記すれば次の通りである。金融・保険会社による発生するリスクに関する情報の収集・蓄積，投下資本に見合った収益性の確認，行政手続きの標準化・簡素化，設置件数の増加に伴う維持・管理費用の低減，製造業者間の競争活発化による価格低下，コンバーターの保証・耐用期間に関する試験データの蓄積，コンサルタントサービスの円滑な運営など，広範な投資環境の整備が大きく働いていたのである。

したがって，法の解説が，ドイツ，デンマーク，スペインに共通の風力発電技術の質的改善，ウィンドファームの普及，および発電コストと買取り価格の低下という実績の上に立ちながら，最低買取り価格の設定が生産性に与える悪影響を強調する所説を退けたのも，当然なのである。買取り価格の設定は，製造業者・発電企業を「ぬるま湯」状況に甘んずる風潮を生み出すこ

となく，むしろ市場を適切に機能させたのである。その根底には，上記のように現在の価格は「生態系のコストを正確には反映していない」との認識にたち，中・長期的に対等な市場競争の条件を整備しようとする経済的思想がある。投資を促す目的での長期的視野からの法制度整備と適切な財政支援は，「市場万能論者」の主張とは裏腹に，市場の公正な働きを導きだすのである。

　以上のように，ドイツはEUの支援プログラム「アルテナー」の始動とほぼ同時に「買取り法」を制定して，再生可能エネルギー，とくに風力・太陽光発電の浸透に力を入れてきた。1990年代に3度の改正を経た「買取り法」は，技術発展の促進，風況に恵まれない内陸部への大型施設の普及，生産コストの低減，そして何よりもドイツの世界第1の風力発電国への地位上昇をもたらして，予想を上回る大きな成果を上げた。その間，EU市場統合の動きも睨んだ電力供給会社の地域独占の解体と電線管理会社の自立化のなかで，1999年4月にはエネルギー税も導入して従来のエネルギーとの市場競争力の育成・強化に本腰を入れ始めた。その仕上げが，2000年2月の「再生可能エネルギー法」の制定であり，固定価格制と20年間の買取り保証の採用によって，再生可能エネルギー部門への投資を長期的に安定した制度基盤の上に据えたのである。

2.3.2 「エネルギー対話2000の成果」──エネルギー政策再構築の試み──

　1999年4月のエネルギー税導入，あるいは2000年2月の「再生可能エネルギー法」の制定と並行して，21世紀に向けてエネルギー政策の再編を目指す試みが始まった。本項では，1999年6月から1年間かけて国民諸層の意見の集約を目的に組織された「エネルギー対話2000」を素材に，エネルギー政策再編の方向を明らかにしていく。

　この「対話」は，連邦経済・技術大臣のW. ミュラーと「将来のエネルギー・フォーラム」代表のR. E. ブロイエルの両氏が，フリートリヒ・エーベルト財団の支援のもとに，エネルギーをめぐる論議を推進し，持続可能なエネルギー供給・利用のための合意と政策立案の基盤作りを目的に組織したものである。国民の総意を汲み上げる狙いから，政界，経済界，環境団体，労働団体，州代表からなる30人の実行委員会が作られ，各分野の専門家と協力

しつつ「対話」の運営・実施に当たった。その際,「対話」の主要テーマに取り上げられたのは,「競争と規制」,「国際的な枠組みにおける合理的なエネルギー消費,再生可能エネルギー,二酸化炭素の排出削減」,「エネルギー立地ドイツ:供給の安全確保と雇用」の3つである。これらテーマの各々について,1999年10月,2000年1月——ただし,第2テーマは「省エネと再生可能エネルギー」に修正——,2000年3月に「対話」集会が開催され,2000年6月ベルリンで開催された最後の集会で「将来のエネルギー政策のための指針」として成果がまとめられた。その総括文書が,以下で考察する「エネルギー対話2000の成果」である。

この「対話の成果」は,冒頭の短い「前置き」を除けば,「指導像と目標」,「挑戦と枠組条件」,「挑戦に応える」の3部から構成されており,17の短い見出し文に沿って成果が57項目にまとめられている(表2–4を参照)。本節では,それを上記の3テーマと「全体の理念・目標」とに振り分けて検討し,エネルギー政策再編の方向を明らかにするが,その前に「前置き」を一瞥しておこう。

「前置き」は,「対話の目的と方向付け」と「原子力エネルギー」と題する2部から構成され,そのうち前半では上述の運営組織と課題・目的と並んで「対話」を必要とする背景が述べられている。この文脈では,EUのエネルギー政策と共通の問題をなすグローバル化,自由化,気候保全に加えて,ドイツ特有な問題として原子力エネルギー論争が挙げられていて目を引く。あるいは,「自由化」の中身を一歩踏み込んで考えれば,電力供給会社の地域独占解体後の新たな胎動を先取りしたと見なすことも可能やも知れない。すなわち,アルノホも指摘するように,競争的な市場への移行は,それまで政府のエネルギー政策を唯々諾々と受け入れてきた消費者に,クリーン・エネルギー供給者など電力供給会社の選択権を与え,電力市場に影響を行使するだけでなく,エネルギー政策の決定に参加の道を開くからである[25]。事実,「対話」も「競争的市場において顧客は,これまで以上に大きな責任を負わねばならないし,また負うことができる」と述べて,消費者のもつエネルギー供給体制の転換者としての重要性を強調している(〈15〉)。

後半部では,原子力論争の概要が紹介され,「対話」においてそれを除外し

表 2-4 「エネルギー対話」の要旨

節	主要な内容（見出し語）	項 No.	項目の内容
0. 前置き	1. エネルギー対話の目的と方向性：背景と狙い、委員構成、3テーマ 2. 原子力問題の除外		
I. 指導像と目標	「共通の指導像は持続可能な発展である。従ってエネルギー政策の目標は経済性、安定供給、環境への優しさーは、同等に達成されるべきである」「市場は効率的な供給・サービス構造に役立つ。市場の結果がエネルギー・経済・環境政策的な目標に合致しないときには政治による規制の役割が必要である」	⟨1⟩ ⟨2⟩ ⟨3⟩ ⟨4⟩	持続可能性：経済・社会の福祉の基礎 エネルギー領域の部門横断的な重要性 市場を通じたエネルギーの効率的な供給・分配構造の達成：国家の担うべき5つの役割 エネルギー政策の絶えざる評価・修正
II. 挑戦と枠組条件	「経済と政治はグローバル化と国家間・国際的競争の挑戦に立ち向かわねばならない。競争は顧客の役割を強めることになる」「環境・気候保全・資源の有限性は、エネルギー・ミックス、技術、インフラの継続的な適応を必要としている」「供給の安全確保は、自由化とグローバル化した市場でも経済と政策の重要課題であり続ける」「エネルギー立地ドイツの地位強化は、雇用を創造し保証する」	⟨5⟩ ⟨6⟩ ⟨7⟩ ⟨8⟩ ⟨9⟩ ⟨10⟩ ⟨11⟩ ⟨12⟩ ⟨13⟩ ⟨14⟩	エネルギー経済・政策の状況変化のなかでの行動 電気・ガス市場の自由化：EU諸国の市場開放 自然資源に優しい利用とエネルギー生産・消費における環境負荷の削減 ドイツのエネルギー供給と高い輸入依存 輸入依存度の軽減と再生可能エネルギーの併用、省エネ改善、化石燃料と高い供給安全確保のための手段：効率質量ともに高いインフラの確保 雇用創造のためのエネルギー立地としての地位強化：雇用創造に応える労働力確保 将来志向的なエネルギー供給・利用の要求に応える労働力確保 エネルギー市場の自由化・グローバル化：効率化と失業の危険 気候・資源に優しいエネルギー政策の構築：高い雇用創造効果
III. 挑戦に応える	「競争的市場では、これまで以上に顧客が大きな責任を負わねばならないし負うことができる」	⟨15⟩ ⟨16⟩	エネルギーの自由化・グローバル化：市民参加者の役割の再定義 電気市場における透明度の拡大：消費者の選択肢の拡大

主要な内容（見出し語）	項No.	項目の内容
「国家・EUレベルの競争の機会均等の達成は、政策の優先課題である」	〈17〉	EU・国際的政策へのドイツの影響行使
	〈18〉	電気・ガス市場の自由化：市場参加者全てにインフラ開放
	〈19〉	EU電気・ガス市場の開放の早急な実施：内部市場指針の転換
「環境・安定供給確保・社会的基準・エネルギー税は、EUレベルで調和を図られるべきである」	〈20〉	エネルギー市場開放と企業合併の規制
	〈21〉	電気・ガス内市場の足並みの乱れと競争条件の混乱
「再生可能エネルギーと省エネのための共同行動が、気候保全と資源保全のために必要である」	〈22〉	EUレベルでの統一的な環境税概念構築の必要性
	〈23〉	再生可能エネルギーの拡充と省エネの徹底：国際的気候保全
	〈24〉	2010年までの再生可能エネルギーの倍増計画
	〈25〉	省エネ・効率化の目的：コスト削減と一次エネルギーの投入節減
	〈26〉	暖房における省エネの可能性
	〈27〉	建物における省エネの可能性
	〈28〉	建物内の暖房に関する省エネ条例
	〈29〉	発電の合理化：新技術導入、電熱併用、気候保全への寄与
	〈30〉	電気器具・動力系の高い省エネ可能性
	〈31〉	建物・施設における省エネ：公的主体の模範的役割
	〈32〉	交通部門での省エネ：二酸化炭素排出削減：全ての主体の協力
「交通の領域は、特別なエネルギー・交通政策的な挑戦に直面している。解決は、交通に関する対話の中で探られるべきである」	〈33〉	持続可能性に適した交通・エネルギー政策の追求
	〈34〉	交通インフラ・自動車の技術改革による燃料節減
	〈35〉	連邦政府諸機関と自動車産業の協力：石油産業の協力：代替燃料・技術開発
	〈36〉	公共交通機関は環境に優しい流動性にとり好適
	〈37〉	気候保全のための航空産業・空港経営の協力
	〈38〉	交通領域の二重の戦略：省エネと再生可能エネルギーの主力化：既存の障害除去
「省エネと再生可能エネルギー利用にとっての障害は取り除かねばならない」	〈39〉	省エネと再生可能エネルギーへの投資活性化：既存の障害除去
	〈40〉	省エネ・再生可能エネルギー利用に関する情報開示

「エネルギー・ミックスは、危機管理のための戦略である」

⟨41⟩自由化・グローバル化の下でのリスク回避：国産資源の利用促進
⟨42⟩エネルギー・ミックスの大幅修正：再生可能エネルギーと効率改善
⟨43⟩褐炭生産・鉄鋼生産における石炭生産の重要性
⟨44⟩発電産業も高い競争力
⟨45⟩今後20年間に最重要なエネルギー源としての石油
⟨46⟩天然ガスの発電・一次エネルギーでの比重増加
⟨47⟩化石燃料の輸入拡大：生産国・EUとの協力
⟨48⟩再生可能エネルギーの急速な拡大
⟨49⟩エネルギー政策の中心課題として省エネ・資源への優位しさ

「ドイツは、高い国内価値創造をもったエネルギー立地であり続けねばならない」
「雇用の維持と発展は、エネルギー立地ドイツの地位強化にたいする中核的な貢献である」

⟨50⟩エネルギー政策、雇用政策、技術政策の焦点
⟨51⟩将来も強い雇用にとどまること：輸入依存の回避
⟨52⟩エネルギー立地と不可分な雇用：販売
⟨53⟩省エネによる追加雇用：建設・機械産業など
⟨54⟩エネルギー政策の雇用効果の複合性：教育、資格取得、研究開発
⟨55⟩省エネ・再生可能エネルギー・サービスの拡充：政治的課題

「エネルギー領域における研究と発展は、再生可能エネルギーと持続可能性に相応しい技術が中心的役割を演ずるに違いないような、将来の技術を構築するための不可避的な前提である」

⟨56⟩エネルギー領域での研究開発：政府、経済、科学界の協力
⟨57⟩雇用創造のためのエネルギー立地策：革新的技術への投資拡大

た理由が説明される。1998年10月連邦選挙終了後に成立した社会民主党・緑の党の連立内閣は，エネルギー利用に大きな支障の出ない形で原子力発電所を漸次閉鎖する方針を打ち出し，企業との協議に入った。しかし，野党のキリスト教民主同盟・社会同盟と自由党，および産業界は，エネルギー源のなかで原子力の占める高い比率と二酸化炭素の排出削減に対する多大な寄与を引き合いに出して，きびしく反発した。この「対話」の目的は，本来，政策基盤作りのために国民諸層の合意なり共通項を括り出すことにあり，それに馴染まぬ原子力問題は初めから除外され，別途エネルギー政策確定の際に考慮されることになった。ただ，「対話の成果」公表から9日後の6月14日に原子力発電所の耐久年限を32年とし，それに達し次第，順次閉鎖していくという政府・電力供給会社の合意が得られたことは，周知の通りである。

ところで，全体の理念・目標は，第1部「指導像と目標」の冒頭に挙げられた見出し文のなかに集約的に表現されている。「共通の指導像は持続可能な発展である。したがって，エネルギー政策の目標である，経済性，供給の安全確保，環境への優しさは，同等に実現さるべきである」。指導理念に「持続可能性」を掲げつつエネルギー政策の3目標を調和的に追究する点でEU政策の原則が踏襲されている。しかし，持続可能性の説明に際して引用された，第13回連邦議会における「人間と環境保全」に関するアンケート委員会の最終報告を一瞥するとき，エネルギー領域の部門横断的な重要性が，これまで以上に鮮明となる (〈2〉)。「持続可能性とは，現在と将来の増加しつつある人口の需要を充足でき，同時にすべての人々に対し，継続的に人間らしく確実な状況のもとで生活可能であるように地球を維持することである。それは，経済，生態系，人口，社会，文化のような多様な問題次元を含んでおり，そしてグローバル，地域，自治体の各レベルでの将来指向的な行動を要求する」と述べ，グローバルな生存保障と経済社会，人口，文化，生態系との緊密な交互関係のなかにエネルギー問題を位置づけているからである (〈1〉)[26]。

第1テーマ「競争と規制」では，周知の「国家と市場」の問題が取り上げられる。「市場は効率的な供給・サービス構造のために役立つ。市場の結果が，エネルギー政策，経済政策および環境政策の目標に合致しない場合には，政治による規制的役割が必要となる」と表現されるように，政治・経済的手

第2章　1990–2000年EUエネルギー政策の基本理念と戦略　　　45

段を使って市場の力を活かす姿勢がはっきりと打ち出されている（〈3〉）[27]。この文脈で国家による枠組み条件の設定が不可欠と考えられているのは，下記の5分野だが，それら「政治的措置は，その必要性，実施期間，適用範囲，舵取り効率の諸点で絶えず検証されねばならない」と留保されていることを確認しておきたい（〈4〉）。

　一つは，国内・EU・国際的な競争市場におけるドイツ企業に対する機会均等と競争条件の整備に関わる問題である。2つの見出し文を引用しよう。「国内・EUレベルでの競争における機会均等の保証は，政策の最優先課題である」，「環境や安全の基準およびエネルギー税は，EUレベルで調和をはかられるべきである」。もともと，広大な領域にまたがる問題だけに，多数の項目が挙げられている。なかでも，EUの単一市場政策が一つの焦点をなしており，電力市場の自由化の進行度におけるメンバー国間の歴然たる格差の解消（〈6〉〈19〉）[28]，市場参加者全員への電線・配管の開放およびその際の再生可能エネルギーへの特別の配慮（〈18〉），競争力への影響の程度は不詳だが環境・安全基準の格差是正（〈21〉），EUにおける統一的な環境税概念の整備とメンバー国間の調和（〈21〉），および企業合併を規制する法的基盤の整備（〈20〉），が取り上げられている。

　2つ目は，エネルギー需要者への供給の安全確保に関わる。「供給の安全確保は，自由化しグローバル化した市場においても，依然として経済と政治の重要課題であり続ける」と述べ，3つの次元の対応を取り上げている。まず，ドイツの高いエネルギー輸入依存度に関わる問題として，特定供給国への強い依存――石油は近東とロシア，天然ガスはノルウェーとオランダ――，OPECの石油市場への影響拡大，比較的クリーンなエネルギーである天然ガスの消費増加に伴う価格上昇，から生ずる危険への対応がある（〈8〉〈47〉）。次に，輸入依存度の緩和と供給の安全確保のための措置として，省エネ・効率上昇，国内資源（石炭・褐炭，天然ガス）の利用，再生可能エネルギーの利用拡大が挙げられる（〈9〉）。最後に，供給の安全確保に不可欠な前提条件として総合的なインフラ整備がくる（〈10〉）。

　3つ目は，エネルギー危機への備えに関係する。「エネルギー・ミックスは危機管理のための戦略である」。国際化・自由化のなかで行われるエネル

ギー・ミックスの根本的な手直しを，危険回避の重要な手段と位置づけ，国内のエネルギー源，とくに再生可能エネルギー源の利用拡大，省エネ・効率化の推進，および連邦政府の財政支援の必要性を論じている（〈41〉〈42〉）。この見直しは長期にわたる緩やかな過程と想定されているが，持続可能性の原則に従って，将来的に化石燃料の大幅削減を実施し，無限のエネルギー源により代替することを明記したことが重要なのである（〈43〉）。原子力は，当然のことながら有限資源に含められており（〈8〉），しかも43項には施設の耐久年限を考慮したエネルギー代替の積極推進も記されていて，「対話の成果」公表から9日後の原発の順次閉鎖発表を暗示するかのようである。

　4つ目は，技術的な安全性の保証に関わる問題である。「エネルギー領域における研究と開発は，再生可能エネルギーと持続可能性とに適した技術が中心的役割を演ずるはずの未来の構築にとって不可避の前提である」との認識から，政府，企業，研究機関の一致協力した，競争力のない革新的な技術や新エネルギー技術の研究・開発の支援，国内の生産・雇用への影響も考慮したエネルギー研究政策の立案，第三世界の開発と環境・気候問題の解決，への取り組みが挙げられている（〈56〉）。

　最後は，市場の失敗の是正，すなわち外部費用の内部化に関わる問題である。その点を「対話」は次のように簡明に表現している。「企業における費用計算の構成要素に含まれないか，あるいは市場に捕捉されていないかする環境・資源利用，及び，その影響にかかる費用を統合して，持続可能性と危機予防とを指向するエネルギー政策に転換する」。この関連では環境（エネルギー）税，および再生可能エネルギーの自立的発展の支援策が挙げられ，再生可能エネルギーの価格競争力の育成を図る意図を読みとれる（〈22〉〈24〉）。

　第2のテーマ「省エネと再生可能エネルギー」は，上記のように長期的なエネルギー戦略の中枢をしめるだけに，関連する項目は30を超えている。ここでは，「再生可能エネルギーと省エネのための共同行動が，気候・資源保全のために必要である」と表現されるように，国際的な気候・環境保全の気運の高まりがつよく意識されている。とくに，1997年12月の京都議定書に盛り込まれた数値目標——ドイツは2008/12年に対1990年比で温室効果ガス排出の21％削減を義務づけられている——の達成は，1990年代初頭に連邦

政府・議会が策定した二酸化炭素削減案による限り不可能だと理解され，エネルギーの合理的・効率的利用と再生可能エネルギーの利用拡大が一段と推奨されることになる（⟨7⟩）。国際的には，協調体制の構築と並んで，排出量取引や柔軟化メカニズムの適否について生態系・気候保全と経済効率に照らした政府独自の判断が求められている（⟨23⟩）。

次に「省エネ(効率改善)」は，発電効率の改善や電熱連結方式の拡大，建物の暖房効率改善，公共建造物による模範の提示，航空機を含む交通部門での省エネ，代替燃料・駆動システムの開発，公共交通機関の拡大と実に多岐にわたっており（⟨25⟩–⟨37⟩），とくに「省エネと再生可能エネルギー」は交通領域の「二重の戦略」とまで呼ばれている（⟨38⟩）。

さらに，再生可能エネルギーについては，電熱連結の効率上昇もあって近年拡大傾向にあることが確認された上で（⟨48⟩），「省エネと再生可能エネルギー源の利用とにとっての障害は，取り除かれねばならない」の観点から論じられている。その代表例として EU の 2010 年目標値 12% を達成するための法的・財政的支援（⟨24⟩），それらへの投資活性化の経済的障害を除去するためのエコ税制改革や規制措置（⟨39⟩），消費者に対する的確な情報提供による広報活動（⟨40⟩），それと関連した消費者の選択幅拡大とクリーン・エネルギーへの誘導（⟨15⟩⟨16⟩）が，挙げられる。また，上記のように再生可能エネルギーは，エネルギー・ミックスの抜本的見直しの中核に位置するわけだが，雇用問題とも不可分に絡み合っているので，次のテーマの脈絡で扱うことにする。

第 3 のテーマ「エネルギー立地ドイツ：供給の安全確保と雇用」は，標題自体が内容を物語っており，もはや説明を要しまい。見出し文も，「ドイツは高い国内的な価値創造をもった強いエネルギー立地であり続けねばならない」と述べ，エネルギー輸入国に転落することを，供給の安全確保と雇用創出の視点から戒めている。

供給の安全確保は，一次エネルギーの輸入依存度の緩和あるいはエネルギー・ミックスの見直しと，ドイツのエネルギー産業の発展との 2 つの観点から扱われている。このうちエネルギー・ミックスの見直しの長期目標が，化石燃料の削減と再生可能エネルギーによる代替を目指していることは，既

に述べた。しかし，当分の間，石炭・褐炭は発電や鉄鋼業にとって低コストの重要な資源であり続けることになり，それなりの支援が行われる。とくに，石炭は，「緑の党」からの頑強な反発にもかかわらず，エネルギー税の対象外とされただけでなく，競争力維持の名目で膨大な財政支援さえ受けている[29]。褐炭も露天掘り経営のために州政府から特別な法的保護を与えられている。その背景には，旧東ドイツ諸州の褐炭鉱山において過去10年間に生じた，92％にものぼる雇用の縮小がある。それと並び輸入依存率の高い石油と天然ガスについては，EU諸国との協力のもとに供給国との対話による安全確保がうたわれている。

他方，エネルギー産業の発展に関しては，投資環境の整備（〈50〉），EUレベルの電力・設備産業の機会均等（〈51〉），技術の研究・開発（〈56〉）のための法的枠組みの形成と財政支援が，課題に挙げられている。この場では，環境・安全確保の目的から政府が行う，電源と技術の市場率への干渉が是認されている点に注意したい。それにもまして注目されるのは，「エネルギー立地ドイツの地位強化は，雇用を創造し，かつ保証する」との考え方である。エネルギー部門は，1999年時点でドイツの価値創造の2.2％，設備投資の3.5％を占めて高い生産性と資本集約度を誇るが，雇用に占める比率は低く1.1％，40万人に過ぎない。しかも，1991-97年に鉱山，石油精製・加工，供給サービスなどエネルギー関連の諸部門における雇用は65.7万人から44.2万人へと大幅に減少して，政策的措置による雇用創造が待望されているのである。

雇用創出に寄与できる成長分野は，発電所への中期的な投資，再生可能エネルギー，エネルギー・サービスの拡充，環境に優しい交通手段の開発，断熱など建造物の近代化，革新的な技術の輸出と6つにまとめられている（〈52〉）。ただ，雇用にとっての政策効果は，一つの趨勢にひと括りできるわけではない（〈54〉）。省エネの徹底のための法的措置や財政支援は，建設業や省エネ設備製造業に追加的な雇用を生むが（〈53〉），エネルギー効率の改善技術のように研究・開発に時間を要するものは，少なくとも当初は大量の雇用創出には繋がらない。したがって，エネルギー経済の構造変化は，質量両面から労働市場の対応を要求することになり（〈54〉），技能教育・再教育，資格取得，就労相談など経済界，政界，労働団体や研究機関の協力をつよく要請

している。

　以上のように，「エネルギー対話2000」は「持続可能性」を指導理念にかかげ，EU環境政策の基調をなす部門横断的な接近がエネルギー政策にとって有効なことを確認することから出発する。第1テーマの「競争と規制」では，市場を通じた効率的なエネルギー供給・サービス構造の達成を一大原則と押さえた上で，そこに誘導するために5つの分野で政策的舵取り——ドイツ企業の市場における機会均等と競争力保持，供給の安全確保，エネルギー危機への備え，技術の安全保証，外部費用の内部化——が必要だとされる。第2テーマの「省エネと再生可能エネルギー」では，エネルギー・ミックス見直しの長期目標を，化石燃料の削減と再生可能エネルギーによる代替に据えて，短・中期的な化石燃料の効率化と省エネ推進と併記したことは目を引く。第3テーマの「エネルギー立地ドイツ」に関しては，エネルギー政策における「持続可能性」を産業発展・雇用創出と調和させながら，そして法的基盤の整備，財政支援，研究・開発，情報公開などの政治・経済的手段を通じて推進する姿勢が明らかにされる。

　ただ，「エネルギー対話2000」は，当初から原発問題を除外し，また環境団体から当然厳しい批判を浴びるはずの石炭への補助金支給などの項目を含み，随所で妥協的な性格を示しており，評価の点で意見が分かれるところであろう。事実，幾つかの環境団体は「対話の成果」への署名を拒否している。しかし，懸案の省エネ・効率改善の徹底は，消費者のライフスタイルの変更とも関わっているだけに，国民全体の理解と協力が不可欠である。その意味から環境・労働団体の代表をはじめ国民諸層の意見の集約を図ったこと自体，重要なのである。とくに，電力市場の自由化が進むなか，既述のように電力供給者の選択権を握る消費者が市場・政策形成に行使する影響力も論じられるようになってきているからである。

2.4　小括——日欧エネルギー政策の基本理念・戦略の比較——

　本章では，1990–2000年EU・ドイツにおける環境・エネルギー政策の変遷を制度条件の整備を中心として概観してきた。検討結果は，各節の末尾に

要約しておいたので参照願うとして，この場ではEU・ドイツにおける制度整備の特質について簡単に要約し，あわせて日欧エネルギー政策の基本目標・戦略に絞って比較を試みることで，この時期の両者の異同を確認しておきたい。

　1990年代のEU環境政策における基本スタンスの変化は，3つのキーワードに集約できる。第1に，「持続可能な成長」から「持続可能な発展」への転換である。1993年マーストリヒト条約から1997年アムステルダム条約の間に，量的側面に囚われてきた「成長」から真の意味での「持続可能性」への方向転換が行われた。国際的な気候・環境保全運動の高まりも，促進的に作用した。第2に，「行動」から「政策」へ，そして「部門別政策」から「部門横断的な政策」へのグレードアップがある。その第1ステップは，1992年地球サミット直後のマーストリヒト条約によって，そして第2ステップはアムステルダム条約によって，法的に確固たる基盤を与えられた。第3に，「法規制」から，「市場メカニズムを適切かつ公正に機能させるための枠組み条件の設定」への政治的・経済的手段の質的転換がある。これまでの部門別の法規制による環境保全策の限界を銘記して，部門横断的に法基盤の整備，財政支援，研究・開発の推進，情報公開など多様な手段を駆使し，政策の実を挙げる方向に踏み出した。

　その点，エネルギー政策も例外ではない。1980年代の市場統合の一環としてスタートした共通政策は，環境論議の高まりの中で独自の政策領域にまで地位を上昇させた。1997年前半には，それまで様々な部門に分散していたエネルギー関係の法を束ねて法的な枠組みの確定が行われ，エネルギー問題あるいは温室効果ガスの排出削減を「すべてのEU政策」に統合しつつ，供給の安全確保，競争力の強化，環境保全の3大目標を追究する体制が整えられた。これらの目標と「持続可能性」原理とにかなう手段として推奨されているのが，省エネ・効率の改善と再生可能エネルギーの拡大である。とくに，1997年「白書」は，EUメンバー国の協力を得て行う再生可能エネルギーの倍増計画であり，まさにエネルギー政策を舞台とした「部門横断的な環境統合」の一大実験案といえる。エネルギー税や財政支援などの手段を通じて，再生可能エネルギーの市場競争力の強化がはかられると同時に，関連産業部

門の発展や自治体主導の地域開発の推進など，上記3目標以外に雇用創出も考慮されていることを再確認しておきたい。

　後半部では，EU環境・エネルギー政策の忠実な踏襲者であるドイツを対象に取り上げ，これまでより一歩踏み込んで，法的制度条件の整備が生み出す政策効果を再生可能エネルギーの発展と関連づけて考察し，「エネルギー対話2000」の検討からエネルギー政策再編の指針を明らかにした。まず，1990年代に制定・改正された「買取り法」は，技術的発展と生産コストの低下をもたらし，必ずしも自然条件に恵まれないドイツを世界第1の風力立国まで押し上げる基礎となり，さらにこの経験が2000年2月の「再生可能エネルギー法」における固定価格での20年間の買取り保証という投資環境の整備に帰結した。この2000年法は，1999年4月に導入されたエネルギー税とあわせて再生可能エネルギーの長期的な育成を狙っており，とくに原子力発電の占める31%を埋め合わせるに足る5倍増を目標に掲げたように，電力供給会社の地域独占解体や電線管理会社の自立化のなか競争的市場をいちだんと押し進める意図を持っていた。

　続く，2000年6月「エネルギー対話2000の成果」は，政界，経済界，環境団体，労働団体，州代表をはじめ国民諸層の合意形成と，それに立脚した新たなエネルギー政策構築を目的に組織されたが，やはりエネルギー・ミックスの長期的な修正の目標を再生可能エネルギーに置いている。すなわち，「持続可能性」をキーワードに据え，5つの分野——EU・国際市場での企業の機会均等と競争力維持，供給の安全保障，エネルギー危機への備え，技術的な安全性の保証，外部費用の内部化——につき政策的に舵取りすることで，市場メカニズムを適切かつ公正に機能させ，エネルギー政策の目標である経済的な競争力の維持，雇用創出，環境保全を調和させつつ達成するというのである。ただ，「対話」にあって原子力エネルギー問題は始めから除外され，最終的に環境団体の幾つかが「成果」への署名を拒否したように，随所に妥協的な項目も含まれているが，21世紀のエネルギー政策に向けて広く国民の意見を摂取しようとした姿勢は高く評価できる。

　最後に，これまでのEU・ドイツの環境・エネルギー政策に関する検討結果をもとに，日本との比較を試みてみよう。

まず，EU・ドイツと我が国のエネルギー政策の基本目標を比べたとき，少なくとも字面上では大きな違いがあるようには見えない。しかし，我が国の掲げる「3E（供給の安全確保，経済成長，環境保全）の調和」の中身を一歩踏み込んで考察するとき，大きな違いが浮上してくる。

「経済成長」の表現は，アムステルダム条約に「持続可能な発展」原則が明記されて以降，少なくとも EU の環境・エネルギー関係の資料から見る限り，1997 年 11 月「EU 政策への環境政策の統合：環境と雇用」と「白書」における使用を最後に姿を消す。その理由は，量的な側面に囚われすぎた「経済成長」の長年にわたる追究こそが，今日の環境問題の深刻化をもたらしたとの認識があったからである。我が国では，京都議定書を受けて 1998 年 6 月に発表された「長期エネルギー需給見通し」も，「経済成長と環境保全」の両立，端的には 2010 年度の二酸化炭素排出の安定化と 2% の「経済成長」を重要課題に掲げており，このことが EU と我が国の「エネルギー安定供給」のための戦略における顕著な差異に繋がるように思える。

エネルギー供給の安全確保の 2 本柱，高い輸入依存度の軽減――それと一体の関係にある化石燃料の削減――と，省エネ・効率の改善とにつき比較してみよう。

EU では，既述のように，内部資源の最大限の活用，とくに再生可能エネルギーの拡大が，法的基盤の整備，財政的支援，伝統的エネルギーに対する課税など様々な手段を駆使して推進されている。ドイツにおけるエネルギー・ミックスの見直しも，短・中期的には石炭・褐炭・石油の重要性を認めたものの，長期的には再生可能エネルギーによる代替を目指している。

他方，上記の「長期エネルギー需給見通し」で石油代替エネルギーの上位に位置するのは，「準国産エネルギー」の原子力，石炭，天然ガスであり，再生可能エネルギーはそれらの 1/10 程度にすぎない[30]。もちろん，我が国も，再生可能エネルギーの拡大に冷淡なわけではない。ニューサンシャイン計画などを通じて 2010 年度までに 2.5 倍増を目標値に掲げてもいる[31]。太陽光発電については，むしろ EU 側が我が国の財政支援方法を模範にしているほどである。通商産業省の住宅用太陽光発電の設置に対する補助は，1994–1996 年度のモニター事業において 94 億円，1997 年度の導入基盤整備事業におい

て111億円が支出されており，1998年度も147億円と予算額は増加している。

しかし，財政支援だけでは十分ではない。再生可能エネルギー源から作られた電力の，安定した価格での長期間にわたる買取り保証こそが，投資環境整備のなかで最も重要な要件だと思える。それに加えて，電力供給会社による地域独占解体後の電力市場の自由化をすすめ，電線管理者の自立化と電力生産者と消費者の契約の自由度を高めていく必要もある。この法制度による長期的な投資保証の必要性に鑑みるとき，我が国において2002年度を期限として住宅用太陽光発電に対する補助金給付が大幅に削減されることは，遺憾の極みである。とりわけ，市場競争の活発化による施設コスト低下の促進が，削減の名目に挙げられているからである。この種の市場活用論は，理論・実証の二重の意味から完全な誤りだと言わざるを得ない。

一つには，ドイツ，デンマーク，スペインにおける風力発電の例が教えるように，最近の急成長は買取り価格の条件下に，しかも技術発展と生産コスト低下を伴って生じている。関連企業は既存の法的条件に甘んずることなく，市場拡大に敏速かつ適切に反応したという事実が，看過されている。もう一方は，より重大な理論的水準の問題である。EUにおける再生可能エネルギーへの積極支援の根底には，伝統的エネルギーは研究・開発補助，税制優遇，第三者への社会的費用の一部転嫁などを通じて，現在の価格が不当に低く抑えられているとの認識があった。それだからこそ，地域独占の解体，エネルギー税の導入，買取り義務の賦課，あるいは再生可能エネルギーに対する各種支援策が採用されている。伝統的エネルギーとの市場における対等な競争力が養われるまでの間は，政策的な誘導が不可欠なのである。JCO事故から1年以上が経過して，「喉元過ぎれば熱さを忘れる」を地でいくかのように，再度原子力発電能力の拡充が日程にのぼっているが，政府の莫大な財政支援に支えられた巨大プロジェクトである原発新設・拡充は，地域独占の解体と電力市場の自由化，消費者の発言力・選択幅の拡大，生態系に調和した分散的な小規模エネルギー利用の拡大，という国際的な潮流に逆行した独占再編ともみなせるわけで，この観点からも原子力問題は捉え直されねばなるまい。

もう一方の柱である，省エネ・効率の改善のための努力の点では，双方の

間に大差はない。我が国も，産業・運輸・民生と部門を問わず，省エネ法や改正省エネ法を通じて徹底をはかっており，産業部門は合衆国やドイツには及ばないものの，EU並みの節約を達成している。しかし，その反面，運輸・民生部門は群を抜いて高い増加率をしめしており，我々自身のライフスタイルの変更を含め抜本的な取り組みが待たれる[32]。

　この点に関連して石弘光氏が『環境税とは何か』のなかで，国民の「省エネ」・環境意識を知る上で恰好のアンケート結果を紹介されているので，2つ取り上げてみよう[33]。一つは，ニッセイ基礎研究所『環境にやさしいライフスタイル実態調査』(1998年3月) であり，「家庭での水道，電気，ガス，自家用車の使用自粛」の理由を尋ねた項目に対する回答のわずか10%程度が「環境への配慮」をあげたにすぎず，経済的動機の80%以上にはるかに及ばない。もう一方は，1996年3月「地球的規模の環境問題に関する懇談会」事務局が実施した「地球温暖化対策の進め方についてのアンケート調査」であり，「家庭での環境のための経済的負担が増加すること」についての意見を求めた項目にたいし，およそ63%は「当然ないしやむを得ない」と回答した。この2つのアンケート結果は，省エネ問題については技術が，そして環境問題については政府・法律が，それぞれ「解決してくれるはずだし，解決すべきだ」という国民の間に広く流布した意識を反映している。したがって，広報活動やエコマークによる省エネのいっそうの徹底をはかる必要があろう。

　しかし，EU・ドイツの例が教えるように，省エネはそのような「トップ・ダウン」型の意思伝達によって解決できるような性格の問題ではない。「エネルギー対話2000」に見られるように，環境団体・労働団体も含む国民参加型——電力市場の自由化に伴う「需要管理型経営」も同じ文脈で理解できる——の，あるいは環境・エネルギー政策の実現に際して重要な推進者の一翼を担う自治体も参加した，「ボトム・アップ」型の合意形成と政策形成こそが不可欠だといえよう[34]。そのためには，環境・エネルギー関係の情報開示の徹底など並行して解決さるべき課題は多いが，早急に取り組まねばならない。

　我が国は，エネルギー政策の大きな曲がり角に立っている。過去10年間の環境先進地域，EU・ドイツによる取り組みを参考にして，真の意味での「持

第2章 1990–2000年EUエネルギー政策の基本理念と戦略　　55

続可能性」から出発し，エネルギー政策を部門横断的な接近の焦点に据えて，短・中期と長期を睨んだ「供給の安全確保」策を練り直さねばならない。本章の法制度を軸にした検討から得られた成果をもとに，EUメンバー国に対象を絞り込みつつ，2000年以降の日欧エネルギー政策の比較を進めることが，以下第3章と第4章の課題となる。

注

1) 本書で利用する資料は，文献目録の前に一括して載せているので参照願いたい。なお，EUの制度に関しては，大西健夫・中曽根佐織 1995 および大西健夫・岸上慎太郎 1995 に大きく依拠している。
2) ワイツゼッカーは，1989年の著書『地球政策』の第10章「価格は真実を語らねばならない」の冒頭において，規制による環境保全策の限界を，東欧社会主義諸国における厳格な法規制下の環境的破局状況の発生，環境に優しい経済運営を目的に国家が規制を発布した法が皆無なこと，の2点から鋭く指摘し，さらに経済理論的にも環境保全のための最適な手段投入が規制によってではなく，枠組み条件の設定によって達成されるはずだと述べている（Weizsäcker 1989, p. 141: Weizsäcker/Jesinghaus 1992: 邦訳はワイツゼッカー 1994）。
3) この反省は，第6章で詳しくみるように，「成長・進歩」を鍵概念として経済社会の歩みを解釈してきた，これまでの歴史科学に共通の研究手法に果敢に挑戦している最近の環境史の潮流と重なるところがあることを指摘しておきたい。
4) LIFE プログラムの概要は以下の通りである。その目的は EU のエネルギー政策・立法の発展と遂行に寄与するような活動への財政支援に置かれている。これまで第1期(1992–95年)，第2期(1996–99年)，第3期(2000–04年)の3期にわけて4億エキュないし4.5億エキュの財政支援が行われてきた。このうち第2期の重点領域には，自然保全，持続可能な発展に寄与できる産業活動，土地利用に環境保全を統合した活動，廃棄物管理，および大気・水質汚染の管理が，そして第3期の重要領域としては，自然保全，EU政策への環境政策の統合，地中海・バルト海沿岸の一部非メンバー国における環境的な行政機構の形成が，それぞれ挙げられている。
5) Matláry 1997.
6) Grant et al. 2000, p. 135.
7) McGowan 2000, p. 2.
8) Grant et al. 2000, p. 135.
9) OECD 1997, pp. 9–10, 33–36 のエコ税と雇用の「二重の配当」に関する論述を参照せよ。また，第5章の論争史もみよ。
10) 資源エネルギー庁 1999, pp. 98–99.

11) 2003年ドイツ連邦政府は，シュターデ原発の商業向け運転停止の理由の一つを，エネルギー消費の増加を招きがちな原子力発電をベース負荷に据えている技術的問題に帰している（資料一覧・ドイツ関係の資料 (17) を参照）。
12) 資料一覧・EU 関係の資料 (9) を参照せよ。
13) ルードマン 1999, p. 123 によれば，1990–96 年先進国における開発研究費の構成は，原子力40%，石炭10%，石油・天然ガス5%，太陽電池・風力5%弱となっている。また，我が国の 2003 年度「温暖化対策大綱」関係予算のなかでも新エネルギーの 9.2% を大きく上回る 24.5% が原子力推進対策費として計上されている（資料一覧・日本 (11)）。再生可能エネルギーから生産された電力コストの相対的割高さを強調する所説を，ドイツ連邦環境相のトリティンが石炭への補助金支給も引き合いに出して退けたのも，このような状況を踏まえてのことである（資料一覧・ドイツ (11)）。
14) レスター・ブラウン 1992, p. 265.
15) バイオ燃料の拡充は，需要管理策の一環として 2002 年「緑書・最終報告」にも盛り込まれている（資料一覧・EU 関係 (9)）。
16) 田北 2000, pp. 317–318 に掲げた表 5 にまとめているので参照願いたい。
17) 典拠は，Allnoch 1999, p. 24 と資料一覧・デンマーク (1) 所収の総エネルギー消費による。
18) Allnoch 1999, 所収の図-4 による。
19) Jänicke 2000, イエーニッケ 1998.
20) 2001 年 5 月我が国でも「新エネルギー特例措置法」が発効して，電力会社に一定比率の新エネルギーから生産された電力の購入を義務づける措置を採用したが，それと絶好の比較材料を提供できるからでもある（資料一覧・日本 (6)）。
21) 1999 年ドイツの一次エネルギー構成は，『エネルギー対話 2000 の成果』の資料編による（資料一覧・ドイツ (6)）。
22) 2002 年 2 月の連邦環境相トリティンの演説によれば，シュレスヴィヒ・ホルシュタインとメクレンブルク・フォアポンメルンの両州で再生可能エネルギーが電源に占める比率は，それぞれ 28% と 21% に達している（資料一覧・ドイツ (11)）。
23) Allnoch 1998, 1999: Schulz 2000.
24) Schulz 2000, pp. 135–138.
25) Allnoch 1998. 北海道グリーンファンド 1999, pp. 79–96 では，需要者サイドの省電力と負荷軽減のために，電力会社が行う計画や手段としての「需要管理型経営」が紹介されているが，ドイツはまだ実験的段階にとどまっている。
26) ドイツにおける環境史の開拓者の一人，ジーフェーレは独自のエコ・システム論を提唱し，エネルギー流に規定されつつ運動する物質循環，人口，社会・文化の史的諸相を考察したが，この観点はエネルギーのもつ部門横断的な性格をつよく印象づけるものとして明記する価値がある（田北 2000, pp. 69–70）。
27) 地球環境問題の解決のために，様々な経済的手段を採用し市場メカニズムを活用する方法は，広く受け入れられるようになってきた。レスター・ブラウン

1999, 第 10 章「持続可能な世界を建設する」に次の表現がある。「適切なやり方で利用すれば, 市場は環境的に持続可能な社会に向かう次の産業革命を導くこともできるだろう。そして, その実現の鍵を握るのが, 課税方法の変更である」(p. 306)。石弘光 1999 も「プロローグ」のなかで,「そのなかでも最重要課題は, 市場メカニズムによる経済的手段の活用, とりわけ環境税の導入の是非もふくめた政策論議であろう」(p. i) と述べる。なお, 各種の経済的手段(課税・課徴金, 補助金, 排出権取引, デポジットなど)が,「汚染者負担原則」を踏まえつつ, 市場を通じて環境保全に与える貢献については, OECD 1994, 1997, Weizsäcker 1992, pp. 14–22「環境政策のなかの経済的諸手段」, ルードマン 1999 を参照せよ。

28) 『エネルギー対話 2000 の成果』資料編によれば, 電力市場の開放度が最も進展しているのが, ドイツ, イギリス, スウェーデン, フィンランドの 4 国, 逆に EU の最低レベルに留まっているのがフランスだが, このような格差が競争力と雇用にも微妙な影響を与えている。

29) ルードマンは, 環境税・排出権取引に比べて, 補助金が環境保全に果たす肯定的な役割に懐疑的姿勢を示す。とくに, 補助金が環境資源と納税者に多大な損失をもたらす悪い方の典型例に引かれるのが, 競争力保持・雇用確保の名目のもと莫大な補助金支給を受けるドイツ(ルール河からオランダ国境沿いの無煙炭地域)石炭産業である。すなわち, 採炭の深度が増すにつれ採炭・運搬・資材コストは急上昇し, 国家による価格保証は 80 年のトン当たり 42 ドルから 96 年 153 ドルに, そして雇用保障のための補助金も 4 倍に膨れ上がったが, その間, 雇用は 54% 減少し生産量も半減した。結局, 補助金は投資家を潤し, 機械化を推進しただけに終わったという(ルードマン 1999, pp. 56–58)。

30) 資源エネルギー庁 1999, p. 50.
31) 資源エネルギー庁 1999, pp. 148–153.
32) 資源エネルギー庁 1999, pp. 15.
33) 石弘光 1999, pp. 34–38, 67–69.
34) EU 諸国において都市・農村を問わず根強く残る「自治的伝統」が, エネルギー政策の形成にも大きく働いているように見える。この問題については, 飯田 2000, 田北 2003a および本書第 6 章に紹介した 19 世紀前半ドイツの環境立法のもつ功罪に関する叙述, をとりあえず参照せよ。

第3章

2000–2002年日独エネルギー政策の比較

　F. マクガヴァンは，EUエネルギー政策の史的展開を扱った2000年論文において，政策目標・手段の時代を追った変化を次のように描き出した[1]。1970年代の二度にわたる石油危機とエネルギー価格の高騰を境にして，エネルギー資源の多様化と低価格での安定供給が前景に出てきた。その後1980年代後半以降の世界経済の回復とエネルギー価格の低下は，一方で消費者利害を上段に振りかざす自由化要求の追い風となったが，同時に他方で，国境横断的な汚染による森林枯死の阻止や反原子力運動に代表される環境意識の高揚をもたらした。ここに登場するエネルギー資源の安定供給の確保，手ごろな価格での調達（経済性），および環境保全の3要素は，今日先進工業諸国のエネルギー政策の基本目標に据えられている。いや，地球環境問題が深刻さとその範囲を増してきた現在，それらは世界共通の政策目標となったといえよう。事実，2002年8月末から9月初に開催された世界首脳会議に向け，その準備作業の一環としてインドネシアのバリで開催された第4回準備会合で提示された「実施文書案」は，再生可能エネルギーの比重拡大やエネルギー効率改善などクリーン・エネルギーを重要課題に掲げている[2]。しかし，南北間の対立は措くとして，先進工業国相互のエネルギー政策を比較した場合も，最大の温室効果ガス排出国である米国の京都議定書批准からの離脱に象徴されるように，重点目標の置き方や手段選択の点では大きな違いがある。そのなかで我が国のエネルギー政策の向かうべき方向を，環境先進国ドイツの模範にならって探ろうというのが，本章の狙いである。

　ところで，筆者は第2章において日欧エネルギー政策の比較に向けた第一歩として1990–2000年の基本理念・基本戦略とを比較検討した。その後，

2000–2002年に日本・ドイツのエネルギー政策は，大きな変化を経験した。詳細は本論に譲るが，代表例を1つずつ挙げてみよう(表3-1を参照せよ)。まず，日本については，京都議定書批准の決定がある。これは，ドイツでは温室効果ガス削減数値には含められない「森林の二酸化炭素吸収分」の算入を譲歩条件としてではあれ，それまで共同戦線をはってきた米国と袂を分かってEU寄りの路線を歩むと宣言した，明瞭な意思表明として注意を引く。この京都議定書の締結を契機として，既存の対策の見直しとタイム・スケジュールの作成が活発化してきた。2008/12年時点での対1990年比6%の温室効果ガス削減という数値目標の達成に先行して，2005年には中間報告が義務づけられるからである。そこで，3.1では，2001年7月に発表された「今後のエネルギー政策について」(以下では「新見通し」と略す)を拠り所にして，京都会議の決定を受けて発表された1998年6月の「長期エネルギー需給見通し」の微修正——抜本的な見直しは現在進行中である——の結果を概観し，同時に2002年3月「温暖化対策推進大綱」(以下では「新大綱」と略す)以降の数値目標達成に向けた具体的対応の試みを明らかにする。

他方，ドイツについては，2000年6月連邦政府と電力供給会社の締結した原発の順次運転停止に関する協定を挙げなければならない。2002年2月の新版「エネルギー対話」のテーマ，「エネルギー転換：脱原子力と気候保全」が印象的に表現するように，脱原子力は連邦環境大臣トリティンをして「エネルギー政策ほど，1998年以降に鮮明な転換が行われた分野は他にない」とまで言わしめる契機となった[3]。3.2では，1998年秋以降に社会民主党・緑の党による連立内閣が取り組んできたエネルギー政策の，その総括の地位を占める2001年11月「エネルギー報告」を素材に「エネルギー転換」の諸相を明らかにする。その際，日独のエネルギー政策の異同を浮き彫りにするために，原子力，再生可能(新)エネルギー，環境税，気候保全のための取り組みの4つの共通項目に焦点を絞り込みながら比較を行う。3.3では，それらを総合して，将来の日本のエネルギー政策への展望をえたい。

表 3-1 ドイツ・日本の環境・エネルギー政策関係の主要事項

1996 年 3 月	「経済界の自主気候保全宣言」（2005 年に 90 年比 20% 削減宣言）●	
1997 年 6 月	「経団連環境自主行動計画」★	
1997 年 12 月	「京都議定書」	
1998 年 6 月	「長期エネルギー需給見通し」★	
1999 年初	「10 万戸太陽光発電プログラム」●	
1999 年 4 月	「エコ税制改革」（2000 年 1 月更新：2003 年まで）●	
1999 年 5 月	「電力事業法」の改正：大口需要者への小売り自由化と料金体系の修正 ★	
1999 年 6 月-2000 年 5 月	「エネルギー対話 2000」★	
1999 年 9 月	「再生可能エネルギーのための市場吸引プログラム」●	
2000 年 3 月	「再生可能エネルギー法」（EU 諸国多数が追随）●	
2000 年 6 月	「連邦政府・電力供給会社の脱原子力協定」●	
2000 年 10 月	「気候保全プログラム」（2005 年に二酸化炭素排出の対 90 年比 25% 削減）●	
2000 年 11 月	「連邦政府・経済界の気候保全のための自主努力協定」（電熱連結の拡充）●	
2001 年 6 月	「連邦政府・電力供給会社の脱原子力協定の最終調印」●	
2001 年 6 月	「バイオマス法令」●	
2001 年 7 月	「電熱連結拡充をめぐる連邦政府・経済界の協定」（2002 年 4 月法制化）●	
2001 年 7 月	「今後のエネルギー政策について」（98 年長期エネルギー需給見通し修正）★	
2001 年 9 月	「再生可能エネルギー促進のための EU 指針」	
2001 年 11 月	「エネルギー報告」●	
2002 年 1 月	「京都メカニズム利用ガイド（Version 1.0）」（経済産業省）★	
2002 年 1 月	「再生可能エネルギーの発展」（2002 年 1 月の現状報告）●	
2002 年 1 月	「省エネ法令」●	
2002 年 2 月	「エネルギー転換：脱原子力と気候保全」●	
2002 年 3 月	「地球温暖化対策推進大綱」★	
2002 年 4 月	「改正原子力法」●	
2002 年 5 月	「エネルギー報告」に関する野党会派による質問状への回答 ●	
2002 年 5 月	「電力事業者による新エネルギー等の利用に関する特別措置法」★	
2002 年 6 月	「京都議定書の締結に関する閣議決定」★	
2002 年 6 月	ヨハネスブルグ環境開発サミット実施計画案	
2002 年 6 月	「我が国における温暖化対策税制について（中間報告）」★	

（注）★ は日本，● はドイツ，無印は EU・国連

3.1 2000–2002年日本のエネルギー政策——惰性の継続——

3.1.1 1998年6月「長期エネルギー需給見通し」の微修正
——2001年7月「新見通し」——

　総合資源エネルギー調査会は，2000年4月以来我が国のエネルギー政策の3つの基本目標の同時達成を実現するための「エネルギー需給像」と，それを支える政策の方向とに関する検討を積み重ねてきたが，2001年7月その結果を報告書にまとめた。それが，この「新見通し」である。

　まず，この「新見通し」を一瞥して気づくことは，エネルギーの基本目標の手直しである。今回，それは「環境保全や効率化の要請に対応しつつ，エネルギーの安定供給を実現する」と定式化されており，1998年の「エネルギー安定供給（Energy Security），環境保全（Environmental Protection），経済成長（Economic Growth）」の頭文字をとった「3E」の同時達成と比較して，エネルギー効率（Energy Efficiency）が経済成長にとってかわっている。もちろん，それも年2％のGDP成長率を前提からはずすことを意味してはいないが，エネルギー政策を経済成長の「しもべ」と理解せずに，いまいちど積極的に再構成する意思表示とも見なせよう。その当否も含めて「新見通し」の概要を紹介していこう。

　第1章では，相矛盾する上記3目標の同時達成が困難なことを，我が国のエネルギー市場をめぐる状況の変化と関連づけて論じながら，取り組むべき課題へと誘導していく。我が国を取り巻く主要な状況変化は，下記の5点にまとめられている。

　第1，「自由化・効率化の下での競争を通じたコスト意識の明確化」では，エネルギー源の選択においてコストの比重が高まるなかで廉価な石炭の消費増が起こり，それが安定供給・効率改善に与える阻害的作用を，水力や新エネルギーなど国産エネルギーの発展の停滞や効率改善のインセンティブの低下と絡めて論じている。第2，「需給両面における主体の多様化」では，エネルギー消費における製造業部門の比重低下と民生・運輸部門の急増という先進工業国共通の傾向と，電力部門のエネルギー供給における小規模・分散型事業者の参入とが挙げられている。第3，「二酸化炭素排出抑制の難しさの顕

在化」では，1999年時点で対1990年比8.9%の二酸化炭素排出増となっている事実に照らして考えるとき，京都議定書に盛り込まれた6%の温室効果ガスの削減には，いっそうの努力が必要なことが指摘される。第4,「原子力をめぐる現状」では，発電過程で二酸化炭素を排出しないため，温暖化対策の切り札の一つに位置づけられる原発建設計画の遅れと計画の縮小について述べられている[4]。第5,「アジア地域におけるエネルギー供給リスクの高まり」では，アジア経済の急成長と今後とも予想されるエネルギー需要の増加が，輸入依存度の高い――1999年原油の中東依存度は84.6%に達する――我が国に与える量的・価格的影響が挙げられている。

以上の制約条件のもと3目標の調和的達成のためには，取り組むべき3つの課題がある。一つは，エネルギー消費の重心シフトに対応した民生・運輸部門での合理化・効率化の推進，ついで，エネルギー・ミックスにおける従来の原子力・天然ガスに加えた新エネルギーの拡充，最後に，アジア地域全体のエネルギー安定供給のための対策（備蓄，省エネ，石油代替エネルギー開発）。

第3章では，現在の政策的枠組みが持続した場合の2010年のエネルギー需給の姿を定量的に把握した上で，二酸化炭素排出の1990年水準への抑制という目標達成のための政策指針が基準ケースと目標ケースにわけて論じられる。

基準ケースでは，民生・運輸部門のエネルギー消費の大きな伸びと，供給面での原発建設の遅れや石炭・重油利用の増加を理由として，結局エネルギー起源の二酸化炭素排出量を対1990年比の±0から6.9%以内の増加に抑える方策群が，そして目標ケースでは，それに積極的な燃料転換を追加することで±0に抑える政策が紹介されているが，ここでは基準ケースを中心に検討しよう。その中核的な対策は，省エネと新エネルギー拡充からなり，燃料転換はあくまで不足分の補完の位置に据えられている。この点で「エネルギー転換」を鍵概念としたドイツと大きな違いがある。

まず，省エネでは1998年「見通し」でうたわれた経団連の環境自主行動計画とトップランナー機器の採用に加えて，エネルギー消費増の顕著な民生・運輸部門を中心に原油700万kℓ（キロリットル）相当の節約効果を生む追加措置が盛り込まれ，国民一人一人に努力を促す内容になっている（「新見通し」

参考2を参照)。続く，新エネルギーでは，対象範囲を拡大しつつ行われる導入促進，技術開発，金融・税制支援と，クリーン自動車や電熱連結の拡充など需要サイドの対策を通じ原油879万kℓ相当の節約が目標とされている。第3の燃料転換は，二酸化炭素排出を1990年水準に抑える際に必要な500万トンの削減のために構想されているが，税制・規制などの措置による安価な石炭と他の燃料価格の調整は，「具体的な政策手段を特定するまでには至らなかった」と解説されているように，先送りされた。とくに，環境税など税制についての検討結果は参考4で挙げられているが，この問題には次節で立ち返ることにする。第4に，原子力は安全確保を大前提として「引き続き導入促進が必要」とされ，立地促進のための地域・国民への情報提供の重要性が挙げられている。ただ，最近，東京電力など電力会社の検査結果隠しなどを契機にして，安全確保の前提が大きく揺らいでいることは，周知の通りである。なお，原子力を増設しないケースも重要視すべきとの意見もあったが，「経済に与える大きな影響などから，本部会ではそうしたケースを選択することはできないとの結論に至った」(参考5)と決定された。この点も，上記の燃料転換ともども EU と好対照をなす動向を示しているので，次節で取り上げたい。

　以上の検討から，次の諸点が明らかになった。

　まず，エネルギー政策の基本目標「3E」のなかから経済成長が脱落し，それに代わってエネルギー効率改善が加わったため，基本目標に関する限り EU と横並びとなった。

　次いで，1990年以降の不況期にもエネルギー起源の二酸化炭素排出は大きく増加して，2010年度に対1990年比で±0に抑制することが困難だと判断された。そのため追加措置が検討され，エネルギー消費量の伸びの目立つ民生・運輸部門を中心に需要サイドの省エネ・効率化策が重要視された。

　さらに，エネルギー・ミックスは，これまでの基本線を踏襲し，原子力と天然ガスに新エネルギーを加えた内容になった。ただ，新エネルギーは，一次エネルギー(2010年基準ケースで4.8%)，電源(水力を除けば0.7%)に占める比率も小さく，むしろ自由化のなか廉価な石炭使用増加と二酸化炭素排出量の増加，あるいはアジアの経済成長による安定供給面のリスクの高まりに

危惧を抱かせることで，原子力の拡充路線に誘導しているかの印象さえ与えている。

最後に，したがって，二酸化炭素排出削減の要となる電源における燃料転換，民生・運輸部門に対するエネルギー転換の促進，および国民の省エネにインセンティブを与える「環境関連税」の導入は今後の課題とされ，結局，曖昧な自主努力待ちに終わってしまった。これが，次節で扱う，温暖化対策推進大綱の基本路線を決定することになる。

3.1.2 地球温暖化対策の進展とその問題点

2002年8月ヨハネスブルグ環境開発サミットにおける京都議定書の発効を睨んで，2008/12年の目標達成に向けた作業が，これまで以上に具体性をもって進められるようになった。

2002年3月には1998年6月版を修正して，新たな「地球温暖化対策推進大綱」が発表された。これは，2000年には景気低迷のなか対1990年比で二酸化炭素排出が10％増加して，これまでの対策によっては温室効果ガス6％削減の数値目標達成が困難だと判断された結果である。この点を考慮して6％の排出削減を，排出ガス＋1.5％（二酸化炭素±0，エネルギー起源以外のメタン等−0.5％，代替フロン＋2％），森林吸収−3.9％，国民の努力・革新技術開発−2％，京都メカニズム（排出量取引，クリーン開発メカニズム，共同設置）−1.6％とに振り分ける新シナリオが作成された。1998年に提示された，排出ガス−0.5％，森林吸収−3.7％，京都メカニズム−1.8％とする旧シナリオと比較して，二酸化炭素排出の削減は考慮もされていないこと，森林吸収・京都メカニズムが90％を超えるエースの座に据え置かれたこと，の2点を除いて大きな手直しが行われた。すなわち，二酸化炭素以外の排出ガスが上方修正され，同時に新設の「国民的努力・革新技術開発」が−2％と削減策の中心に登場している。

したがって，対1990年比で増加が見込まれている7,300万トンの排出量の削減は，2001年7月「新見通し」の主旨に沿って，省エネ2,200万トン，新エネルギー3,400万トン，燃料転換1,800万トンと3手段に割り振られている。なかでも，部門別割り当てでは，産業部門−7％，民生部門−2％，運輸

部門 +17% と，運輸部門の増加分を他の 2 部門で肩代わりする形になっており，「環境税」への消極的姿勢とも併せて「気候保全政策における問題児」と表現される交通・運輸部門への対応の甘さが目立っている。

それと並んで最大の問題点は，100 項目を超える細目にわたる国民的努力に −1.8％ と高い期待が寄せられていることである。これは，「人々の価値観，社会経済システムやライフスタイルが温室効果ガスの排出に大きくかかわる」家庭・民生部門をあげての取り組みをアピールしたものだが，強制も経済的インセンティブもなく，実効性は疑わしいと言わざるをえない。最近の環境心理学の成果によれば，省エネ・省資源など環境意識の向上をいくら訴えても，それだけでは効果を上げることはできない。『地球白書 2001–2002』で挙げられた例を紹介しておこう[5]。米国で実施された省エネ講習会に参加して，省エネとエネルギー問題全般に関する認識を深め学習内容の実践を誓って帰宅した 40 名を対象に実施した追跡調査は，興味深い結果を伝えている。講習会当日に配布された節水型シャワーヘッドを取り付けた人は 20％ の 8 人，温水サーモスタットの設定温度を下げた人は 1 人，温水暖房に断熱材を取り付けた人は 1 人もいなかった。「意識の向上は重要ではあるが，多くの場合，これだけでは人々の行動を替えさせることはできない」し，逆に実際の反応を起こさせるのに必要な要因も明らかになった。すなわち，他人の手本となる「仲間の行動」，効果的なコミュニケーション，金銭的なインセンティブに代表される魅力的な優遇措置である。環境税や太陽光発電パネルへの財政支援などの問題は，この観点からも検討することが必要であろう。2002 年 3 月 20 日付の朝日新聞朝刊紙は，「新大綱」のシナリオを「6％ 減達成行うは難し」の見出しの下に報じたが，いたって当然なのである。

さらに，数値目標達成のための森林吸収と京都メカニズムの利用にも，一言ふれておきたい。森林吸収は，京都会議以降も EU と日米の争点をなしてきたし，我が国の京都議定書批准のための取引材料として利用されもした。しかし，先進工業国の多くで観察される森林面積の拡大も，輸入増加やパルプ用材の海外植樹の増加という，いわば他国の犠牲の上になりたっていることを忘れてはならない[6]。その意味から，2000 年 10 月ドイツ「気候保全プログラム」で森林吸収を目標達成の手段からはずし，参考欄に掲げたのは適切

な措置といえる。また，京都メカニズムも，「汚染者負担原則」にのっとり，お膝元で最大限の努力が払われた後であれば，その利用にとりたてて問題はなかろう。卑近な喩えを挙げてみよう。「自分の家の庭にゴミを散らかしたまま放置して，他人の庭の掃除を手伝い，アルバイト料をもらう代わりに自分の庭も半分きれいにしたことにしましょう」という言い分が通るのだろうか。費用対効果を振りかざし，共同実施やクリーン開発メカニズムによる成果の購入に走り，企業レベルであれ国家レベルであれ，他人・他国の努力の成果を排出量取引を通じて購入するのであれば，エネルギー政策の基本目標の同時達成からは遠く隔たることになり，いくら「経済成長」を目標からはずしてみても，経済至上主義の批判は免れまい。温室効果ガス排出の削減目標21％を達成すべく努力を積み重ねてきたドイツで，近年排出量取引が論じられるのは，環境心理学のいう「他人の模範となる行動」を国際的に訴えるためでもある。この点を取り違えてはならない。

3.1.3 新エネルギー促進策──法的枠組みの整備の遅れ──

　我が国も，現実感の薄い「新大綱」の上にあぐらをかき，安閑としてはいられなくなってきた。京都議定書の批准は，2005年の実施経過のレビューと2008/12年数値目標の達成というタイムスケジュールに沿った行動を余儀なくしたからである。その対応策の一つが，省エネ・燃料転換とならび二酸化炭素削減策の3本柱の一つに挙げられた，新エネルギーの拡充である。2002年5月末に成立した「電力事業者による新エネルギー等の利用に関する特別措置法」（新エネルギー特別措置法）は，その重要な到達点の一つである。以下，2002年3月に資源エネルギー庁が作成した法案提出説明をも参考にしながら，その内容を検討しておこう。

　まず，法案制定の目的が，エネルギー政策の3つの基本目標と絡めて説明されている。我が国のエネルギー消費における石油利用の低下（一次エネルギーのうち1973年の77％から2000年52％，電源のうち73％から11％へ）にもかかわらず，中東への供給依存度の高さと原発立地選定の遅れとに付随するリスクを緩和できる利点がある。また，エネルギー起源の二酸化炭素排出が90％を占めるなか，環境負荷の低い新エネルギーの利用を促進すること

で，地球温暖化防止をはじめ気候・環境保全にも貢献できる。さらに，欧米諸国で先駆的に実施された「電力会社の販売量に応じた一定割合の再生可能エネルギーの導入義務」が，再生可能エネルギーの2～3倍増と大きな成果を上げたという実績がある。最後に，2001年7月「新見通し」での決定を受けて法案制定が緊急を要することに触れ，それに続き法案の概要説明に進んでいるが，その要旨は次の3点にまとめられる。

第1に，経済産業大臣が，総合資源エネルギー調査会および環境大臣その他の関係大臣の意見を4年ごとに聞き，新エネルギー電力の利用目標を定め（第3条），電気事業者に対し毎年度その販売量に応じ一定割合以上の新エネルギー電気の利用を義務づける（第5，6条）という，基準利用量の決定に関わる内容である。

第2に，電気事業者は，義務履行に当たり，自分で発電するか，他から新エネルギー電気を購入するか，他の事業者に肩代わりさせるか，適当な手段を選択できるが（第5，6条），義務を履行しない場合，経済産業大臣が勧告ないし命令を行う（第8条）。

第3に，新エネルギーには，風力，太陽光，地熱，水力，バイオマス，「石油（原油および揮発油，重油その他の石油製品をいう）を熱源とする熱以外のエネルギーであって，政令で定めるもの」，端的には廃棄物が挙げられている（第2条）。ちなみに，新エネルギー導入の目標に挙げられた発電分野でみた場合，2010年時点で太陽光が482万kW（キロワット）と対1999年度比で23倍増，風力が300万kWと38倍増，廃棄物が417万kWで5倍増（34％）となっており，廃棄物が高い比重を占めていることを確認しておきたい。

この法案は，どのように評価できるのであろうか。環境NGOの「Green Energy」も適切にコメントしている通り，2つの問題点を指摘したい[7]。一つは，我が国の新エネルギーは，その概念内容からして，ヨハネスブルグ環境開発サミットで数値目標設定の可否をめぐって論議を呼んだ，あの再生可能エネルギーと同一ではない。すなわち，廃棄物発電，廃棄物熱利用，廃棄物燃料製造も新エネルギーに数えられており，環境政策の基本目標の一つとして「国民的努力」の中核に位置するはずの大量消費・大量投棄型ライフスタイルの転換を促進するどころか，逆行する内容が含まれている。近年，市町

村レベルで「ゴミ」発電（RDF）が脚光を浴び，それに必要な燃料探しが自治体境界を越えて活発化しているが，それが再生可能エネルギーの発展を促進するとは，とうていに考えられまい。

　もう一つは，新エネルギー発展のための制度的基盤が，経済産業省・環境省と電気事業者の関係を軸に考慮されるに留まり，肝心な小規模な再生可能エネルギー電力の「買取り義務」には言及もされていないことである。この再生可能エネルギー電気を軽視する政府の姿勢は，2002年度を最後に，EUも模範にした太陽光発電パネル設置に対する財政補助が，切りつめられる事実からも容易に読みとれる。この点での制度的条件整備の重要性は，ドイツ・EUの経験を一瞥するとき明らかとなる。W. シュルツの整理に従えば，風力発電においてドイツを世界一にまで押し上げた制度的背景こそが，「買取り法」と投資・運転資金の財政支援，およびそれを起点に官民双方で蓄積されたノウハウだったからである[8]。2000年ドイツで制定された「再生可能エネルギー法」はEU諸国にも衝撃を与え，スペイン，ギリシア，および原子力立国のフランスでも類似の法の成立をみたことを付言しておきたい[9]。

3.1.4　環境税──導入への消極的姿勢──

　京都議定書締結後に新エネルギーと並んで大きくクローズアップされてきたのが，環境税である。環境税に関する構想は，その中央環境審議会総合政策・地球環境合同部会地球温暖化対策税専門委員会が，2002年6月に提出した「我が国における温暖化対策税制について(中間報告)」にまとめられている。この中間報告の提出自体，先に紹介した2002年3月「新大綱」あるいは2001年7月の「新見通し」の中で環境税は，まだ今後の検討課題に挙げられて，その導入に消極的な意見が表明されていただけに，いささか唐突だとの印象を免れない。そこで，「新見通し」にまで立ち返って，環境税導入に対する消極的姿勢の論拠を明らかにしておきたい。

　2002年「新大綱」にあって環境税は，第4章その他の「ポリシーミックスの活用」の文脈でごく簡単に触れられているに過ぎない。「費用対効果の高い削減を実現するため，市場メカニズムを前提とし，経済的インセンティブの付与を介して，各主体の経済的合理性に沿った行動を誘導するという，いわ

ゆる経済的手法があるが,税,課徴金等の経済的手法については,他の手法との比較を行いながら,環境保全上の効果,マクロ経済・産業競争力等国民経済に与える影響,諸外国における取り組みの現状等の論点について,地球環境保全上の効果が適切に確保されるよう国際的な連携に配慮しつつ,様々な場で引き続き総合的に検討する」と述べて,今後の課題に挙げている。しかし,「環境保全上の効果」から「諸外国における取り組みの現状等の論点について」は,2001年「新見通し」において詳細な検討が加えられ,一つの明快な結論が導き出されている。すなわち,石炭への環境税賦課が過度の天然ガス偏重を生む危険性に言及しつつ,二酸化炭素排出の削減手段として省エネ・新エネルギー対策を国民経済上の効用を変えない範囲で推進し,それでも「上記の目標が達成できない場合に,税制についての検討がなされるべきである」と述べて,まさに最後の選択肢に位置づけている。この結論は,エネルギー・環境関連税制(炭素税,一般炭への課税,電源開発促進税)の長短,ヨーロッパにおける導入状況と原料への免除など産業の国際競争力に配慮した特例措置,税収の使途など国際比較を交えた徹底的検討から導き出されたものとして,軽々に扱われるべきではない。以下では,税制に関する論点を中心に簡単に考察しよう。

　第1に,税の導入による二酸化炭素排出削減効果については,価格効果と財政効果の双方から検討されている。価格効果は,価格上昇による需要抑制効果と相対価格の変化による二酸化炭素排出の少ない燃料への転換がある。この需要抑制効果に関し,少なくとも消費段階での課税の効果に疑問を呈する目的で挙げられた事例——2000年5月のガソリン小売価格が前年比で10円上昇していたにもかかわらず,販売量は165千kℓ増加して,同月として過去最高水準を記録したこと——は,適当なのだろうか。筆者には,ゴールデンウィーク前後の観光ピーク時のガソリン小売価格の上昇は,ほとんど計画の変更をもたらさず,逆に市場に委ねるだけでは消費縮小に繋がらないことを浮き彫りにしたと見えるのだが。あるいは,その事例は,インセンティブ効果を与える何らかの形の環境税の導入が必要なこと,そして適正な税額の決定には,ドイツで採用された毎年6ペニヒずつ加算しつつ効果のほどを探るオーツ・ボーモル課税方式が適当であること,の2点をつよく印象づけ

てさえいる[10]。もう一方の財源効果では，既存の電源開発促進税，道路目的税としての揮発油税・軽油取引税など5兆円を超える税収の使途の見直しから，二酸化炭素排出削減に必要な対策を実施できるようグリーン化する対策が強調されている。既存の特定財源のグリーン化が必要なことは言うまでもないが，いわゆる族議員と省庁間の縄張り意識がその実現を阻んできたことは，よく知られている。既存税制との調整をはかりながら環境税，とくにエネルギー税の導入を考える時期にきている。

第2に，公平性に関わる問題が，既存のエネルギー税への上乗せ，あるいは環境保全以外に安定供給などエネルギー政策の基本目標との調和と絡めて論じられている。

第3に，経済への影響が，生産コストの上昇からくる産業の国際競争力や経済全体に発生する衝撃と関連づけて論じられ，1992年EUにおける炭素・エネルギー税導入が産業界の猛反対によって挫折した事例を想起させるかのように，国内の経済情勢と海外の課税状況に整合性をはかるべきであると結ばれている[11]。経済への影響に続く，課税の対象範囲（炭素税，原料としての利用の免除措置），自由化・効率化（外部コストの内部化と平等・公平な条件下の競争促進の調整措置の必要）は，いずれも企業・産業の競争力と密接に関係している。

ところで，上記のように環境税導入の障害を列挙し，税効果に懐疑的姿勢を示し，さらに既存の特定財源の見直し（グリーン化）による対処を強調する点で，2001年7月「新見通し」は，経済界の立場の正確な反復となっている。1997年6月「経団連環境自主行動計画」実施後，毎年行われているフォローアップの2000年11月の第3回の結果報告を手がかりに，その点を確認しておこう。

まず，環境税の導入に反対する理由が，効果，省エネ技術・開発への自主努力の阻害，財源の3点に整理して述べられている。価格効果への疑問として，石油ショック前後の価格動向とガソリン・電力需要の推移と，EUで二酸化炭素排出削減という期待された効果が上がっていない事実とが挙げられている。ただ，後者については，今日修正が必要であろう。3.2.4で述べるように，エコ税導入後ドイツでは交通部門の燃料消費と二酸化炭素排出の減少

が報告され,実効性があがっているからである。2番目の論点では,海外への立地転換も含めエネルギー効率の低い国での生産増加を促し,かえって地球レベルの二酸化炭素排出増加が生ずる恐れも挙げられている。3番目の財源では,既存特定財源のグリーン化による対応が論及される。次に,経済への影響を明確にして産業界・国民の納得を得られる内容に練り上げる必要性が強調される。この背景には,長引く経済不況に追い討ちをかける環境税の導入は耐えられないとの意識がある。

しかし,産業界をあげての自主行動計画にもかかわらず,民生・運輸部門の排出増加のためもあって2000年に二酸化炭素排出が対1990年比で10%も増加した事実を考慮するとき,不況を理由にして導入引き延ばしをはかることは許されまい。その意味から,EU気候保全政策の進展のもどかしさに批判を浴びせた,グラントの指摘は傾聴に値しよう。「不況の時期にEUが安定化の目標達成のために(エネルギー・炭素税導入など)最大の努力を傾注していない事実は,新たな経済成長の時期に排出増加を抑えるのが,今以上にはるかに大きな挑戦とならざるをえないであろうことを示唆している」[12]。排出量の減少した景気後退期にできないことが,排出増が確実な経済成長期にできるはずがないというのである。それにもまして指摘しておきたいのは,環境税導入がカンフル剤となって,かえって経済的閉塞状態に突破口を開くこともありうることである。M. イエーニッケは,1970–80年代日本における累進的電気料金体系の導入が,化学工業に与えた衝撃を取り上げ,事前の競争力低下の予測とは裏腹に,革新・省エネのもとに生じた高成長を検証している[13]。コスト増加は大きな革新を生むことで,相殺されて余りあったのである。

以上のように経済界の意向を汲み,国内情勢を盾に環境税導入に消極的姿勢がとられてきたが,その一大転機となったのが,京都議定書締結の閣議決定を踏まえて2002年6月18日に出された「温暖化対策税(中間報告)」である。これは2002年3月「新大綱」のステップ・バイ・ステップ・アプローチのタイムスケジュールに従い,とくに2004年の対策の進捗状況の評価を踏まえつつ,第2ステップ(2005年以降)のできるだけ早い時期の導入を睨んでおり,中間報告とはいえ実現可能性をもった内容となっている。

第3章　2000–2002年日独エネルギー政策の比較　　　　　　　　　　73

　第1ステップでは，既存の税制のもとでの使途・課税のグリーン化の積極的な推進が構想されている。その対象と考えられているのは，石油税・電源開発促進税その他の特定財源と揮発油税など道路特定財源であり，その限りでこれまでの論議の枠を出るものではない。このグリーン化された財源を，道路環境対策，低公害車の普及，公共交通機関の利用促進，あるいは太陽光発電・熱利用導入への補助，燃料電池・バイオなどの技術開発，老朽石炭火力発電所の天然ガス化，治山のための森林整備に充当しようというのである。その際，中央政府と地方公共団体の役割分担にも注意しながら，税収の使途を都市整備・緑化や植林・山林保全により効果的に取り組む姿勢が銘記されていることは目を引く。とくに，産業廃棄物・排気ガス汚染などにつき自治体独自の環境税徴収が論議され，2002年4月には法的措置も講じられているからだ。この点に，環境運動のスローガン「地球レベルで考え，地域から始めよう」に象徴される多様な主体の積極参加，あるいは一歩進んで後述のエネルギー政策策定の初期段階からの市民参加と繋がるところがあると考えるからである。

　第2ステップで導入される環境税は，すべての種類の化石燃料(ないし二酸化炭素の排出)を対象とする炭素税である。既存税では非課税とされていた石炭も対象とされ，その限りで産業・雇用政策的配慮から特別扱いを受け，緑の党や環境団体から厳しい批判にさらされているドイツより一歩進んだ内容になっている[14]。ただ，原料として利用される化石燃料は，必ずしも二酸化炭素排出につながらないこともあって，EU諸国同様に非課税扱いにされている。これを共通の前提として3種類の「炭素税」が構想され，ことに将来の導入に向けてクリアすべき障害を明らかにするためにも，効果(二酸化炭素排出削減のインセンティブ，技術開発促進などによる経済効果)，簡素さ(既存制度との関係もふくめた制度のわかりやすさ，実施の容易さ＝コストの低さ)，および他の政策手法との組み合わせ(自主協定や国内排出量取引など)の3点で比較を交えつつ考察されている。

　第1のタイプは，化石燃料上流課税で，これはすべての化石燃料に対し，炭素含有量を勘案して輸入・精製段階で課税を行うものである。上流課税であるため，所期の効果を上げるためには税負担の適切な転嫁をはかり，消費

者に対するインセンティブ効果や削減インセンティブなどの効果が及ぶようにする必要がある。簡素さの点では，納税義務者である輸入業者の数が限られていることもあって，既存の制度的枠組み内での対応も容易である。

第2のタイプは，化石燃料下流課税で，これは第1タイプとは対照的に，下流の消費段階，つまり燃料販売段階などで課税を行うものである。消費段階での課税であるため，税負担が明示的で，インセンティブ効果や技術開発による経済効果が期待できる。化石燃料販売者に対する課税となるが，軽油取引税など類似の実施事例があり，比較的容易に対応できる。

第3タイプは，排出量課税で，これは二酸化炭素の排出量に応じて排出者に課税を行うものである。ピグー課税と呼ばれる排出そのものに対する課税であり，インセンティブ効果，経済効果，および二酸化炭素の排出を抑制する技術開発の促進効果が期待できる。大規模排出者の規制が容易な反面，最近二酸化炭素排出の著増が指摘されている民生部門など肝心な多数の小規模排出者の規制が困難であるという欠陥を持つ。

この中間報告は，今後の具体的な温暖化対策税の制度案を構築し，他の政策手法と組み合わせつつ税法上の観点から検討することを今後の課題にしているため，まだどのタイプを軸にするのか絞り込まれていず，むしろ排出規模に応じた組み合わせにも言及されている。税収の使途についても，既存の特定財源のグリーン化を含め温暖化対策，一般財源化，中立化，地方公共団体との役割分担と財源化など多くの問題が残されており，また公平性の原則からエネルギー多消費産業や低所得者の減免措置，公共交通機関の優遇措置，マクロ経済への影響緩和のための直接税軽減などの対応など検討課題も多い。その意味から中間報告の域を出ないことを十分承知した上で，2, 3気づいたことを述べておきたい。

まず，他の温室効果ガスと比べて二酸化炭素排出の規制対象が無限の広がりをもつこと一つをとっても，他の手段を使ってその削減を達成することは難しく，不況下の1990年代にも10%の排出増が生じた事実を考慮するとき，できるだけ早い時期の導入が望まれる。価格効果を通じた消費削減，二酸化炭素排出の少ない燃料への転換，排出削減・省エネ技術の研究開発・導入，狭義のエネルギー問題を越えた環境に優しいライフスタイルへの転換と，与

えるインパクトは広く大きい。その際，2001年ドイツのエコ税制の微修正にならって，有鉛ガソリン，硫黄含有分の違いなど環境負荷に応じた税率格差の設定も併せて採用されれば，いっそう効果を高めることになろう。

次に，エネルギー多消費産業への減免措置，あるいは国内排出量取引を含む自主努力による排出削減努力に対し軽減措置で報いることに異存はない。しかし，1992年EUにおけるエネルギー・炭素税導入をめぐる論議の過程で，産業界の圧力から省エネ・二酸化炭素排出に積極的に取り組む企業に対する減免措置，あるいはエネルギーコストが生産物付加価値の8%を超える企業に対する75%までの軽減措置などが次々に採択され，「EU最大のエネルギー消費者が，最低の税率しか支払わない」と，言われるほど骨抜きされぬように注意しなければならない[15]。既述のように，経済不況を理由として先延ばしする態度は，一日も早く改められねばならない。

最後で最大の問題は，環境税が炭素税であってエネルギー税ではないことである。すべての化石燃料への課税が発電用燃料をも対象にすることに触れた後，「原子力，水力，風力，太陽光などの化石燃料起源以外の電源には課税されない」と明記されているように，免除されて当然の再生可能エネルギーと並び原子力が非課税扱いにされている。このことは，炭素税の導入を契機にして，これまで以上に原子力エネルギーへの傾斜を強める意思をはっきり示したことになる[16]。この原子力問題については，以下で詳しく考察することにする。

3.1.5 原子力——あくなき推進——

エネルギー政策において原子力は，石油危機以降は天然ガスと並ぶ石油代替エネルギー源として枢要な地位を与えられてきた。1998年6月の「長期需給見通し」も，原子力を「準国産エネルギー」と呼んで安定供給確保の切り札に据え，発電過程で二酸化炭素を発生しないクリーンなエネルギーとして温暖化対策の柱と見なしており，2010年度に一次エネルギー源に占める比率を12%から15%へ，発電量に占める比率を32%から45%へ高める計画を立てた[17]。この原子力拡充をめぐる基本路線は，エネルギー政策の基本目標から「経済成長」がはずされた2001年7月「新見通し」にも，踏襲され

ている。

ただ，その間に JCO の臨界事故の影響もあって原発立地がこれまで以上に長期化してきたし，2000 年 6 月ドイツ連邦政府と電力供給会社との脱原発協定の締結は，我が国にとって逆風となった。こうした事情から政府は，「今後とも相当依存していく重要なエネルギー源」原子力の宣伝に躍起になっている。資源エネルギー庁のホームページ「今後のエネルギー政策について」には「原子力政策の現状について」と題する特別の項目が設けられており，我が国が米国・フランスに次ぐ世界第 3 位の原発立国であること，米国・フィンランドの原子力拡大政策とドイツの再処理後のプルトニウムの原発使用(プルサーマル)に見られるように我が国は孤立していないこと，の 2 点を印象づけようとしている。ドイツ・EU の原子力政策については，次節で扱うので，この場では，「原発立国ほど温室効果ガス削減への取り組みの熱意に欠ける」というドイツ連邦環境相トリティンの表現が，決して的はずれではないことを確認しておきたい[18]。我が国は 2000 年度に対 1990 年比で 10% の増加，米国は 10 年間にわたる国際的議論の結晶である京都議定書の批准を降りたが対 1990 年比で 12% の増加，フランスは EU 割り当ての温室効果ガス削減分が対 1990 年比 ±0 のなかで 1998 年時点で 1.5% の増加になっている[19]。

ところで，2001 年 7 月「新見通し」は，2010 年に至る原発増設計画の 16–20 基から 13 基への下方修正——その結果，2010 年発電に占める比率は 42% と 3% 減少している——と原発立地の長期化とを契機として，新たな対応を余儀なくされた結果ともいえる。「目指すべきエネルギー需給像」の全体像を展望する箇所では，エネルギー供給面で原子力など非化石燃料の導入が進まず，自由化・効率化の流れの中で安価な石炭が大幅に増加する可能性を考慮して，2010 年の二酸化炭素排出が前回の対 1990 年比 ±0 から 6.9% 増に変更されたと明記されている。極論を許されれば，原発か石炭火力かという選択肢をちらつかせることで，原発に誘導する意図が垣間見えるようだ。この点は，この「新見通し」をそのまま引き継いだ，2002 年 3 月「新大綱」からも鮮明に読みとれる。発電過程で二酸化炭素を排出しないクリーンな電源という特質を強調するために引き合いに出される例が，135 万 kW クラスの原発

第3章 2000–2002年日独エネルギー政策の比較　　77

1基が同能力の石炭火力発電所を代替するだけで1990年比0.7%の二酸化炭素排出削減を達成できるというものだからである。したがって，エネルギー・ミックスの中心に原子力・天然ガス・新エネルギーを置き，安全確保を大前提として「引き続き原子力の導入促進」をはかること，そのために情報提供・環境教育や核技術の研究・開発に力を注ぐこと，の2点で1998年「見通し」の基本方針がそのまま踏襲されている。

　しかし，それだけではない。原発を増設しないケースをも想定し，温暖化対策と経済への影響の双方から抜本的検討を施して，EUの最近の動きも睨んだ慎重な取り組みも見せている。その結論は「原子力を増設しないケースについて審議の対象として重要視すべきとの意見もあったが，経済に与える大きな影響などから，本部会としては，そうしたケースは選択することができないとの結論に至った」と否定的だが，ドイツとの比較を通じて脱原子力の実現可能性をも検討できると考えるので，「参考5」を素材にして検討結果を紹介してみよう。

　2010年度までに増設が計画されている10–13基の原発の増設を取りやめた場合，2008年度で1,300万トン，2010年度で1,700万トン，全体で4,000万トンの追加的な二酸化炭素削減が必要となる。電源構成に占める原子力の比重は42%から33%へ低下し，代わって火力が55%へと増加する。もし，税制によって削減を達成しようとすれば，トン当たり28,000円の税率の場合に税収は年7兆円にも上るし，省エネで達成を目指せば1,800万kℓの削減となり，家庭のすべての電力消費の8割，乗用車の燃料消費の1/3にも達して，コスト的にみて実現可能性に欠ける。加えて，二酸化炭素の排出削減のための追加的コストは，経済全体に深刻な影響を与えることになる。製造業では，基準ケースより生産額が4.2%，約19兆円低下し，家庭消費も12兆円の減少となり，逆に家計のエネルギー支出は年4,000円増が見込まれる。また，経済成長率は，2008–2010年にはゼロ成長に陥り，とくに2009年度は0.1%のマイナス成長が予測されており，2010年度まで基準ケースより年平均0.4%の成長率の低下が起こる。さらに，雇用への影響も大きく，基準ケースに比べて228万人に当たる3.3%の雇用機会が減少するという。

　ここでは，計算の当否を論ずるつもりはないが，類似の計算は脱原子力の

道を歩むドイツでも行われており，後述のように，エネルギー転換・効率化を通じて十分ソフトランディングできると考えられていることに注意を促しておきたい。とりわけドイツの場合，電源に占める再生可能エネルギーの比率を2010年までに12.5%へ上昇させる計画であるのに対し，我が国の今回の計算で新エネルギー（水力・地熱を除く）はわずか1%に過ぎないからだ。

「新見通し」の原子力問題に関する解説部に，「原子力政策全体について詳細に検討すべきとの意見も一部委員にあったが，2010年までのエネルギー政策を検討することが目的であったため，原発を増設しないケースを取り上げたが，それ以上の検討は必要ないものと判断した」と原子力政策の抜本的検討を先送りしている[20]。また，2002年6月「温暖化対策税(中間報告)」も，化石燃料に賦課する炭素税の性格を持ち，原子力は新エネルギーともども課税外に置かれており，原発増設へのかたくななまでのこだわりを見せている。発電過程で二酸化炭素を排出しないクリーンなエネルギー，あるいは準国産の価格も安定したエネルギー供給に寄与するエネルギーの意義をはるかに越える，放射性廃棄物処理・貯蔵や運転停止後の原子炉遮蔽など無限とも言える「リスク・コスト」を勘案して，脱原子力に踏み切りつつあるEUの動きを参考にし，市民参加のもとで一日も早く対処すべきである。

3.2　1998–2002年ドイツのエネルギー政策
──脱原子力と気候保全──

1998年秋の社会民主党・緑の党の連立政権の発足から4年が経過して，2002年秋の連邦議会選挙を睨んでエネルギー政策の成果を総括する動きが活発化してきた。主要なものに限っても，2000年6月の連邦政府・電力会社の脱原子力合意を踏まえた，2001年6月の最終調印と2002年4月の原子力法改正，2000年10月の「気候保全プログラム」，2001年11月経済・技術省作成の「エネルギー報告」，2002年1月「再生可能エネルギーの発展(2002年1月の現状)」，建築物のエネルギー効率の大幅改善を目的とした2002年1月「省エネ法令」を挙げることができる。

このうち「エネルギー報告」は，これまでの連立政権の活動報告と2020年

のエネルギー市場に関する2つの予測，いわばドイツ版「長期見通し」とから構成されており，まさに連立政権の行ったエネルギー政策の総括の位置を占めている。それだからこそ，最大野党会派のキリスト教民主・社会同盟は63項目にものぼる質問状を送り，またそれに対し連邦政府も，2001年11月経済・技術省の作成した回答案の公表を一時差し止めてまで慎重な対応を示している。本節の論述が「エネルギー報告」の内容に大きく依拠しているのも，その点を考慮してのことである。しかし，「エネルギー報告」を基礎に据えたのは，その理由からだけではない。「エネルギー報告(圧縮版)」の冒頭で述べられているように，エネルギー政策の基本目標の調和的達成と，国民各層のエネルギー政策上の合意形成との2点で，第2章で取り上げた「エネルギー対話2000」の延長線上に位置づけられており，脱原子力合意後のエネルギー政策の変化をも明らかにできる，と考えたからでもある[21]。

3.2.1 エネルギー転換──脱原子力と基本目標の調和──

2002年2月脱原子力後のエネルギー政策に関する国民各層の合意形成を目的に組織された会議は，「エネルギー転換:脱原子力と気候保全」をテーマに掲げて，世紀転換期前後のドイツにおけるエネルギー政策の特質を凝集的に表現している。以下では，エネルギー転換を主導概念とするエネルギー政策の基本目標，連立内閣発足時の課題と対応，およびエネルギー転換の最大項目をなす脱原子力をめぐる決定をEUの動きも視野に入れながら概観しておこう。

ドイツのエネルギー政策が，「環境への優しさ，安定供給の確保，経済性」の3大基本目標から構成されること，そしてそれら相矛盾する目標の同時達成に政府が苦慮していること，この2点で日本と変わるところはない。また，「エネルギー対話2000」のなかで「市場は効率的な供給・サービス構造に役立つ。市場の結果がエネルギー政策，経済政策，環境政策の目標に合致しないときに限って，政府による規制的役割が必要である」と宣言されたように，自由化・効率化の流れの中で市場を可能な限り活かそうと考えている点でも大きな違いはない[22]。したがって，エネルギー政策の課題は，短期的な価格状況(経済性)と長期的な環境保全・安定供給との調和を，エネルギー市場に

おける「競争の操作」を通じて「できるだけ有利なコスト」で達成することにある。その際のキーワードが，長期的な脱原子力と野心的な気候保全を軸にしたエネルギー転換である。「経済と環境」の両立をうたいながらも，経済性を大上段に掲げることをせずに，脱原子力を梃子に長期的目標を追究する点が大きな特徴をなしている。

ところで，1998 年秋に社会民主党・緑の党の連立政権が成立したとき，エネルギー政策の路線の一部はすでに引かれていた。M. イエーニッケらは，1960 年以降ドイツの環境政策の史的発展過程を 4 段階に分けて考察した論考において，環境大臣 K. テプファー (1987–94 年) の時代を環境先進国への仲間入りにとっての分水嶺と捉えている[23]。すなわち，電力市場の開放を目指した 1994 年エネルギー経済法，再生可能エネルギー促進のための 1991 年「買取り法」，2005 年に対 1990 年比で 25% の二酸化炭素排出削減という数値目標の設定と，時代を先取りする姿勢も見られたが，原子力論争が泥沼化したためもあって 2 年にわたりエネルギー政策論議は休眠状態に入ってしまった。1998 年秋の社会民主党・緑の党による政権引継の際には，エネルギー政策の課題として下記の 8 項目が残されていた。

第 1 に，社会各層の参加したエネルギー政策をめぐる対話の組織。その代表例に既述の「エネルギー対話 2000」や討論集会「エネルギー転換」を挙げることができる。第 2 に，脱原子力に関する合意形成があるが，この問題には，すぐ後で立ち返る。第 3 に，EU における電気・ガス市場の自由化に対応した枠組み条件の整備。第 4 に，気候保全の目標達成のための戦略の発展。京都議定書の数値目標のうちドイツの分担分(二酸化炭素 25%，温室効果ガス 21%)削減のための具体的対策の設定であり，2000 年 10 月「気候保全プログラム」に集約的に組み込まれている。第 5 に，再生可能エネルギー促進のための法的措置。第 2 章で取り上げた 2000 年再生可能エネルギー法や 1999 年 9 月市場吸引プログラムなどが，その成果の一部をなしており，本節では 2002 年 1 月「再生可能エネルギーの発展(2002 年 1 月の現状)」を素材にして，過去 4 年間の発展を跡づける。第 6 に，石炭・褐炭鉱山の保護に関する法制化。この措置が，緑の党や環境団体から鋭い批判を浴びせられていることは，先に述べた。第 7 に，エネルギー経済の EU 市場における競争条件の

改善。これは「エネルギー報告」の結論部とも関連するので，最後に簡単に触れる。第8に，エネルギー政策の意思決定のためのデータベースの作成と改善。再生可能エネルギーについては，2002年1月「現状報告」で初めて集約の試みが行われた。

　ドイツにおけるエネルギー政策の一大転換点を画したのは，2000年6月4日連邦政府と電力供給会社の間で取り結ばれた原発の順次運転停止に関する合意，あるいはそれを踏まえた2001年6月11日の正式な協定調印である。2001年11月「エネルギー報告」の完全版は，「1998–2002年エネルギー政策の重点に関する概観」と題する節のその冒頭に脱原子力を挙げ，今後の課題として原子力利用の整然たる終息，残された運転期間の安全確保，および原子力法改正の3項目を掲げている。また，同圧縮版も「脱原子力は，安全な電力供給のためのリスクの除去」を見出し語に挙げて，長期にわたる政治的論争の終結と，過去20年間の原発建設停止の最終仕上げとに，それを位置づけている。そこで，脱原子力政策の起点となった2000年6月協定の検討から始めよう。それを通じて，「発電過程で二酸化炭素を排出しない」クリーンなエネルギーという長所をはるかに越えるリスクの存在と脱原発に向けてのソフトランディング・シナリオの現実性とについて考える素材を提供できるからである。

　その協定文書は，原子力発電所の耐用年限を商業的営業の開始後32年と見なし，現在運転中の19基の原発については，その年限に達し次第順次停止すると定めている。ただし，1969年4月1日に営業を開始したオプリヒハイム原発の運転期限は，1年の猶予期間を認めて2002年12月31日までとした。最後のネッカーヴァイスハイム2号機が運転停止するのは，2021年4月ということになる。2002年3月ベルギー政府も脱原発の閣議決定を行ったが，その際の原発施設の耐用年限が40年だったことを考慮するとき，ドイツ連邦環境省政務次官R.バーケの言葉，「環境団体には十分には速やかではないとしても，経営と労働組合の一部にとっては余りに速すぎる」，は絶妙の表現と言わねばならない。各原発は残された運転期間に，1990–1999年の年発電量のうち上位5年間の平均値に5.5%を上乗せした「基準値」の発電を認められる。この残余発電量のうち一部を，営業開始の古い原発から新しい原発へ，

あるいは経済効率の低い原発から高い原発へ譲渡できるが，その際には「連邦放射線保安局」に届け出た上で，連邦政府・電力供給会社から3名ずつの委員から構成されるモニタリング・グループの合意を得る必要がある。逆に，新しい原発から旧式への譲渡の際には，連邦首相，経済技術相および連邦環境相の同意が必要とされる。

　各原発は，残りの運転期間中は法の要求する高い安全基準を維持し，そのために連邦政府が，電力供給会社が実施する安全点検とは別に10年ごとのチェックを行う。この安全基準が維持される限り，「連邦政府は，安全基準とその基礎にある安全哲学との修正を目的として率先して介入することはしない」「連邦政府は，煩わされることなく経営できることを保証する」。実は，この条項が2001年9月フィリプスブルク原発で発生した事故への対応を遅らせる結果を招いた[24]。州の監督当局も事故を把握できていず，連邦政府の介入まで経営の「報告義務の軽視」を招いてしまったからだ。その後，10月8日から12月17日まで経営側は，自発的に2ヵ月間送電を停止したが，同時に原子力の安全確保のための厳格な点検と研究・開発の継続の必要を再認識させることになった。

　リスクの高い大問題は，廃棄物処理に関連しており，それが脱原子力を推進させる最大の理由の一つになった。各原発は，使用済み燃料の保管のために立地内ないしその近隣に5年以内に中間貯蔵所を設けなければならないが，2005年7月1日まで再処理のために海外を含めて輸送できるとされた。これが環境団体からの激しい抗議を招いたことは，記憶に新しい。これまで最終貯蔵所に想定され，地質学的面からも安全基準の検査が一応終了していた塩坑ゴアレーベンについても，その後，最終貯蔵のありかたと安全技術に関する問題が浮上してきて，少なくともその解決まで3年間，最大10年間調査は中断されることになった。協定書に付された解説部に基づき，ゴアレーベンをめぐる動きを略述してみよう。

　連邦政府は，原子力法の9条に従って放射性物質に関する最終貯蔵所を建設する義務を負っており，1979年に塩坑ゴアレーベンの調査を決定した。その調査結果に従えば，100万年のオーダーでみても地質的隆起に起因する危険性はなく，岩塩層に融解やガス等夾雑物侵入の形成もなく，隔壁機能も含

めて地質学的にその適正に疑問を挟むような結果はでなかった。しかし，近年の科学技術とリスク評価の進展は，説得力ある論拠をもって大きな問題を投げかけ，それが解決されるまで調査は凍結を余儀なくされた。それは，廃棄物の封じ込めではなく，放射性廃棄物の回収・保管を求める国際的要請の高まりのように最終貯蔵方法の構想自体の見直しを迫るものから，我が国のJCO事故を想起させるかのように，長期的にみた臨界事故発生の回避措置の採用まで，いずれも解決の困難な課題ばかりであった。最終貯蔵所の見直しは，低位放射性の保管場所に予定されていたコンラット縦坑にも及び，その利用も見合わされることに決まった。不測の事故に対応するために，運転を停止した原子炉遮蔽のためには，これまでの10倍の50億マルクが計上されており，運転中の安全確保，燃料・使用済み燃料の輸送の安全確保，中間・最終貯蔵所の確保と安全管理，最終的な遮蔽作業とリスクもコストも無限大といえる規模に達することを確認しておきたい。

それ以外にも協定書は，原発閉鎖に伴う失業問題にも配慮しながら，環境に優しく市場競争力ある電力市場構築のための枠組み条件設定に努めることを再確認している。ちなみに，この雇用問題に関して環境大臣トリティンの見解に従えば，脱原子力・気候保全策の推進により2020年までに差し引き19.4万の雇用増加が見込まれている。

ところで，EUにあって脱原子力の動きは，ドイツだけにはとどまらない。そもそも15のメンバー国のうち，ギリシア，アイルランド，デンマーク，ポルトガル，ルクセンブルクの5ヵ国は原子力エネルギー利用に踏み切らなかった[25]。それ以外の10ヵ国のうちフランスとフィンランドを除く8ヵ国が，時期の早晩こそあれ，原発の建設停止や運転停止に踏み切っている。記憶に新しいところでは，ベルギーが2002年3月の閣議決定により商業用運転開始後40年を目処に撤退することであろう。既存の原発は2015年から順次運転停止され，最終的に2025年頃には完全停止が完了する予定である。スウェーデンでは，1997年12月議会は，多額の賠償金支払いを条件にして原発の運転停止に踏み切ることを決定し，1999年11月140万マルクの支払いを代価に初めての停止が行われた。オランダでは，1988年脱原子力に関する議会決定を踏まえて1997年3月原発1基を運転停止にし，もう1基を期限

付きとするために最高憲法裁判所で係争中である。イタリアとオーストリアは国民投票に基づき，いち早く原子力計画の断念を決定した。スペインも，1984年原発の新規建設の凍結を受けて1994年最終的な建設停止に踏み切った。イギリス（1997年一次エネルギーの11.2%，電源27.5%）も，エネルギー政策の重心を原子力から再生可能エネルギーの大幅拡充に移している。ちなみに，ブルガリアとリトアニアの拡大EU加盟申請のための前提条件として，原発の運転停止期日の提示があげられており，EUの今後の原子力政策の行方を明示したものとして注意を引く。

　当然，発電過程で二酸化炭素を排出しない原発の建設・運転停止は，2001年7月「新見通し」において結論づけられたように，二酸化炭素排出の大幅増加の原因となると考えられているのだろうか。角度を変えれば，その削減コストの負担増が経済全体と家計に深刻な影響を与えると考えられているのだろうか。次に，この問題を考えてみよう。

　最大の野党会派のキリスト教民主・社会同盟は，2002年9月末に実施される連邦議会選挙を睨んで政策論争を挑む意味から，「エネルギー報告」に63項目にわたる質問状を投げかけたが，原発存続の立場に立つだけに，数項目を費やし繰り返し取り上げている。

　問20「ドイツは脱原子力によって京都議定書の数値目標（ドイツの分担分25%）と2020年の対1990年比40%の二酸化炭素排出削減という気候保全目標を達成できるのか」，回答「2000年10月「気候保全プログラム」において2008/12年の気候保全のための様々な方策について詳述しているが，その際に脱原子力の影響も考慮済みである」：問24「連邦政府は，脱原子力によって1億トンの二酸化炭素排出の追加的削減の可能性がなくなったという，エネルギー報告に挙げられた推計を受け入れるのか」，回答「エネルギー報告は，そのような推計を行っていない。（既述の気候保全プログラムなどで挙げられたモデル計算を示唆しつつ）脱原子力によって，どの程度まで追加的な打撃があるかは，エネルギー供給システムの再編のあり方にかかっている」：問25「連邦政府は，原発の順次閉鎖によって二酸化炭素排出量が増加するとの見解に立っているのか。もし，回答がイエスであれば，どの程度の増加を考えているのか」，回答「問24に対する回答を参照せよ」。したがって，我が

国の「温暖化対策推進大綱」に相当する，後述の「気候保全プログラム」に脱原子力の問題は盛り込み済みであること，エネルギー供給システム全体の再編(「エネルギー転換」)のあり方によること，の2点が回答されている。次に，この問題に関し「エネルギー報告」で言及されている限りで，論点を紹介してみよう。

「エネルギー報告」(完全版)は，「核エネルギーの代替」と題する解説部において2020年までに運転を停止する原発の発電量をもとに二酸化炭素排出量をおよそ1億トンと見積もっているが，既存の余剰発電能力1,000万kWと燃料転換(石炭・褐炭から天然ガスへ)，再生可能エネルギー・電熱連結の拡充などの手段によって十分代替可能と見なしている。また，1999年時点——ただし，2000年10月「気候保全プログラム」で追加された諸策は含まれていない——で採用された枠組み条件の存続を前提として2020年のエネルギー市場の見通しを予測したシナリオ1も，エコ税制改革(炭素税導入)，省エネ条例[26]，再生可能エネルギー拡充により「十分相殺される」と判断している。このシナリオは，石炭・褐炭利用の存続を前提にしているが，その場合に一次エネルギーに占める比率は石炭22%(2000年23%)，天然ガス28%(2000年21%)，再生可能エネルギー4%(2000年2%)となっている。この場では，脱原子力に伴う二酸化炭素排出増が，燃料代替，省エネ・効率化，エコ税など様々な手段を採用することで中期的に十分相殺可能と見なされていることを確認しておきたい。

3.2.2 気候保全プログラム——持続可能なエネルギー政策に向けて——

「気候保全プログラム」は，2000年10月連邦環境省の提案により決定された，「連立政権による偉大な環境政策的な挑戦」である。その出発点は，前政権による目標設定にもかかわらず，効果的な手段が講じられてこなかったことに対する反省である。すなわち，前政権の採用した手段を踏襲するかぎり，京都議定書の数値目標のうちドイツの二酸化炭素排出削減分担率25%にはほど遠い15–17%に終わってしまうというのである。そこで政権交代後，再生可能エネルギー法，再生可能エネルギーの市場誘導策(とくに太陽熱利用)，10万戸太陽光発電パネル計画，エコ税制改革(2000年改正により硫黄含有分

の少ない燃料に税軽減)の諸策を導入して，1999年までに二酸化炭素排出を15%，6種類の温室効果ガス排出を18.5%削減することに成功した。しかし，我が国と同じように，部門間での達成度に大きな格差——工業部門31%減少，エネルギー経済部門16.1%減少，民生部門6%増加，運輸・交通部門11%増加——があり，追加的な措置の採用が25%の目標達成にとって不可欠だと判断された。そのうち幾つかは，すでに法制化されているが，民生・交通部門の大幅削減を意識した方策——民生・建物(1,800–2,500万トン，1.8–2.5%削減)，産業(2,000–2,500万トン，2–2.5%削減)，交通(1,500–2,000万トン，1.5–2%削減)——となっていることに注意を促しておく。そのうち主要なものを紹介しておこう。

電熱連結の拡充(エネルギー効率を改善することで2010年までに2,300万トンの二酸化炭素削減)，省エネ法令と建物における二酸化炭素削減促進プログラム(新築・増改築時の省エネ措置と財政・金融支援)，経済界の「気候保全宣言」における目標引き上げに関する連邦政府との協定(1996年宣言の2005年に対1990年比20%の二酸化炭素削減を28%へ，あくまで目標としてであるが，6種類の温室効果ガス35%削減)，省庁横断的な作業グループ「二酸化炭素削減」の設置(今後の政策の検討や報告書・統計作成)，連邦政府の官庁での二酸化炭素排出削減(2005年までに25%)，とくに「気候保全政策における問題児」交通部門に関する多様で詳細な方策(鉄道インフラへの60億マルクの財政支援，2003年以降大型トラックのアウトバーン区間通行料徴収，エコ乗用車の税制優遇，乗用車の運転行動に関するキャンペーン，交通計画と定住計画の統合的実施)。

これらの追加措置によっても部門別の数値目標が達成できない場合には，追加的手段が採用されるが，それでも到達できない場合には，他の部門への「しわ寄せ」が明記され，目標達成が事実上の至上命令とされている点に注目したい。とりわけ，温室効果ガスの最大部分をなす二酸化炭素排出は，国民的努力のような「かけ声」だけでは削減が困難であり，政府・企業・市民の総力を挙げた取り組みが必要だからである。なお，ドイツのそのような真剣な取り組みの背景に，EUの温室効果ガス削減義務を負った8ヵ国のうち1999年までに多少とも削減を達成したのが，既述のようにドイツ，イギリ

ス，ルクセンブルクの3ヵ国に過ぎず，しかもEU全体の数値目標8％削減のうち，わずか2.8％しか達成されていない現状がある。個々の政策の是非をめぐる議論に終始する前に，ドイツのように部門別に削減すべき明確な数値目標を設定し，それを達成するための一群の措置を講じ，さらに定期的な評価・見直しを実施し，最終的には拘束力ある追加措置に訴える姿勢こそが肝要なのである。このことは，その後の温室効果ガスの排出削減実績から容易に読みとれる。2002年2月連邦環境大臣トリティンの「気候保全のための機会としての脱原子力」によれば，「気候保全の世界チャンピオン」として温室効果ガス1.8億トンの削減と，1998年にはまだ対1990年比で7.7％増の水準にあった家庭レベルの二酸化炭素排出も，2001年には11％減と4年間で18％も減少しているからである。そのすべてを，旧東ドイツ諸州における褐炭から環境負荷の小さい燃料への転換に帰すことは許されないのである。

3.2.3　再生可能エネルギーの促進——倍増計画の実践——

ドイツにおけるエネルギー転換の一方の柱が脱原子力であるとすれば，もう一方の支柱が再生可能エネルギー拡充策である。その成果は，一次エネルギーと電源に占める比率の増加——1990年0.9％（電源3.4％），2000年2.1％（電源6.25％），2001年2.3％（電源7％）——のなかに明瞭に表現されている。再生可能エネルギーの促進のためには，法的枠組みの整備や財政・金融支援をはじめ実にきめ細かな対応がなされているが，その点はシュルツ論文や環境省のホームページに詳細な紹介があるので，そちらに譲る。また，1992年再生可能エネルギー「買取り法」から2000年再生可能エネルギー法への法的枠組みの変化と風力を中心とした技術革新・製造業の発展とについては，第2章で論じたので，この場では，その後の展開をドイツとEUとについて概観するにとどめる。

連邦政府は，「再生可能エネルギーの発展：2002年1月の現状」と題する報告書を発表した。これは，2000年3月再生可能エネルギー法発効後，2002年半ばまでに「再生可能エネルギー起源の電力生産のための施設の市場導入とコスト変化」に関する実績報告を提出する義務に応えたもので，連邦政府の促進策と個々の部門別に発展の現状と潜在力を論じている。とくに，この

再生可能エネルギーは，二酸化炭素排出削減はもちろん，化石燃料の輸入依存の緩和(安定供給)，原子力代替エネルギー源として気候保全・エネルギー政策内で，さらには生物多様性保全という生態系内でも重要な地位を占めているが，これまで正確なデータも乏しく，その欠落を埋める狙いも持っている。

　再生可能エネルギーの促進のための法的条件整備は，風力から始まり，太陽光発電・熱を経て 2001 年 6 月法令を通じてバイオマスにまで対象を広げてきた。とくに，固形・ガス・液体と多様な形状をとるバイオは，従来の木材利用を越え嫌気性プロセスや植物油などを効率的に利用する産業も形成しつつ，急速な発展を示している[27]。ただ，電源利用が大きく進展した，その反面，熱利用の点では，まだ石油・ガスと比べて経済性の点で劣っており，倍増のためには支援策が不可欠となっている。連邦環境省の試算によれば，一次エネルギーと電源とに占める比率を 2010 年までに倍増し，さらに 2050 年には 50% にまで高める計画だからだ。それと並んで，再生可能エネルギーの発展が経済部門に与える肯定的作用にも言及されている。風力部門では，すでに 3.5 万の新規雇用の創出が確認され，環境・気候保全と併せて「二重の配当」の表現も使用されている。太陽光発電・熱パネルは，大量生産体制への移行の段階に突入したといわれており，その発展が建設，工作機械，農業，研究・開発，輸送などに与える雇用効果は 10 万人と見積もられている。最後に，今後の課題として，様々な支援策にもかかわらず潜在力を汲み尽くしていず，「この 10 年間に今後数十年にわたる再生可能エネルギーの連続的増加にとっての転機となる決定的な時期にあること」，それを支援するためのさらなる枠組み条件が必要なこと，の 2 点を挙げている。

　以上のように，再生可能エネルギーの発展は曲がり角にあると，幾分控えめな表現が使われてはいるが，2002 年 2 月の環境大臣トリティンの演説となると，はるかに自信に満ちたものとなっている[28]。一つは，我が国をはじめまだ根強く残る，再生可能エネルギーの発展を「ユートピア」と見なす見解に，明快な反証が得られたことである。シュレスヴィヒ・ホルシュタイン，メクレンブルク・フォアポンメルン，およびニーダーザクセンの 3 州で再生可能エネルギーが電源に占める比率は，それぞれ 28%，21%，10% と二桁を

第3章 2000–2002年日独エネルギー政策の比較

超えており，再生可能エネルギーを主要電源にしガス火力とバイオマス施設で補う体制に近づいているからである。もう一つは，途上国に対する模範例を提供する意気込みにあふれていることである。「ドイツ連邦共和国のような工業国が，再生可能エネルギー時代に踏み込むことを強く求められている背景には，（南の国々のエネルギー転換が可能であると主張するための先例を示すという）グローバルな関心がある」。その意味からも「エネルギー転換：再生可能エネルギー，効率の改善，省エネ，および脱原子力が，責任ある，そして将来性あるエネルギー政策にとって，隅の首石である」。

ところで，再生可能エネルギー拡充の動きは，ひとりドイツに留まらない。EU諸国において脱原子力の方向が鮮明となってくるなかで，再生可能エネルギーの促進は安定供給と環境・気候保全の切り札の地位にまで高まってきた。スペイン，ギリシアおよびフランスの3ヵ国は，ドイツの再生可能エネルギー法に準じた法的枠組みを作り，なかでも原子力漬けのフランスは，2001–2003年に太陽光発電，地熱利用，海上風力発電所，建造物のエネルギー効率化，駆動機関の省エネなどに1.5億ユーロの研究・開発支援を計上して力を入れ始めた[29]。それにもまして EU を挙げての取り組みは，2001年9月「再生可能エネルギー促進のための EU 指針」のなかに集大成されている。これは，1997年「将来のエネルギー白書」で提示された，2010年 EU 総エネルギー消費に占める再生可能エネルギーを12％まで倍増する計画案を，欧州議会と閣僚評議会の検討を経て，EU 指針にまで練り上げたものである[30]。

その内容は，「白書」時点の総エネルギーから総電力消費に限定されたものの，1997年の再生可能エネルギーの比率13.9％を，京都議定書の一応の完成年である2010年までに22％まで増加することを目標にしている。各メンバー国は2010年の数値目標を挙げ，それぞれの再生可能エネルギーの潜在力に応じた適切な手段を選択して取り組むことになる。各国の挙げた数値目標を一瞥して気が付くことは，1997年「白書」時点で数値目標を挙げていなかったベルギーの積極的な姿勢である[31]。すなわち，1.1％から5倍増の6％を目標に掲げており，2002年3月の脱原子力決定と併せてドイツ型のエネルギー転換を目指すものとして目を引く。イギリスも，1997年には再生可能エ

ネルギーについて「見直し中」と述べ,電源を除き数値目標を挙げることを控えていたが,今回は再生可能エネルギーへの重心移動をつよく印象づける数字,1.7%から10%へと6倍増を挙げている。その他,近年原発の運転・建設停止を決定した諸国——イタリアが16%から25%（水力を除けば14.9%）,オランダが3.5%から9%,オーストリアが70%から78.1%（21.1%）,スペインが19.9%から29.4%（17.5%）,スウェーデンが49.1%から60%（15.7%）——は,いずれも,我が国の2010年の目標値0.3–1%より一段高いオーダーの数値を示しており,EUの協調した積極的対応が注目される。

　ところで,このEU指針によれば,これら数値目標は「義務」ではなく「指示目標」に留まっている。しかし,それだからといって,それが拘束力のない「目安」に過ぎないと取り違えてはならない。次の2つの仕方で,各国政府の対応に縛りがかけられているからである。一つは,各国政府の政策的舵取りのミスや不徹底から目標値の達成が困難と判断された場合,欧州議会と閣僚理事会とに別手段の採用についての提案権が留保されている。もう一方は,京都議定書発効後のステップ・バイ・ステップ方式に対応するかのように,欧州委員会による定期的な評価・点検が盛り込まれている。各国政府は,指令発効後4年目に報告書を提出し,その後2年ごとに報告義務を負っており,その評価を通じ必要と判断された場合には,再生可能エネルギー促進のための共通の枠組みが提案されることになっている。同時に,この指針により,再生可能エネルギーを電源とする電気の「買取り」が保証されたことを忘れてはならない。この事例は,マクガヴァンやグラントらがメンバー国の足並みの乱れなどに注目しつつ主張してきたEUエネルギー政策における「理念と現実」の乖離,あるいはその実効性の欠如という悲観論に反省を促している[32]。とくに,長年の試行錯誤の積み重ねから利害状況を調整しつつ,共通の政策目標に向けて協力して対処する方向が習得されてきた,と見なせるからである。最後に,この指針に対しドイツ政府が今後の課題として表明した次の見解は,EU環境政策において一つの画期を告げる「部門横断的政策」を想起させて興味深い。「すべての関連する法的枠組み（廃棄物・排出保護,自然保全,環境への優しさの点検法）内への再生可能エネルギーの埋め込みが必要である」と。

3.2.4 エコ税制改革——エネルギー節約と「小さな配当」——

1999年4月ドイツは北欧諸国・オランダよりは遅れたとはいえ，エコ税（炭素税）導入に踏み切った。このエコ税は，2000年10月「気候保全プログラム」のなかで「政権交代後に決定され，すでに効果を上げている諸策」の筆頭にも挙げられている。その理由は，エコ税が省エネ，効率的利用および新技術の開発・導入へのインセンティブ効果を通じて環境・気候保全に寄与するだけでなく，非課税扱いの再生可能エネルギーをはじめ，よりクリーンな燃料への転換をも促進して，脱原子力後の「エネルギー転換」に際して重要な役割を担っているからである。その意味からも，京都議定書の締結後に，我が国でにわかに現実味を帯びてきた「温暖化対策税」の考察にとって興味ある比較材料を提供できよう。とりわけ，2000年11月の経団連による「ヨーロッパにおける環境税導入が二酸化炭素排出の減少をもたらした例がないとする」所説に代表されるように，環境税の反対論者の間でヨーロッパの先例を低く評価する見解が広く共有されており，その立論基盤も含めて批判的に検討できると考えるからである。以下では「エネルギー報告」と2002年2月連邦環境大臣トリティンの講演を手がかりに，エコ税の構想，変遷，税収と経済効果の3点を中心に概観しよう。

ドイツのエコ税は，1999年4月原料用を除く化石燃料——ただし，石炭・褐炭は免税扱い——を対象に設定され，2000年1月に微修正を施し2003年まで継続されることになった(表3-2を参照)。その主要な特質は，次の通りである[33]。

第1に，ガソリン・軽油は毎年6ペニヒずつ，電力は0.5ペニヒずつ引き上げられるように決められており，税効果にとって適切な水準を適宜さじ加減しながら探る，オーツ・ボーモル課税が採られたことである。第2に，国産エネルギー源として枢要な地位にある石炭・褐炭——1999年の一次エネルギーの23%，電源の50%を占める——が，再生可能エネルギー源ともども課税外に置かれたことである。いやそれだけではなく，逆に1997年連邦政府が炭坑州・企業・労組と結んだ「炭坑協定」に基づき1998-2005年に27億ユーロにものぼる莫大な補助金さえ支給しており，緑の党や環境団体から厳しい批判を浴びていることは，先にすでに述べた。「再生可能エネルギーは補

助金に支えられて初めて市場競争力をもつ」とする見解を退ける際に,トリティンが石炭を例にとりあげ,2001年再生可能エネルギーの電源補助1kℓ当たり0.2セントを石炭の0.5セントと対比したのも,その状況を念頭に置いてのことである。第3に,2000年1月の微修正により,気候保全,省エネ,効率改善,再生可能エネルギー促進などエネルギー政策の基本目標追究の姿勢が,いっそう明瞭になった。硫黄含有分の少ないガソリン・軽油に対する税軽減,70%以上の利用率の電熱連結施設に対する石油税免除,57.5%以上のエネルギー効率のガス・蒸気タービン発電施設に対する石油税免除などの新たな措置が付け加えられたからだ。

もちろん,ドイツ経済の国際的な競争力低下を招かないためにも,製造業,公共交通機関,農林業には,50-80%の大幅な軽減措置がとられている。それでもこのエコ税は,1999年に95億マルク,2000年に183億マルク,2001年に240億マルクと膨大な税収をもたらしたが,ドイツ経済にとって「百害あって一益なし」という結果に終わったのであろうか[34]。

まず,指摘しなければならないのは,ドイツにおけるエコ税収入の使途の特質と関連して目に見える実績があがっていることである。すなわち,ワイツゼッカーらの提唱するグリーン・タクス・リフォームと「二重の配当」論を基本理念に据え,税収の使途を直接の環境改善というよりも,むしろ法人・所得減税に置いていた関係から,表3-2にあるように,年金保険拠出額(社会費)の0.8-1.9%の低下として現れている[35]。ただ,それも400万人を超える失業者の減少につながるだけの雇用増加には繋がっていず,「二重の配当」論争から導き出される「小さな配当」を確認しているとも言える。

次に,エコ税導入が,直接にエネルギー節約に導いた証拠も挙げられている。トリティンの講演原稿に従えば,2000,2001の両年に燃料使用量は,それぞれ前年比1.3%,1.8%減少して,硫黄含有分の少ない燃料への切り替えとも併せて,1999年から常に増加傾向にあった交通部門における二酸化炭素排出も減少に転じたという。また,家庭部門の二酸化炭素排出が,2000年に対1990年比で11%減少したことは,既に述べた。残念ながら,この証言に関する典拠が挙げられていないため裏付けはとれないが,民生部門と運輸・交通部門の二酸化炭素排出増加に悩む我が国にとって,とくに国民的努力の実

表 3-2 ドイツのエコ税関係のデータ
1) 税率

年	年金保険拠出額低下	ガソリン*（リットル）		軽油*（リットル）		暖房用**（リットル）	天然ガス（kWh）	電力（kWh）	
1999	0.8%	6pf	104pf	6pf	68pf	4pf	12pf	0.32pf	0.68pf	2.0pf	2.0pf
2000	1.1%	12	110	12	74	4	12	0.32	0.68	2.5	2.5
2001	1.5%	18	116	18	80	4	12	0.32	0.68	3.0	3.0
2002	1.8%	24	122	24	86	4	12	0.32	0.68	3.5	3.5
2003	1.9%	30	128	30	92	4	12	0.32	0.68	4.0	4.0

（注） 単位（pf）はペニヒ。価格は，左側が税額，右側が市場価格。
＊2001年11月1日より硫黄含有分 50 mg/kg, 2003年1月1日より 10 mg/kg 未満は軽減。
＊＊1999年4月1日以前に設置された夜間電力暖房は 50% 税率軽減。

2) 2003年の税率軽減（軽減率と税額）

	ガソリン	軽油	暖房用	天然ガス	電力
製 造 業			80% 0.8pf	80% 0.064pf	80% 0.8pf
農　　業			80% 0.8	80% 0.064	80% 0.8
電　　力			100% 0.0	100% 0.0	100% 0.0
鉄 道 運 輸					50% 2.0
近距離旅客***	50% 18pf	50% 18pf			50% 2.0

*** 燃料の税率軽減は 2000 年 1 月 1 日から，エコ税全体との関連では 40% の軽減。
［典拠］ 「エネルギー報告」（資料一覧・ドイツ関係（8）），p. 95.

を挙げるための手段として見逃せない実績であろう。

3.2.5　2020年エネルギー市場予測——ドイツ版「長期見通し」——

　最後に，2020年のエネルギー市場を異なる前提条件のもとに予測した2つのシナリオを簡単に検討して，ドイツ版「エネルギー長期需給見通し」を概観しておこう。ただ，あらかじめお断りしておくが，キリスト教民主・社会同盟の質問状の問11に対する連邦政府の回答に明らかなように，政策形成の基礎はシナリオを含むすべての情報に及んでいることから，厳密な意味からは「長期見通し」ではないが，現行政策の延長線上の像と最大限の気候保全目標を掲げた目標像を対比した2シナリオを，ドイツ版「長期見通し」と見なしても差し支えあるまい。まず，それぞれのシナリオの概要を説明してお

こう。

　シナリオ1は、1999年時点でプログノス社とケルン大学エネルギー経済研究所が、現政権の採用したエネルギー転換のための枠組み条件を前提としたときの2020年エネルギー市場に関する予測である。したがって、2000年6月の脱原子力協定と2000年10月気候保全プログラムは含まれていず、逆にエコ税は2003年以降も存続すると仮定されている。他方、シナリオ2は、上記の2機関以外にブレーメン・エネルギー研究所が加わり、2020年に対1990年比で二酸化炭素排出を40%削減するとき、必要となる対策、他の政策目標（安定供給・経済性）との調和の可能性、経済全体に対する影響を考慮しつつ描いた、エネルギー市場の予測である。この40%の削減目標は、キリスト教民主・社会同盟の質問状の問14から判断する限り、2002年4月「環境問題に関する専門家会議」が1990年「地球大気保全への配慮委員会」の提言にまで遡及しつつ、連邦政府に公式の気候保全目標への設定を答申したことに由来している。ただ、これまでのところ連邦政府は、他の工業諸国の対応ぶりを睨んで、40%を国民的な削減目標に据えることを躊躇しているが、2000年10月「気候保全プログラム」には2020年までに45%の二酸化炭素排出削減を目指す構想も紹介されているだけに、決して荒唐無稽な数字ではない。

　この2つのシナリオによる2020年エネルギー市場予測の結果は、表3-3に掲げた通りである。このうち連邦政府の判断によれば、シナリオ1が安定供給・経済性という基本目標と両立可能である、その反面、シナリオ2は国民経済への影響が大きく、政治的にも受容は困難だという。シナリオ2のもつリスクとチャンスに関する解説を手がかりにして、裏側から、シナリオ1に沿った長期見通しを浮き彫りにしてみよう。

　まず、石炭の比重を半減し、その分天然ガスに傾斜したエネルギー・ミックスは、輸入依存度の上昇をもたらし天然ガスの価格変動に伴うリスクが大きく増すことになる。次に、両シナリオに共通のエネルギー市場に占める電力の比重増加という予測のなか、相対的に割高なガス・再生可能エネルギーへの依存の上昇と設備切り替えに必要な39億ユーロにのぼる追加投資のために、電力価格上昇のリスクが高まる。とくに、東部諸州の褐炭火力発電所の

第 3 章 2000–2002 年日独エネルギー政策の比較　95

表 3-3　ドイツにおけるエネルギー需給（2020 年）

項　目	シナリオ 1	シナリオ 2
エネルギー消費	−3%（対 1990 年比）	−18%
部門別エネルギー消費	交通・熱市場で減少，電力市場で増加	同左
エネルギー・ミックス	ガス (28%)，再生可能エネルギー（一次の 4%）	ガス (60%)，再生可能エネルギー (10%)
原子力の代替エネルギー	ガス・石炭（一次の 22%）	ガス・石炭 (11%)
輸入依存度	74%（対 2000 年比で +14%）	76%
エネルギー密度（効率）改善	年 2.1%（1991–2000 年の平均 1.9%）	年 2.7%
部門別二酸化炭素排出	交通 +6%，産業 −35%，熱 −18%，電力 −12%	交通 −12%，産業 −50%，熱 −44%，電力 −43%
シナリオ 2 実施のための追加費用		経済全体 2,560 ユーロ，世帯当たり 1,500 ユーロ
〈電　力　市　場〉		
電力消費	電力消費の増加と発電効率の改善による燃料消費の減少	同左
二酸化炭素排出	−12%（対 1990 年比）	−43%
燃料転換	石炭 50%，ガス 20%，再生可能エネルギー 13%	石炭 20%，ガス 54%，再生可能エネルギー 21%
国内産石炭の利用	現状維持	ガスへの代替
〈熱　市　場〉		
省エネ	住居面積拡大のなか −3%（対 1999 年比）	−14%
燃料転換	石油からガスへ	ガス 50%（1999 年に 43%）
建物の省エネ	改築に高い投資	54 億ユーロ
〈製　造　業〉		
産業部門のエネルギー消費	−35%（対 1999 年比）	−50%
エネルギー構成	石炭の減少，ガス・電気への重心移動	同左
企業の競争力	経済全体の追加費用は小さい	石炭の大幅削減と燃料消費型産業の打撃，炭素税の重圧
〈運輸・交通〉		
エネルギー構成	燃料転換・効率改善により −4%（対 1999 年比）	−18%
二酸化炭素排出	+6%（対 1990 年比）	−12%
シナリオ 2 実施のための追加費用		経済全体 207 億ユーロ (2020 年)，世帯当たり +60%（対 2000 年比）

[典拠]「エネルギー報告」pp. 40–51.

切り替えも完了しているために，場合によっては立地の国外移転さえ危惧される。

さらに，決定的なのは，経済全体に莫大な追加コストが負荷されることである。1世帯当たり年1,500ユーロ(約18万円)の追加負担は，エネルギー政策の基本目標の経済性と相容れないことになる。最後に，過重なコスト負担は，省エネ・効率化に弾みをつけることがあるとしても，既に今日EUでも群を抜いたエネルギー効率を誇るドイツにとって，年経済成長率1.9%を大きく上回る2.7%のエネルギー密度改善には膨大な額の追加費用が必要であり，発電所建設のための投資サイクルなどを考慮した対応だけでは，とうてい間に合わない。2020年までに二酸化炭素排出の40%削減を掲げたシナリオ2はリスクが高く，EUでの一人歩きは控えるべきだと判断されている。

以上の検討を踏まえて，「持続可能なエネルギー政策」に向けて9つの行動指針がまとめられている。以下，我々が傾聴すべき論点に限り紹介しておこう。

まず，「持続可能なエネルギー政策」を考える際にクリアすべき3条件が目を引く。次世代への費用転嫁の回避については，説明は不要であろう。「断片的で個別的な対策によって気候保全を台無しにしない」は，実体のない国民的努力，廃棄物発電・熱利用を新エネルギーに含めて考え，ヨハネスブルグ環境開発サミットにおける再生可能エネルギー拡充のための数値目標設定案に反対する態度，環境税導入をめぐる堂々めぐりの論議など，我々に反省を迫るものがある。「EUにおける二酸化炭素の排出削減の代わりにEU内の交換過程(排出量取引・立地移動)の促進に帰結しない」は，汚染者負担原則を無視したまま，京都メカニズムに走りがちな我が国の姿勢にも一石を投じている。連邦環境大臣トリティンが適切に指摘したように，資金・技術を持ち，同時に大量排出の責任を負うべき工業国がエネルギー転換・気候保全に成功して初めて，途上国にも範をたれることができるのである。

次に，9つの行動指針に目を転じてみよう。第1に，環境保全・安定供給の鍵としての合理的・効率的エネルギー利用の優先的推進。この分野では，日独両国とも優等生である。第2に，民生・建物と交通部門の二酸化炭素排出削減のためのエネルギー需給両面での努力。この点では，部門別の削減目

第 3 章　2000–2002 年日独エネルギー政策の比較　　　　　　　　　　　97

標の設定と経済界の自主行動やエコ税，再生可能エネルギー，鉄道・公共交通機関の支援など広範な交通政策など総力を挙げた取り組みが行われていることを確認しておきたい。第 3 に，エネルギー転換推進と再生可能エネルギー利用拡充のための技術革新。第 4 に，EU エネルギー市場の統合・自由化と補助金の解消。第 5 に，エネルギー立地の地位確保のため，魅力的な投資機会と雇用創出のための条件の整備。第 6，輸入依存上昇に伴うリスク緩和のために石炭・褐炭利用の継続の必要性。第 7，将来のエネルギー政策にとって国際的・双務的責任のもとでの協力の不可欠さ。第 8，二酸化炭素削減に不可欠な国際協力を推進するため，「気候保全の先駆け人，ドイツ」の先例輸出と京都メカニズム利用が必要なこと。第 9 に，エネルギー政策の意思決定に当たり，投資サイクルなど時間軸を考慮に入れる必要性。

　最後に，この「エネルギー報告」の論調に対しては，連立政権内部からも批判の声が上がったことを付言しておきたい。緑の党・連合 90 は，「大きく時代遅れの悲観的な予測」，あるいは「この報告書を手みやげに，彼（経済技術大臣のミュラー）は，エネオン（エネルギー企業）の重役のポストにでも応募しようというのだろうか」とまで述べている[36]。連邦議会選挙を 1 年後に控えた時期とはいえ，あまりの経済界寄りの姿勢に業を煮やしたものだが，「エネルギー報告」の緒言の中で「新世紀における新たな挑戦」あるいは「野心的な気候保全目標」を高らかにうたいあげたことを想起するとき，この批判は十分首肯できるのである。脱原子力の決定後の電力産業における投資サイクルをも考慮したソフトランディングの考えは十分に理解できるが，シナリオ 2 を退ける論拠ともされた経済全体や世帯当たりの高い負担増にしても，現在の我々のライフスタイルが環境に与え続けている負荷の価格表現にすぎないわけで，経済性に偏った形での「政策目標の調和」から脱却するためには，不可欠な負担ともいえよう。

3.3　小括——ドイツからの教訓——

　日本のエネルギー政策は，京都会議（COP3）における数値目標の設定を契機に環境・気候保全を政策目標に取り込みながら「経済と環境の両立」に向

けて対応してきた。1998年「長期需給見通し」から2001年7月「新見通し」の間に3大基本目標の一つが，「経済成長」に「効率化」を代置する形で修正されてEUと横並びとなった。いや，EUへの歩み寄りは，その点にとどまらない。2002年6月閣議決定により京都議定書の締結に踏み切り，森林吸収分の削減値算入を条件としてではあれ，米国とは明確に一線を画したからである。この積極的姿勢は，素直に歓迎したい。しかし，2008/12年時点で対1990年比の温室効果ガス6%削減達成のための具体策の点では，経済界への配慮もあってか歯切れが悪く，泥縄式との印象を免れない。2001年7月「新見通し」における二酸化炭素の排出削減として燃料転換や温暖化対策税の導入への消極的姿勢，2002年3月「新大綱」における空疎な国民的努力の列挙，2002年5月「新エネルギー特別措置法」におけるゴミ減量・再生可能性とは相容れない廃棄物発電・熱利用の推進，2002年6月「温暖化対策税(中間報告)」における炭素税構想と原子力の非課税措置などを，その代表例として挙げることができよう。したがって，京都議定書の締結・発効後の「画竜点睛を欠く」状況にできるだけ早い時期に終止符を打ち，二酸化炭素排出増の最大の元凶である民生・運輸部門に照準を合わせた包括的施策が必要である。その際，2008/12年の完成年に向けた「ステップ・バイ・ステップ・アプローチ」に応えうる政策手段の考案にとって，環境先進国ドイツの事例は参考になろう。なお，原子力，再生可能(新)エネルギー，環境(炭素・エコ)税，気候保全などエネルギー政策の重要な構成要素については，すでに3.2で日独の比較を交えつつ論じているので，そちらを参照願うとして，この場では我が国のエネルギー政策に対し期待を込めた展望を簡単に述べることで，小括としたい。

　第1に，エネルギー政策の将来展望を考える上で，ドイツのエネルギー政策を支える基本理念や経済思想から学ぶべきところが多々ある。

　まず，「持続可能なエネルギー政策」の中身をなす3理念——将来世代へのコスト転嫁の回避，断片的・個別的施策による気候保全の形骸化の回避，およびEUの二酸化炭素排出削減をEU内の排出取引にすり替えることの回避——に適合的な政策への移行が必要となる。原子炉の運転，使用済み燃料の輸送・処理，原発関係の施設解体に，「発電過程で二酸化炭素を排出しない」

第3章　2000–2002年日独エネルギー政策の比較

クリーンなエネルギーの長所を越えるリスクを伴う，原子力へのあくなき固執[37]，民生・運輸部門の二酸化炭素排出削減に寄与する「環境税や特定財源のグリーン化」に対する消極的姿勢，再生可能エネルギーとは似ても似つかぬ廃棄物利用の拡充を含む新エネルギーの概念規定，温室効果ガス排出削減の数値目標6%のうち森林吸収と併せ5.5%をも占める京都メカニズム利用とそれと裏腹の自助努力の遅れ，といった具合に，いずれも3理念と抵触する内容を示す。

次に，「現在の価格は生態系のコストを正確には反映していない」との認識から出発し，外部費用の内部化を通じた「持続可能性・危機予防志向的なエネルギー政策への転換」が必要である。再生可能エネルギーの市場競争力育成のために採用された「買取り法」・「エネルギー経済法(独占解体)」など法的枠組みの設定，多様な財政・金融・研究開発支援，およびエコ税による化石燃料価格の引き上げ，その典型例に属するが，それに倣った系統的な施策が必要である[38]。ドイツでも一部を除いて再生可能エネルギーは，従来のエネルギーと完全に市場競争できるだけの自立度に到達していないが，そのライバルの低価格も長年にわたる地域独占，税制優遇や研究・開発支援によって初めて可能となったことを忘れてはなるまい。

最後に，2001年10月EU指針のドイツへの影響と関連して挙げられた「すべての関連する法的枠組み内への再生可能エネルギー(環境)の取り込み」，あるいはその表現の下敷きとなった1997年アムステルダム条約以降の「すべてのEU政策への環境保全の統合」の理念が，注目に値する[39]。狭義のエネルギー部門はもちろんのこと，農林業，工業，運輸，観光などすべての部門に環境・気候保全を組み込むことで，断片的・個別的施策に終わらないように配慮すべきである。とくに，民生・運輸部門の二酸化炭素排出削減を推進する場合，ドイツのように重点目標領域を定め，できるだけ多様な手段を動員してかかる必要がある。寒冷地の民生部門におけるエネルギー消費節減にとって決定的意義を持つ暖房効率改善のための省エネ条例，あるいは交通部門に関する鉄道・公共交通機関の拡大案，交通・定住政策の連携，長距離トラックからの高速道路通行料の徴収などが，その代表例である。それと同時に，中央レベルの施策にとどまらず，近年我が国の地方自治体レベルでも進

められている各種環境税も駆使し、地域ごとの状況に見合ったきめ細かな取り組みが必要である。

第2に、エネルギー政策の形成・施行全般における専門家・官僚決定(テクノクラート)型から市民参加型への転換が必要であろう。U. ダヒンデンは、テクノクラート型の環境政策を「科学・技術的エリートが、取り扱われるべき問題の決定、その評価、および適切な政策手段による解決において中心的役割を果たすような政策タイプ」と概念規定し、水質・大気・土壌汚染など環境媒体の汚染削減に果たした意義を認めた上で、原子力問題を例に引きながら、技術過信も含めて、その限界を鋭く指摘した[40]。ダヒンデンの挙げる代替案は、専門家の知識提供のもと多様な利害当事者が討論を通じて妥協と合意にいたる「言説型」の政策タイプに他ならないが、科学・技術の成果を活かすための新たな方向を目指すものとして目を引く。ドイツでは1998年秋に結成された社会民主党・緑の党の連立政権が、社会各層の参加したエネルギー政策をめぐる対話の組織を公約に掲げ、かつ実施に移した。これまで繰り返し引き合いに出してきた、1999年6月から2000年5月まで実施された「エネルギー対話2000」と、2002年6月開催の対話集会「エネルギー転換:脱原子力と気候保全」とが、この市民参加の代表例をなす。

このような市民参加型への移行は、政策の中核となる鍵概念と様々な主体の関係に注意しつつドイツ環境政策の史的展開を4段階に分けて整理したイエーニッケらの所説(後掲の表6–2を参照)に従えば、地球環境問題が広く注目され始めた1980年代末から形を整えてきたというが、それも決して偶然ではあるまい。近年、先進工業国では広くエネルギー消費・二酸化炭素排出に占める民生・運輸部門の比重が大きく増加して、市民の責任ある対応が求められている。2002年3月「新大綱」において温室効果ガス1.8%削減のための国民的努力が、生活の細部にまで立ち入って要請されたのも、この状況を意識してのことであった。しかし、環境心理学の実験結果が教えるように、環境意識の高揚を喚起するだけでは十分でなく、むしろ模範的行動や経済的インセンティブが必要だが、この点でも市民参加の意義は軽くはあるまい。それに加えて、小規模分散タイプの発電施設の増加とも相まった需用者参加型、あるいは情報開示による環境管理の際のモニタリング・点検評価への市民参

第3章　2000–2002年日独エネルギー政策の比較　　　　101

加への要請の高まりという新潮流があることを忘れてはならない。後に第5章で扱うが，環境政策の手段(法規制・経済手段)をめぐる論争においてポリティカルエコノミー，政治学，社会学など多様な分野で，ほぼ同時に市民参加を視野に入れた様々なタイプの理論が登場してきたのも，以上のような新たな潮流を踏まえてのことである[41]。

　ところで，テクノクラート型の環境政策の限界は，上記のような現実の新潮流との乖離にとどまらず，技術過信にも及んでいる。フロンガスやDDTの例に明らかなように，もともと「技術」は眼前の課題に，しばしば「見せかけの解決」——大気浄化対策を例にとれば，煙突を高くすることで，有害物質の拡散・希薄化・無害化が達成できるとする考え方に象徴される——を与えては，さらに一段と危険度の高い広範な問題を発生させてきたのであり，今必要な予防原理に基づく政策形成や行動に導くことはあるまい。最後に，筆者が最近手がけている環境史の史料証言を2つ紹介して，テクノクラート型の論議に内在する危険性と，気候保全のためのエネルギー転換の重要性とに注意を喚起したい。

　その史料とは，1802–03年ドイツの小都市バンベルクで石炭を燃料としたガラス工場の建設計画が浮上した際に勃発した，「ドイツ最古・最大の環境闘争」に関係しており，石炭蒸気の健康害の有無をめぐる論議に病院の医師が発言したものである[42]。ただ，この問題は第6章で詳しく扱うので，この場では印象的な例を一つあげるに留める。

　それは，ロマンティック医学から近代医学への橋渡しを担ったA. レシュラウプが，ガラス工場建設の推進派に対し憤りを込めて述べた文章の一部である。「ガラス工場から立ち上る蒸気が実際に有害か否か，まず実験すべきであると提案することも可能である。(ここで言及せざるをえないが)その場合，人々の健康と生命を賭けて実験をするのであろうか。健康と生命は，そもそも貨幣によって置き換えることができるのだろうか。その実験は，どれくらいの間，続けられなければならないのだろうか。私には，数年は要するように思える。なぜなら，問題となるのは，実験が明瞭な結果を提供し人々を完全に納得させるまでに数年間はかかるような，消耗性疾患の原因や消耗性疾患(肺結核)といった慢性的に進行する疾病だからである。一体誰が，その

種の実験を行ったり，行わせたりする権限をもっているのだろうか」。

啓蒙や科学主義が声高に主張されていた19世紀初頭のレシュラウプの発言は，現代にとっても重い。地球的規模で，そして「貨幣によって代置できない健康・生命を賭けて」，温室効果ガスに対する耐久実験を行っているのだから。我々は，加害者でも被害者でもあるが，「気候変動枠組み条約締約国会議(COP)」設立の目的は人間の健康と生態系の安全を脅かさない範囲への気候変動の制御にあったはずで，将来世代にツケを回すことは許されないのである。その意味からも，今こそ，ドイツ流の「エネルギー転換：脱原子力と気候保全」を軸に据えたエネルギー政策に向けて踏み出すべきなのである。

注

1) McGowan 2000, 第2章「伝統的なエネルギー政策の関心と新たな課題の登場」を参照。
2) 資料一覧・日本関係(7)では，次のように数値目標の設定とその実施努力をうたった項目が置かれていたが，残念ながら具体化できなかった。2010年までに再生可能エネルギーの世界中の一次エネルギー供給に占める比率を15%まで増加するよう促進すること。この目的を達成するために「野心的な国家目標」を設定して実現に当たること。先進国は2010年までに一次エネルギーに占めるその比率を対2000年比で5%まで高めるよう増加する目的をたてること。
3) 資料一覧・ドイツ関係(11)の冒頭における開会講演で使われた表現。
4) 2010年までに16–20基を増設するという1998年に決められた計画は，JCO事故の影響もあって2001年に13基まで下方修正された。現在建設中の原発は4基，運転中の商業用原発が51基だが，安全性への信頼が揺らぐ事故の発生もあって立地選定は大きく遅れている。
5) レスター・ブラウン 2001, pp. 319–323.
6) レスター・ブラウン 1999, 第6章「紙経済の改革」を参照。
7) 2002年5月31日のHP「地域の自然エネルギーを阻害する政府新法の無修正成立に抗議する」に詳細な解説と問題点が挙げられている。
8) Schulz 2000, pp. 135–138.
9) 資料一覧・ドイツ関係(11)の連邦環境大臣トリティンの講演原稿による。
10) オーツ・ボーモル税制については，とりあえずDahinden 2000, pp. 145–148, 石1999, pp. 80–83を参照。
11) Grant et al. 2000a, pp. 122–126「炭素税の大失敗」の節を参照。
12) Grant et al. 2000a, p. 134.
13) Jänicke 2000, pp. 52–58. イエーニッケによれば，1970–80年代日本における

硫黄酸化物排出の大幅な削減は，法規制・課徴金といった政策手段と並んで企業の自主規制，行政指導，エコ情報提供に負うところ大だったという。日本の環境改善の成功については，イエーニッケ 1998，第 1 章，第 5 章を参照。

14) ルードマン 1999, pp. 56–58.
15) Grant et al. 2000a, p. 123.
16) 石 1999, pp. 135–139 は，課税段階（輸入・消費）と税のタイプ（炭素税か炭素・エネルギー税）とを異にしたケースにつき，1992 年時点の税収の比較を試みているが，それによれば消費段階の炭素・エネルギー税に原子力の占める比率は 6% に達している。
17) 数値は，資料 [14] による。「準国産エネルギー」の表現は，資源エネルギー庁 1999, p. 50.
18) トリティンは，これまでのエネルギー政策の主要な誤りを論ずるとき，その冒頭に「脱原発と気候保全は並進しない」とする見解を取り上げ，100 基以上の原発をもつ米国が世界最大の二酸化炭素排出国であることに注意を喚起しつつ退け，同時に「脱原発は，技術的な効率革命とエネルギー転換・気候保全を推進するための弾み車である」と述べ，ドイツの「エネルギー転換」策の正当性を強調している（資料一覧・ドイツ関係 (11)）。
19) 京都議定書において EU に割り当てられた 8% の温室効果ガス削減の数値目標のメンバー国間の分担分と 1998 年までの実績については，資料一覧・ドイツ (6) の図 3, 4 を参照せよ。
20) 経団連は，「環境自主行動計画」の 1999 年 11 月の第 1 回フォローアップ結果において，次のように述べて原発推進の必要性を強調している。「温暖化対策で重要なのは，原子力発電の推進である。既に省エネが諸外国に比べて格段に進み，対策の選択肢が限られている我が国においては，原発による対策抜きでは，京都議定書に定められた目標を達成することは一層困難である」（資料一覧・ドイツ関係 (1)）。
21) 「エネルギー対話 2000」については，第 2 章を参照願いたい。
22) 「エネルギー対話 2000」でも，市場の結果が経済政策，環境政策，エネルギー政策の設定した目標に合わないときに限り，政府の規制的介入を認めている。それは，ドイツ企業の競争における機会均等の保証，エネルギーの安定供給の確保，エネルギー危機への備え，技術的な安全性の確保，および市場の失敗の是正の 5 つの場合に想定されている（資料一覧・ドイツ関係(4)）。
23) Jänicke et al. 1999a, p. 32.
24) 環境省政務次官 R. バーダーの「運転期間中の原子力の安全性」に関する意見表明による（資料一覧・ドイツ関係 (12)）。
25) EU 諸国の「脱原子力」の状況については，2001 年 10 月時点の連邦環境省による解説 Atomausstieg in den Europäischen Nachbarländer，2002 年 2 月のトリティンの講演原稿に基づいている。
26) 省エネ条例（資料一覧・ドイツ関係 (10)）は，従来の断熱・暖房関係の法令をまとめて，建築物関係のエネルギー効率の 25–30% の改善をはかる目的で制定

された。

27) ドイツのバイオマスの発展については，資料一覧・ドイツ関係 (9) および Schulz 2000, pp. 129–134, とくに表 6 を参照せよ。
28) 資料一覧・ドイツ関係 (13)。
29) 資料一覧・ドイツ関係 (13) の連邦環境大臣トリティンの講演原稿の数字による。
30) 1997 年「将来エネルギー白書」(資料一覧・EU 関係 (3))。
31) 1997 年「白書」で挙げられたメンバー国の再生可能エネルギー促進計画については，田北 2000, pp. 317–318 の表 5 を参照。
32) 詳しくは，第 4 章を参照せよ。
33) 筆者は，ドイツの再生可能エネルギー促進策と関連する範囲内でエコ税を扱ったことがある。それは，法的枠組みの設定，各種の財政・金融支援と並んで従来の化石燃料との自立的な競争力の養成にとって重要な地位を占めている (第 2 章)。
34) エコ税収額は，資料一覧・ドイツ関係 (8), p. 95 の表 3 による。
35) 「二重の配当」論をめぐる最近の論争については，参考文献も含めて第 4 章を参照。
36) キリスト教民主・社会同盟の質問状に対する回答の冒頭部の解説を参照せよ (資料一覧・ドイツ関係 (15))。
37) 1995, 1999 年の電力事業法の一部改正による大口需要者への小売自由化や地域独占の解体にもかかわらず，ドイツと違って電力会社が電線管理＝託送部門を堅持して，独占解体の不徹底に終わったことが，原発という政府支援下の大型プロジェクトへの強いこだわりを生む原因の一つとなっていると考えている。
38) Weizsäcker et al. 1992, あるいはワイツゼッカー 1994, 第 10 章を参照。
39) 本書 2.1 を参照せよ。
40) Dahinden 2000, pp. 23–25.
41) 最近登場した多様な接近方法，例えば「政策パターン・アプローチ」(イエーニッケら)，「政治経済学アプローチ」(ブレッサーズら)，「政策配置アプローチ」(ターテンホーヴェルら)については，参考文献も含めて第 5 章を参照。
42) バンベルク闘争については，Brüggemeier 1996, Stoberg 1994, Wiesing 1987, 田北 2002b を参照せよ。この事例は，現代の環境問題に対する環境史的接近の必要性をも浮き彫りにしているが，それについては，田北 2003a を参照。バンベルク病院に勤務した医師レシュラウブの著作は Röschlaub 1803, 引用部は pp. 118–119.

第4章

2003年日欧エネルギー・環境政策の現状
―― 評価と教訓 ――

　これまで第2章と第3章において環境先進地域EU，あるいはその優等生であるドイツのエネルギー・環境政策の基本原理・戦略や政策スタイルを我が国と比較することで，政策形成・施行・監視過程で日本が学ぶべき教訓を引き出してきた。しかし，EU・ドイツのエネルギー・環境政策は，真に我が国の模範たりうるのだろうか。別の角度から言えば，EUエネルギー・環境政策は，かけ声だけに終わらずに，実際に十分な成果を上げてきたのだろうか。この問題の検討なくして，軽々に結論を出すことは許されまい。例えば，2002年我が国の「新大綱」は，環境税導入に慎重を期す理由として，EU数ヵ国の導入した環境税が二酸化炭素排出削減など環境改善効果に乏しいことに言及している。本章では，この問題に2つの角度から接近を試みる。一方では，1980年代後半から欧州学界においてEUエネルギー・環境政策の効果をめぐり活発に展開されている論争を取り上げ，それぞれ肯定・否定の両派の所説があげる論拠を検討しつつ，政策効果に関する筆者なりの評価をまとめる。もう一方は，EUエネルギー政策の主要領域をなす再生可能エネルギー，省エネ・効率改善，原子力に関する資料分析である。今日，政策評価の方法をめぐっては定見はなく，統計的手法の確立が待望される段階にあるが，2,3の資料の検討から筆者なりの評価を行いたい。続く後半部では，我が国のエネルギー・環境政策に過去1年間に生じた変化を追究して，我が国の政策の現状を明らかにすると同時にEU・ドイツとの比較を試みる。

4.1 EU エネルギー政策の効果をめぐる論争

4.1.1 学説の概観

1980年代後半からエネルギー政策の基本目標の一つに環境保全が組み込まれてくるなかで，EU共通のエネルギー政策の実効性をめぐる論争が活発となってきた。その背景には，かけ声として「部門横断的な環境政策」が叫ばれるなかで，エネルギー消費量の減少や温室効果ガスの排出削減のように目に見える効果が出ていないことへの苛立ちもある。以下ではEUエネルギー政策を扱った主要業績を取り上げ，この点を検討しよう。

マクガヴァンは，「EUエネルギー政策と環境政策の和解」と題する2000年論文において，肯定・否定のいずれか一方に偏らずにEUエネルギー政策の意義と限界を冷静に見極める慎重な姿勢を示している[1]。マクガヴァンにしたがえば，エネルギー政策の一大転機は，やはり1980年代半ばに位置するという。すなわち，石油危機以降に安定供給の確保の中核手段に据えられてきた効率改善・省エネ策は，1980年代後半の経済回復期に進展した自由化・規制緩和と廉価なエネルギーの大量消費の結果，一息つくことになった。他方，同時期のチェルノブイリ原発の大惨事や酸性雨問題の深刻化と広域化は，環境問題への大衆の関心をいやが上にもかき立て，ここに自由化と環境保全のための規制(調整)という相矛盾する政策目標の調和的な達成が懸案とされた。1990年代にはいるとEU機関が，狭義のエネルギー政策を越え地球温暖化対策の観点から前面に出てきた。1992年欧州委員会は，再生可能エネルギーの拡充，エネルギー効率の改善，炭素・エネルギー税導入などを柱とする温室効果ガス削減のための施策を打ち出した。ここに脱原子力，再生可能エネルギーの拡充と省エネ・効率改善を柱としたEUエネルギー政策の基本目標が出そろうことになった。

しかし，1992年EU経済統合を睨み「緑のトロイカ」諸国が二酸化炭素排出量の3-5%削減を目標に掲げて提案した炭素税・エネルギー税は，各国政府，産業界および産油国（OPEC）の反対から挫折したように，EU共通のエネルギー政策への道は平坦ではなかった。同じことは，石炭と電力についても指摘できる。石炭については，既述のドイツの例にも明らかなように

「競争，経済活性化，地域開発」の名目下に政府の財政支援が存続するし，電力部門でも価格の透明度を高める措置や自由化は，強い抵抗に遭遇して公的電線網へのアクセスの自由化を達成しただけに終わったからだ。他方，再生可能エネルギーは安定供給と環境保全の観点から注目を集め，支援策が講じられている。なお，チェルノブイリ以降逆風下にある原子力については，2002年5月欧州委員会の提出した後述の「原子力エネルギーの将来」を想起させるかのように，新たな展開の可能性が指摘されている。つまり，発電過程で二酸化炭素を排出しないクリーンなエネルギーであること，ハイテク産業としてEU・政府の研究開発支援下の成長が期待できること，旧中東欧諸国の原発の安全確保のための協力が不可欠なことなど，原子力利用の再考を促す要因が多々存在するからである。

したがって，市場統合と関連した電気・ガス市場の自由化も路程半ばだし，「エネルギー・環境政策の和解」の象徴的事例の炭素・エネルギー税導入の試みは，少なくとも1990年代前半の第1ラウンドでは失敗に終わった。原子力問題も，地球温暖化やEU経済発展という新たな要請から再検討される可能性も出てきており，再生可能エネルギー拡充を除けば，政策評価に楽観的結論を下せないというのである。

W.グラントらは，「EU気候変動政策」と題する2000年の共同論文において，政策効果を測るために独自の8指標を工夫したウォーレンスの手法を援用しつつ政策評価を試みている[2]。彼らの論調は悲観論に傾斜しているが，エネルギー政策に関連する限りで内容を紹介しながら検討を加えてみよう。

第1指標は，「EU政策当局の地位の確立である」。この点で欧州委員会をはじめEU機関は，第2指標の法基盤に当たる「EU条約」を拠り所にしつつ，気候変動戦略を梃子にEUエネルギー政策における主導権の掌握を試みた。しかし，EU制度内外に存在する多様な要因のために成功を収めることはできなかった。

まず，経済・財政政策の自主性を主張する各国政府による抵抗がある。それと絡めて石油・ガス・電気やエネルギー多消費型の重化学工業など利害集団の強大な影響力がある。この影響力は，経済力と専門知識を背景に環境団体の圧力を排しつつエネルギー政策に関係する欧州「総局」にも及んでいた。

表 4-1　ウォーレンスが挙げた政策評価の計測のための8指標

No.	内　　容
1	EU レベルにおける政策当局(担当機関)の確立。
2	EU 政策の堅固な法による下支え。
3	EU 政策の EU レベルで分配される資源による下支え。
4	関連主体の行動変化の惹起。
5	EU 政策の革新的理念による下支え。
6	関連主体全員の満足できる最低ラインによる下支え。
7	最善の政策とはいえないが，代替案より優れた特質を具備。
8	政策効果は疑問だが，象徴としての目標設定に意義。

［典拠］　Grant et al. 2000, pp. 1–6.

　1992年の炭素税導入の試みが挫折したのも，OPEC の抵抗を除けば，それが最大の原因だった。次に EU 制度に内在する権限の錯綜がある。欧州議会は，環境政策全体での主導権獲得のために欧州委員会と対立することも多々あり，加えてエネルギー政策に関わる「総局」が複数競合しており，欧州委員会の委員長の輪番制とも相まって，つねに足並みの乱れが生じた。さらに，第4指標の「関係主体の行動の変化」を喚起するだけの強制力にも欠けていた。マーストリヒト条約において環境問題の採決方法として取り入れられた多数決原則は，各国政府のエネルギー・財政政策には適用されず，相変わらず全会一致原則が踏襲された。また，欧州委員会も各国政府の施行の不徹底に際し欧州司法裁判所への提訴という伝家の宝刀を抜くことはほとんどなかったからである。最後に，EU 内の南北問題と表現されるメンバー国間の不協和音がある。ギリシア，ポルトガル，スペインは環境より経済成長を優先させている。

　第7指標の「それがよしんば最適の政策でなくとも，それがなければさらに悪化したはずだという意味からの次善策」の特質を備えているのかと問う。この点で，否定・肯定論者の間に決定的な意見の対立がある。否定論者は EU 政策を各国政府の努力にとって，国情に応じた柔軟な対応の障害と捉えるか，あるいは実効性のない「紙に書かれた法律の集積にすぎない」と考えている。他方，肯定論は，環境先進国に追随する後発国の努力から生まれる高い政策効果を強調する。ここで紹介したグラントらの立場は，否定論に

第4章　2003年日欧エネルギー・環境政策の現状

属する。この点は，第5指標の「革新的理念」に支えられた施策の代表例に挙げられる再生可能エネルギーとエネルギー効率・省エネに対してもEUの提供する財政支援が不十分である事実から容易に見てとれるという。この問題は，同時に第3指標である「EUレベルで分配される資源による政策の下支え」の限界も意味していることを付言しておく。

　最後に，第8指標の「シンボル効果」についても否定的な見解が提示される。その際，EU政策の全部門に環境次元を組み入れることを標榜する「部門横断的」政策の限界が引き合いに出されている。すなわち，欧州横断道路の建設に伴う二酸化炭素排出量の増加，市場統合の進展に伴う人的・物的交流の活発化と環境負荷の拡大など，部門間で効果を相殺するような措置が併存しているからである。そして，この文脈でグラントらは，EU環境政策の根本的矛盾にも言及する。すなわち，EU結成の目的は，経済統合を梃子にして経済成長・貿易拡大を達成することにあり，環境政策の推進が行われるとしても，それはあくまでEU国民の生活水準を犠牲にしない枠内のことだというのである。ここで我々は，スローガン「経済と環境の両立」の「本音と建て前」という本質的な問題に直面することになったが，この問題は「関連主体全員が満足できる折衝点に政策があるか否か」という第6指標とも関係している。この場では，グラントらがEUエネルギー政策の効果を否定的に捉えており，その根本的要因をEU結成の推進動機である経済成長・貿易拡大にまで遡及して論じていることを，再確認しておきたい。

　J. マコーミックは，『EUにおける環境政策』と題する2001年の著書において，環境政策の形成・施行過程，それを支える基本原理，および個別領域における政策効果の評価を考察した[3]。たしかに，この著書が個別の政策領域に取り上げたのは，有害化学物質，ゴミ・廃棄物処理，大気・水質汚染，自然・自然資源であり，エネルギーは自然資源の一部として扱われているに過ぎないが，これまでの業績とは違って欧州エネルギー省 European Energy Agency やユーロバロメーター Eurobarometer の実施した世論調査の結果などを基礎に評価を試みており，しかも前述のグラントらより楽観的展望を提示して興味を引く。

　まず，マコーミックはEU政策に環境が占める比重の拡大を確認すること

から始める。1993年マーストリヒト条約への「持続可能な発展」原則の組み込み,閣僚理事会による作業課題の設定と欧州委員会による提案を経て欧州司法裁判所による決定まで環境政策形成手続きの制度化,および1980年代後半の内部市場形成の付随物から独自の政策課題への地位向上,の3点がその論拠に掲げられている。それに続いて課題の設定に進み,EU政策における経済と環境の関係,EU政策と各国政府の政策の優劣比較,およびEU環境政策の評価について,マトレリーとグラントらとはひと味違った独自の方法的観点から接近する。

第1に,「経済と環境の両立」に関するグラントらの問題提起にも異なる回答が寄せられている。EU結成の当初の狙いは,もともと貿易障壁の撤廃と市場統合を通じた経済成長の促進という量的発展におかれていた。しかし,メンバー国間の環境基準と環境負荷軽減のための熱意の違いが,内部市場における交易条件にも影響して,間接的ながら環境改善をもたらした。その最たる表現が,他の公共政策の領域(産業,農業,エネルギー,交通,水質・大気,保健・衛生)への環境保全原則の導入,いわゆる部門横断的な政策の導入である。この部門横断的政策の正否をめぐっては争論の余地が残るが,マコーミックの見解は,ウォーレンスの第7指標「最適のではないが,次善の策」と評価できるというものである。農薬・化学肥料の利用,森林開発,国境開放による交通・観光の拡大,大衆の消費拡大,酸性雨被害など,EUレベルの政策がなければ,はるかに悪化したであろう環境破壊の歯止めとなったと捉えられている。EU政策における経済と環境は相対立するものではなく,むしろ相互に牽制し強め合う性格のものと理解されている。

第2に,EU環境政策の機能不全を強調するためにしばしば引き合いに出される,政策主体の複合性についても,独自の解釈が提示されている。環境行政は,元来様々な主体間に権限が分散しつつ相互の協力により成り立っており,EU機関対各国政府(あるいは,それと結びついた産業利害)といった択一論的な対立構図に囚われてはならない。この点はEU内の南北問題,政治スタイルの違い,あるいは行政・立法手続きの差異が,EU統合後にしだいに縮小してきた事実から読みとれる。内部市場という共通の利害基盤の形成,同一の法・制度への慣れ,環境行政における多元主義の経験の積み重ね,国

内利害集団の影響に代わる政府間交渉・合意の形成といった一連の事実が，この見解を裏打ちしている。加えて，これまで個別領域ごとの複数形の環境政策が部門横断的な単数形の環境政策に変化してきたこと，そして政策立案の主要な担い手である欧州委員会が閣僚理事会と連携し，産業界との意見交換も踏まえつつ活動していること，の2点も同じ文脈で理解できる。したがって，EU 環境政策は，環境後進国にとって促進的に作用し，EU 法も温暖化，酸性化，廃棄物処理などの分野でメンバー国の足並みの揃った対応を喚起してきたのである。

　第3に，政策効果に関して報告書・世論調査に基づき独自の評価が与えられる。欧州環境局が3年おきに刊行する報告書から判断する限り，EU の環境状況は若干改善されたが，まだ環境負荷は深刻な状況を脱していず，今後とも経済発展に伴いいっそう悪化する危惧さえ示されている。このことは，一進一退を繰り返す個々の政策分野についても当てはまる。有害化学物質の排出量は削減されたが，これまで蓄積されたその影響は長期間残存するし，廃棄物削減も家庭のゴミ排出の急増(2000 年に対 1990 年比で 9% 増加)という厄介な問題に直面している。また，大気汚染は大きく改善されたが，その反面，交通・運輸部門では対 1990 年比で倍増している。水質汚染も都市廃水処理は改善されたが，農業排水の流入は一向に減る兆しをみせていない。

　もう一方の，環境政策については，角度を変えて EU と各国政府のいずれが取り組むべき課題と考えられているかを問う。1998 年の世論調査ユーロバロメーターの結果によれば，回答者の 66% は環境を EU の取り組むべき優先課題と考えている。この調査結果のうち，60% 以上が EU の担当すべき課題と考えたのは，この環境を除いて失業，貧困，消費者保護，防衛・外交と安全保障といった中核的項目ばかりだった。この事実は，環境問題は優れて EU の担当すべき政策とみる見解が，広く大衆の間に根を下ろしていることを示している。この調査には，判断を下した理由が挙げられていず，マコーミックは，それを次の諸点に帰して考えている。すなわち，環境汚染が国境横断的な問題であること，環境先進国の牽引効果が大であること，工業競争力維持の観点からも共同歩調が必要なこと，市場統合の前提として環境格差の解消が懸案となっていること，の4点に言及している。

A. ジョーダン編の 2002 年の著書『EU 環境政策』は，EU の政策主体，制度，政策形成過程の検討を通じて EU 環境政策の意義と限界を論じており，結論としてマコーミックの楽観説を退けている[4]。ただ，エネルギー政策を正面から扱った章もないので，この場ではごく簡単に扱うにとどめる。

EU 環境政策は，政治・経済的な変動を乗り越え絶えず発展してきた。そして，現在では EU が対外交渉の主役を務めたり，法・政策の実施を強く要求したりできるまでになっている。各国政府の採用する措置も，EU 環境政策と矛盾することは，もはや許されない。また，EU の環境政策をめぐる制度条件にしても，1980 年代に欧州委員会，閣僚理事会，欧州議会のトロイカ体制が確立し，その後も政府との緊張を孕みながらも欧州委員会の権限は徐々に拡大してきた。

それだからといって，EU 政策が利害の複合性を越え，一つの共通項にまで上昇したかといえば，必ずしもそうではない。グリーン先進国の政府，欧州司法裁判所，欧州議会，環境団体，関係する利害手段と多数の主体と制度のため整然とした EU 政策ではなく「つぎはぎのパッチワーク」の様相を呈しているという。この点は，ケーススタディの対象に取り上げられた廃棄物処理，炭素税，自動車の排気ガス規制，国際協定・交渉と EU に関する検討から明らかになる。すなわち，その大半が，政府・産業界の頑強な抵抗に遭遇して，挫折するか抜本的な修正を余儀なくされている。ただ，今後の展望として示された観点，持続可能性を目標に据えた EU 環境政策においてこれまでの政府間対立に代わり，「環境対農業」のような部門間の対立が前景に出てくるとする見解は，傾聴に値する。

4.1.2 小　括

EU エネルギー・環境政策の効果の評価をめぐっては，指標の取り方やその間の力点の置き方によって論者の間に違いはあるが，少なくとも今日次の 2 点については共通の理解がある。まず，エネルギー政策は内部市場形成の付属物の地位から，地球環境問題への関心の高まりのなかで自立した政策領域にまで上昇したこと。次に，その間，欧州委員会，閣僚理事会，欧州議会の 3 機関を軸に制度整備が行われ，気候変動枠組み条約締約国会議への EU

の参加に象徴されるように，対外的にも政策の担い手としてEUは認知された。このことが論争の活性化に拍車をかけたが，政策効果の評価をめぐっては激しい意見の対立がある。すなわち，一方にEU対各国政府，EU機関内部の不協和音，産業界やOPECなど直接の利害当事者の反発，あるいは政策分野間の相矛盾する措置の導入などに注目して，その効果を低く見積もる論者——その最たるものが，EUの形成動機である経済成長・貿易拡大と環境保全との本質的矛盾を指摘する論者——が，そして他方に「緑のトロイカ」諸国の主導による環境後進国の政策強化，温暖化対策の国際協議におけるEUの参加，個別的な複数形の環境政策から「部門横断的」な単数形の環境政策への移行などの事実に注目して高い評価を下す論者が，相対立している。筆者は，基本的に肯定論の立場をとるが，一方的に悲観論・楽観論に陥ることなく，それぞれの傾聴すべき論点を摂取しつつ，EUエネルギー・環境政策の意義と限界や法・制度や政策形成・施行の問題点を見据えて冷静に判断する必要がある。この点では，次の4.2を参照願いたい。

　今後の展望を込めて，これまでの検討結果をまとめれば，次のようになる。経済のグローバル化が地域的個性をかえって際だたせてきたのと同じように，EU共通のエネルギー政策と，それぞれ固有の条件に規定された各国の独自の政策との併存状況は今後とも続いていくことになろう。ただ，マトレリーが指摘したように，EUエネルギー政策の消長リズムが内部市場形成や東欧革命・ソ連解体のような内的・外的情勢に強く規定されるのであれば，拡大EU成立を2004年5月に控え，同時に京都議定書の発効にとって正念場にある現在は，共通政策の積極的な展開にとって追い風の状況にある[5]。とくに，これまでの法・制度整備を受けて，EUエネルギー政策の3大基本目標に関わる領域——効率化・省エネ，環境保全，安定供給(ドイツの脱原子力・再生可能エネルギー)——においては，政府の取り組みを越えた努力が積み重ねられてきているからである。

4.2　EUエネルギー政策の評価——重点領域を中心に——

　EUエネルギー・環境政策の実効性をめぐっては，先にみたように，肯定・

表 4–2 日本・EU（ドイツ）のエネルギー・環境政策関係の主要事項

年月	事項
1997 年 11 月	「将来のエネルギー：再生可能エネルギー源」（「白書」）
1997 年 12 月	「京都議定書」
1998 年 6 月	「長期エネルギー需給見通し」★
2000 年 6 月	「連邦政府・電力供給会社の脱原子力協定」●
2000 年 11 月	「エネルギー供給の安全性のための欧州戦略：緑書」
2001 年 5 月	「EU 拡大の文脈における原子力の安全性に関する報告」
2001 年 6 月	「連邦政府・電力供給会社の脱原子力協定の最終調印」●
2001 年 7 月	「今後のエネルギー政策について」（「新見通し」）★
2001 年 9 月	「再生可能エネルギー促進のための EU 指令」
2002 年 1 月	「京都メカニズム利用ガイド」（経済産業省）★
2002 年 1 月	「2001 年エネルギー回顧」
2002 年 3 月	「地球温暖化対策推進大綱」（「新大綱」）★
2002 年 4 月	「改正原子力法」●
2002 年 4 月	「欧州バロメーター 2001」
2002 年 5 月	「電力事業者による新エネルギー等の利用に関する特別措置法」★
2002 年 5 月	「EU における原子力エネルギーの将来」
2002 年 6 月	京都議定書の締結に関する閣議決定 ★
2002 年 6 月	「我が国における温暖化対策税制について(中間報告)」★
2002 年 6 月	「エネルギー政策基本法」★
2002 年 6 月	「(拡大 EU 候補国による原子力の)現状報告」
2002 年 6 月	「緑書『欧州のエネルギー供給の安全性戦略に寄せて』に関する最終報告」
2002 年 10 月	「オプリヒハイム原発の運転期限の延長に関する決定」●
2003 年	「統計数字で見るエネルギーと運輸」
2003 年 6 月	「(拡大 EU 候補国と EU の)交渉の進展(エネルギー部門)」
2003 年 7 月	「エネルギー基本計画案」★
2003 年 8 月	「温暖化対策税の具体的な制度の案」★
2003 年 10 月	「シュターデ原発の商業用発電の停止決定」●

（注）★は日本，●はドイツ，無印は EU 他。

否定の所説が相対立する状況にある。また，京都議定書に盛り込まれた EU の温室効果ガス削減目標数値，すなわち対 1990 年比 8% の達成が，おぼつかない見通しであることも最近報道された通りである。この事実は，地球温暖化問題における旗振り人である EU のエネルギー・環境政策の意義と限界を象徴しているかのようである。以下では，まず，2002 年 6 月「緑書『欧州のエネルギー供給の安全性戦略に寄せて』に関する最終報告」を手がかりにし

第4章 2003年日欧エネルギー・環境政策の現状　　115

て，EUエネルギー政策の現状について略述し，次いでその重点領域をなす省エネ・効率改善，再生可能エネルギー拡充および原子力の3点について，若干のデータを用いて政策評価を試みる。なお，4.2と4.3の論述に関係する日欧の主要事項については表4-2にまとめているので，適宜参照願いたい。

4.2.1　EUエネルギー政策の展望——2002年6月「緑書への最終報告」——

　2004年5月拡大EUの成立を控え，EUエネルギー需給に関する現状把握を踏まえつつ，新たな政策形成に向けての動きが活発化してきた。2000年11月欧州委員会は，「エネルギー供給の安全性のための欧州戦略：緑書」を発表した。これは各国政府，企業，消費者，非政府組織から大きな反響をよび，2002年3月バルセロナで開催された欧州閣僚評議会によって，次回のセビーリャ会議までに報告書の提出を要請された。それを受けてまとめられたのが，2002年6月の「最終報告案」である。これは，原子力問題についても感情論に囚われない論議を喚起する姿勢を示していたため，EU諸国におけるエネルギー分野での国民的選択をめぐる議論の活性化に大きく寄与したという。その要点は，以下の通りである。

　第1に，今後20-30年のエネルギー供給の安全性を考える上でEUの構造的，地政学的，社会的，環境的な脆弱性から出発せざるをえないことである。EUの経済的発展を支えるエネルギー資源の点で，EUの選択余地は狭く，化石燃料への依存度は80%，エネルギー源の輸入依存度も60%を超えている。今後何も手段を講じなければ，2030年時点で輸入依存度は70%にも達し，資源の地理的偏在のため地政学的・価格的攪乱の危険性に常にさらされることになる。加えて，EUは地球温暖化対策の中でも主導的役割を担っており，技術的改善やエネルギー・ミックスの抜本的見直しを含む政策的措置が不可欠となる。

　第2に，その際の戦略軸となるのが「需要管理」政策である。これは，後掲の表4-3に明らかなように，エネルギー消費量の増加がエネルギー密度の改善のなかで二酸化炭素排出量の増加をもたらし，同時に再生可能エネルギー生産の絶対量の増加にもかかわらず，その相対比率の低下さえもたらしており，主要な領域でのEU政策効果に疑問が提示されている事実を踏まえ

てのことである。この文脈では，再生可能エネルギーを電源とする電力を2010年までに倍増するEU指令，エネルギー消費の40%を占める建物における省エネ推進のための財政支援，およびバイオ燃料の増産を通じてガソリン・軽油の20%を代替することを目標とした支援措置の3施策を通じて，需要の10%削減が目標に掲げられていることを確認しておく。とくに，エネルギー消費の伸びの著しい家庭・運輸部門をターゲットに据えて，現在のメンバー国には2-4%の削減を，そして2004年加盟の候補国には3-6%の数値目標を設定している。

第3に，石油・ガス備蓄がある。2004年にはEUの石油消費量が世界全体の20%にも達することから行われた提案だが，現在その必要性をめぐっては論争中である。

第4に，全欧州レベルのエネルギー供給の安全性確保がEUにとっては不可欠の前提と位置づけられる。石油・天然ガスの生産国ロシアとのパートナーシップの拡充や他のエネルギー生産国との対話拡大が図られており，産業界からも最も注意を引いた施策である。

第5に，再生可能エネルギーの拡充策がある。EUエネルギー消費に占める再生可能エネルギーの比率は6%と低く，このままでは2030年でも9%に達するにすぎない。欧州委員会は，伝統的エネルギー源への課税によって捻出された財源による支援策導入を構想している。

第6に，原子力問題がある。この問題には最も多くの紙数が当てられ詳細に論じられているが，その主要な論点は，2002年5月欧州委員会の提示した，後述の「EUにおける原子力エネルギーの将来」を継承している。まず，地球温暖化対策との関連で，これまでの安全性議論は措くとして積極的な意見が寄せられた。原子力の二酸化炭素削減効果が，道路交通で排出される量の50%（3億トン）に達することから，再生可能エネルギーの拡充と省エネ・エネルギー効率改善の推進と並んで促進策を講ずべきとする意見が出された。欧州委員会は，「欧州気候変動プログラム」において1.2-1.7億トンの削減効果を期待できる手段の一角に原子力推進を挙げて，慎重な姿勢を示している。次に，EUの数ヵ国は，脱原子力や原発の順次運転停止の決定を下した。この施策は，中長期的にエネルギー転換や効率改善による対処を余儀なくしてい

るが，欧州委員会としては脱原子力を共通政策として掲げることをせずに，メンバー国に選択権を残すことを明らかにした．最後に，原子力の将来を決定づける最重要な要素として廃棄物処理の解決があり，2つの次元から扱われている．一方は，既存原発の運転の安全性確保と廃棄物処理であり，「第6回研究枠組みプログラム(2002-2006年)」による財政支援が，挙げられる．もう一方は，拡大EU成立に向けた加盟候補国の旧型原子炉の安全性確保がある．欧州閣僚理事会は加盟条約への規定を要求し，「緑書」でも定期的な報告を求めている．この問題について欧州委員会は，EU共通の安全基準と統制メカニズムとの確定に関する提案を行うことになった．

第7に，エネルギー部門における内部市場形成の推進がある．エネルギー課税と排出量取引など持続的発展のための外部費用内部化のルール作りと，これまで取り組まれてきた電気・ガス市場の自由化とそのためのインフラ整備とが論じられる．

第8に，既存の法的手段の限界と新たなグローバルな戦略の必要である．EUエネルギー政策の推進にもかかわらず，内部市場形成，再生可能エネルギーの拡充，および電気・ガスのネットワークの拡充は予定された成果を上げていない．グローバルな供給の安全性確保のために市場監視体制の構築や第三世界との関係強化をはじめとする手段を講ずべきだというのである．

このように，EUは「需要抑制」を枢要な戦略に位置づけ，これまでの再生可能エネルギー拡充と省エネ・効率改善の徹底をはかることで一段と推進しようとしている．供給の安全性確保のためにロシアを軸に新たなパートナーシップ構築を図り，備蓄策の導入も日程に載せて，エネルギー部門における内部市場の形成を急ぐ方向を打ち出した．ただ，地球温暖化対策との関連で再浮上した原子力については，拡大EU成立を控え安全性確保のための基準設定や調査が急務となったが，積極的な推進策の採否は即断を許さない状況にある．この原子力問題には，後に立ち返る．

4.2.2 省エネ・効率化の推進と再生可能エネルギー拡充策

まず，マコーミックからはEUエネルギー政策の2大重点領域とまで表現された「効率改善・省エネ」，「再生可能エネルギー」促進策について検討し

てみよう[6]。このうち再生可能エネルギーは,「EUにおける原子力エネルギーの将来」と題する報告を提出した欧州委員会(エネルギー・運輸総局)からも「EUエネルギー政策の優先事項」と呼ばれたように,その高い潜在力に見合った実績が上がっていない事実に注意を喚起することで,原子力利用再開の方向に誘導されている。また,グラントらはEUエネルギー政策に対する消極的評価を下す論拠の一つに,効率化・省エネ政策と再生可能エネルギー拡充策への財政支援の不十分さを挙げていたように,その当否の検討が「効率化・省エネ,安定供給,環境保全」の3大基本目標の調和をはかるEUエネルギー政策の評価にとって不可避だと考えられるからでもある。

本節において省エネ・エネルギー効率政策の評価については,2002年1月刊行の欧州委員会の作成した「2001年エネルギー回顧」に含まれるエネルギー消費量の動向,エネルギー密度の改善,あるいは二酸化炭素排出の増減に関する数値を利用する。また,この「回顧」の基礎になったデータが1999年のものであるため,その後の展開をみるために,欧州委員会「エネルギー・輸送」総局の作成した統計資料,「数字で見るエネルギー・輸送」を併せて利用する。他方,再生可能エネルギーに関する主要なデータは,1997年「将来のエネルギー白書」,2001年9月「再生可能エネルギー促進のためのEU指針」,2002年4月刊行の「欧州バロメーター2001:再生可能エネルギーの概観」である。したがって,ここでの政策効果は,マコーミックも適切に指摘したように,その担い手がEU機関であるか政府・地方公共団体であるかにかかわりなく,個々別々に評価できる性質のものではなく,総体としての評価になっていることをお断りしておく。

効率・省エネ政策の効果をみるために,エネルギー密度と二酸化炭素排出量の変化を一瞥してみよう(表4-3参照)。「2001年エネルギー回顧」によれば,1990年代にエネルギー密度は,年平均1.9%改善されており,とくに1999年には2.1%と大幅な前進を見せた。1990年代のEUの経済成長率は平均2.5%を示したにもかかわらず,エネルギー消費の伸び率は0.4%にとどまっている。この点でのEUの達成ぶりは,1995年から1999年までの5年間の日米のエネルギー密度の変化と比較するとき直ちに明らかとなる。EUで207.0から194.4へと13ポイントの改善があったが,日本では126.7から

125.9と低水準での横ばい状況が、そして米国では371.8から345.7と10%近い改善こそあれ依然として高水準にとどまっている。ただ、表4-3に明らかなように、EU諸国の間にも大きな格差がある。EU内「産油国」のイギリスが、同じくEU内の「南」に属するスペインと並んで230と劣等生になっていたが、それ以外の大半の国が200未満へと大幅に改善している。

しかし、エネルギー密度の低下が、直接に環境改善につながったわけではない。表4-3のEUとフランスの二酸化炭素排出量から読みとれるように、エネルギー密度の改善にもかかわらず、エネルギー消費量の増加のために二酸化炭素排出量も増加している。唯一の例外が、オランダである。エネルギー消費量の微増のなかで二酸化炭素排出量の減少を経験している。ドイツとデンマークの場合、エネルギー効率の改善と消費量の減少が相まって、大きな排出削減を達成している。したがって、1990年代後半に進展した石炭・褐炭・石油から天然ガスへという、温室効果ガス排出の少ない燃料へのエネルギー転換もエネルギー密度の改善も、消費量の増加がある限り効果を相殺されることになる。

この教訓が、欧州委員会をして「需要管理に基礎づけられた明瞭な戦略」へと向かわせることになる。すなわち、前述のように2002年6月「緑書・最終報告」では、需要抑制策の筆頭にEUエネルギー消費の40%にも達する建物の省エネ・効率化を掲げ、20%の削減の目標値を設定している。再生可能エネルギー・バイオ燃料の拡充による化石燃料の消費削減を合わせれば10%の削減が見込まれている。そして、この需要抑制のターゲットに据えられるのが、「エネルギー消費増加の元凶」の運輸・交通部門と家庭部門である。とくに、家庭部門は、生活水準の向上と電気器具使用の拡大もあって、90年代に年率1.3%のエネルギー消費量の伸びを見せている。

しかも、それら「元凶」部門で、エネルギー効率の改善が比較的わずかしか起こっていないことに注意しなければならない。産業部門と発電部門が、それぞれ年率1.9%と0.6%と高い成果を示した、その一方で、家庭・サービス部門では0.5%にとどまり、「環境問題の継子」と表現される交通・運輸部門では1993-94年の一時的改善にもかかわらず1990年代には0.3%悪化さえしている。

表 4-3 EU・主要国のエネルギー需給 (1995, 2000)

(単位：表示ない場合 Mtoe)	EU 1995年	EU 2000年	ドイツ 1995年	ドイツ 2000年	フランス 1995年	フランス 2000年
1. エネルギー生産	739.5	761.7	141.3	133.0	123.4	130.4
化石燃料	62.7%	59.1%	68.5%	59.2%	9.2%	4.8%
原子力	27.2%	29.3%	26.4%	32.9%	76.2%	82.1%
再生可能エネルギー	10.1%	11.6%	5.1%	7.9%	14.6%	13.1%
2. 純輸入	651.3	737.9	195.2	201.9	115.3	132.8
固形燃料(石炭・褐炭等)	14.5%	14.5%	5.6%	9.3%	6.6%	9.5%
石油	68.6%	64.0%	67.0%	62.4%	70.4%	65.1%
天然ガス	16.7%	21.0%	27.1%	28.2%	23.0%	25.4%
電気	0.2%	0.5%	0.3%	0.1%	−6.0%	−6.0%
輸入依存率	46.6%	49.4%	57.6%	59.5%	48.4%	51.1%
3. 総国内消費	1,363.6	1,453.0	337.1	337.1	235.7	256.9
4. 電力源 (TWh)	2,327.2	2,598.8	536.2	571.6	493.4	540.7
原子力	34.8%	33.2%	28.7%	29.7%	76.4%	76.8%
水力・風力	14.6%	15.9%	5.5%	7.3%	15.8%	14.0%
火力	50.8%	50.9%	65.8%	63.0%	7.8%	9.2%
5. 火力発電用燃料	272.3	293.4	86.0	81.0	8.9	13.1
固形燃料(石炭・褐炭等)	59.4%	51.9%	78.3%	81.0%	61.7%	47.3%
石油	16.0%	11.6%	2.4%	1.3%	6.8%	9.9%
ガス	20.1%	30.8%	14.3%	15.9%	13.5%	29.8%
バイオ・地熱	4.5%	5.7%	3.0%	2.8%	18.0%	13.0%
6. 燃料以外の消費	93.6	95.1	22.8	25.2	16.6	15.7
7. 最終エネルギー需要	899.0	952.2	221.3	213.8	141.4	150.1
固形燃料(石炭・褐炭等)	5.5%	3.9%	6.7%	5.2%	4.9%	3.7%
石油	46.7%	45.7%	47.1%	45.8%	48.3%	47.6%
ガス	22.9%	24.8%	24.5%	27.4%	19.1%	20.4%
電気	18.8%	20.1%	17.5%	19.4%	20.8%	22.1%
熱	2.1%	1.3%	3.9%	0.0%	0.0%	0.0%
再生可能エネルギー	3.9%	4.2%	1.2%	2.2%	6.9%	6.2%
8. 二酸化炭素排出量 (MT)	3,057.0	3,126.9	867.3	814.8	345.5	369.7
9. エネルギー密度	207.0	193.8	179.3	164.1	198.4	189.5
10. 一人当り GDP (EU=100)	100	100	110	105	104	99
11. 失業率	9.8%*	8.1%	9.3%*	7.9%	11.4%*	9.3%

(注) ＊は1998年。
[典拠] Energy and Transport in Figures (資料一覧・EU関係 (10)) *1998年。

第4章　2003年日欧エネルギー・環境政策の現状　　　121

イギリス		オランダ		イタリア		デンマーク		スペイン	
1995年	2000年	1995年	2000年	1995年	2000年	1995年	2000年	1995年	2000年
250.0	268.7	66.0	57.1	30.8	30.6	15.5	27.6	31.4	31.2
90.7%	90.8%	97.0%	95.1%	70.5%	59.5%	90.3%	92.6%	36.0%	26.0%
8.5%	8.2%	1.5%	1.7%	0.0%	0.0%	0.0%	0.0%	45.5%	51.6%
0.8%	1.0%	1.5%	3.2%	29.5%	40.5%	9.7%	7.4%	18.5%	22.4%
−36.1	−39.6	16.3	34.2	134.7	152.6	7.9	−7.1	75.4	98.3
83.6%	92.3%	20.8%	16.0%	9.7%	8.6%	80.7%	98.4%	12.2%	12.8%
−48.5%	−46.1%	76.8%	80.9%	66.8%	58.1%	19.3%	−8.1%	77.5%	71.1%
5.1%	−9.3%	−26.4%	−17.2%	21.2%	30.8%	−1.5%	−2.9%	9.9%	15.8%
11.3%	7.7%	2.4%	3.1%	2.3%	2.5%	−0.1%	1.6%	40.0%	0.3%
−16.4%	−17.1%	19.3%	38.5%	81.6%	85.6%	35.7%	−33.9%	71.5%	76.5%
218.5	230.0	73.4	75.6	162.7	175.6	20.6	19.6	102.3	122.6
334.0	374.9	81.1	89.6	241.1	276.6	36.8	36.2	167.3	225.2
26.6%	22.7%	4.9%	4.4%	0.0%	0.0%	0.0%	0.0%	33.2%	27.6%
2.6%	3.5%	2.5%	4.6%	19.0%	21.0%	5.7%	17.2%	15.5%	17.4%
70.8%	73.8%	92.6%	91.0%	81.0%	79.0%	94.3%	82.8%	51.3%	55.2%
50.2	54.3	16.9	18.2	42.9	48.2	8.5	7.9	18.8	26.5
68.1%	50.1%	34.9%	28.0%	12.4%	12.0%	70.9%	47.1%	72.3%	69.1%
7.4%	1.0%	5.3%	3.3%	58.3%	39.4%	11.4%	17.0%	19.7%	16.6%
23.1%	46.3%	56.2%	61.0%	23.8%	41.1%	10.7%	27.0%	5.3%	11.7%
1.4%	2.6%	3.6%	7.7%	5.5%	7.5%	7.0%	8.9%	2.7%	2.6%
12.7	10.2	9.3	9.5	13.9	11.0	0.3	0.3	8.0	9.1
142.4	152.4	47.4	49.8	116.6	126.0	15.1	14.6	63.5	79.3
6.3%	3.6%	3.0%	2.6%	3.5%	2.8%	2.6%	2.1%	3.5%	2.1%
43.1%	41.3%	31.0%	33.2%	46.4%	44.7%	50.0%	47.7%	61.4%	57.8%
32.4%	36.0%	47.5%	42.2%	29.6%	30.1%	11.0%	11.5%	10.7%	15.3%
17.8%	18.6%	15.0%	16.7%	17.5%	18.6%	17.8%	19.2%	19.1%	20.4%
0.0%	0.0%	3.0%	4.5%	0.0%	0.0%	14.7%	15.5%	0.1%	0.1%
0.4%	0.5%	0.5%	0.6%	3.0%	3.8%	3.9%	4.1%	5.2%	4.3%
537.6	543.5	167.3	166.5	405.5	421.8	60.3	52.6	225.8	283.6
251.8	230.3	231.2	198.8	193.9	190.8	149.4	125.0	228.9	227.6
97	101	109	115	103	102	110	105	103	102
6.2%*	5.4%	3.8%*	2.8%	11.7%*	10.4%	9.3%*	7.9%	8.3%*	5.9%

再生可能エネルギー促進策の効果の検討に進もう。まず，指摘しなければならないのは，1997年「白書」から2001年「指針」の間に起こった後退である。「白書」で計画されていた総エネルギー消費に占める再生可能エネルギー比率の倍増計画は，2001年には総電力消費中に占める比率に修正されたからだ。ただ，「指針」には2000年ドイツで制定された「再生可能エネルギー法」に準ずる，再生可能エネルギー源から生産された電気の電力会社による買取り義務が明記されるなど，EUレベルでの制度整備といった質的な前進があったことを忘れてはならない。「白書」に盛り込まれた各部門ごとの数値目標とそれを達成するための手段に関する試案，あるいは「指針」の概要については，それぞれ第3章で紹介しているので，この場では立ち入らず，上記の統計データを概観しよう。

「2001年エネルギー回顧」に従えば，1999年にEU総エネルギー需要に占める再生可能エネルギーの比率は0.4%上昇して，一次エネルギーと最終エネルギー消費のうちそれぞれ11.2%と6%を生産するまでになった。翌2000年に一次エネルギーに占めるその比率は，表4–3に挙げたように11.6%に上昇したが，その反面，最終消費のなかの比重は4.2%に低下した。再生可能エネルギー生産は，エネルギー消費量の伸びと歩調を合わせては上昇できなかったのである。このような事態に直面して，欧州委員会が需要抑制をエネルギー安定供給の最優先事項に掲げた点には先に触れた。次に，再生可能エネルギーの個々の部門別の実績を見てみよう。

「欧州バロメーター2001：再生可能エネルギーの概観」は，風力，小規模水力，バイオ燃料，太陽光発電，地熱，太陽熱，バイオガス，木材の8種類の再生可能エネルギーの2001年ないし2000年の生産実績，年成長率，およびこの趨勢が継続したときの1997年「白書」に掲げられた2010年の数値目標の達成の可能性を扱っている（表4–4を参照）。

風力発電は，「成長率と経済的成功の双方で主導的地位」を占めている。1998年以来ドイツは世界筆頭の地位に躍り出たし，最近ではスペインがデンマークを抜いてEU第2位にまで増設した。この急成長の背景には，次世代では3–5MW（メガワット）の発電容量を誇る風力タービンの大型化と財政支援があり，前年比で35%を超える高い成長を示している。2010年には，数

値目標を 2 倍以上上回る水準にまで到達すると見込まれている。

バイオ燃料は，ガソリンに混入されるエタノールとバイオディーゼルの 2 種類からなり，2002 年「緑書の最終報告」では，すでに述べたように石油代替物として大きな発展が期待され，新たな支援策が導入されている。フランス，スペイン，ドイツを中心に生産されており，エタノールとディーゼルの生産は 1993–2000 年に，それぞれ 4 倍と 12 倍にまで達したが，このままのペースで成長を続けても 2010 年の数値目標には遠い 70% 程度の達成度にとどまるという。もう一方のバイオガスについて EU の関心は高まりを見せ，2000 年に設置されたメタン化施設数は 3,000 にも達し，生産されるエネルギーもバイオ全体の 5% にまで上昇した。イギリス，ドイツ，フランスが中心に取り組みを見せている高い潜在力をもつ分野だが，2010 年の目標達成のためには，現在より 30% 高い成長率が必要だという。

小規模水力は，フランス，イタリアおよびスペインを中心に設置されている。「欧州小規模水力協会」の推計によれば，過去 5 年間の成長率は年平均 1.55% であり，2010 年の数値目標の 86% に達するレベルにある。ほぼ，同じ状況なのが地熱である。これまで火山国のイタリア，ポルトガル，ギリシアなど高温地熱以外に注目されてこなかったが，最近低温のヒートポンプの導入も盛んになってきて，北欧諸国やドイツにも利用が広がってきた[7]。高温・低温合わせて 86% 程度にまで到達すると見積もられている。

太陽光発電は「きわめて高い 40%」の成長を誇っている。そのうち 80% がドイツに属しているが，2001 年 3 月からイタリアも 1 kW（キロワット）当たり 7,700 ユーロ，1 ユーロ 130 円と換算すれば 11 万円程度と，2003 年度の我が国と同じ水準の財政支援を始めだし，またフランスとスペインもドイツにならって電力会社による買取り義務を法制化しており，今後の飛躍的増加も期待できる。ただ，バロメーター誌の展望は必ずしも明るくなく，成長率を 20% と仮定した場合も，2010 年目標の 60% 程度と見込まれており，風力タービン同様，太陽光パネルの価格低下や財政支援の強化が待望される段階だという。太陽熱利用でも，ドイツが牽引車の役割を担っており，2000–2001 年にパネル設置面積は 46.3% 増加して，年 100 万 m^2 の目標はクリアした。EU 全体で見ても，フランスの積極的対応もあって 2000 年には前年比で 8.5%

表4-4 1990–2000年EUにおける再生可能エネルギーの発展

国名	総消費に占める比率			総電力消費に占める比率		風力		小規模水力		太陽光発電		木材	
	1990年	1995年	1997年	2010年	2001年	前年比成長	2000年	前年比成長	2000年	前年比成長	2000年	前年比成長	2000年	前年比成長
オーストリア	22.1%	24.3%	70.0%	78.1%	97MW	24.4%	866 MW	0.9%	5.0MWp	45.9%	3.0Mtoe	3.4%
ベルギー	1.0	1.0	1.1	6.0	31	138.5	96	1.1	0.0	0.0	0.3	0.0
デンマーク	6.3	7.3	8.7	29.0	2,417	5.2	11	0.0	1.5	36.4	0.9	12.5
フィンランド	18.9	21.3	24.7	31.5	39	2.6	320	0.0	2.6	13.0	7.5	-3.7
フランス	6.4	7.1	15.0	21.0	94	19.0	2,018	2.1	11.3	24.2	9.8	0.0
ドイツ	1.7	1.8	4.5	12.5	8,750	43.7	1,514	0.8	113.8	63.7	5.0	6.4
ギリシア	7.1	7.3	8.6	20.1	273	44.4	50	4.2	0.9	12.5	0.9	0.0
アイルランド	1.6	2.0	3.6	13.2	132	11.9	33	3.1	0.0	0.0	0.2	100.0
イタリア	5.3	5.5	16.0	25.0	697	79.2	2,229	0.9	19.0	2.7	4.6	2.2
ルクセンブルク	1.3	1.4	2.1	5.7	10	0.0	39	0.0	0.0	0.0	0.0	0.0
オランダ	1.3	1.4	3.5	9.0	483	7.8	2	0.0	12.8	39.1	0.5	0.0
ポルトガル	17.6	15.7	38.5	39.0	127	27.0	286	2.1	1.0	25.0	1.7	0.0
スペイン	6.7	5.7	19.9	29.4	3,660	49.8	1,573	1.9	11.0	20.9	3.6	0.0
スウェーデン	24.7	25.4	49.1	60.0	264	14.3	1,062	1.1	2.8	7.7	8.3	7.8
イギリス	0.5	0.7	1.7	10.0	474	15.9	162	1.3	1.9	72.7	1.0	0.0
EU全体	5.0	5.3	13.9	22.0	17,548	35.7	10,260	1.4	183.5	43.6	47.3	2.2
EU2010年目標	11.4				40,000	212%*	14,000	86%*	3,000	58%*	100	62%*

[典拠] 1997年「白書」, 2001年「EU指令」, 2002年「ユーロバロメーター」
(注1) *は現在の成長率が継続したときの達成度
(注2) その他のエネルギー源
　バイオ燃料：　2000年 0.9 Mton, 2010年 17 Mton, 69%* (Mton 百万トン)
　地　　熱：　　2000年 806 MWe, 対98年比 +2.1%, 2010年 1,165 MWe, 86%*
　太陽熱：　　　2000年 958.4万 m², 前年比 +8.5%, 2010年 1億 m², 82%*
　バイオガス：　2000年 2,304 Mtep, 2010年 15,000 Mtep, 年20%の成長率で 62%*

第4章 2003年日欧エネルギー・環境政策の現状　　125

増設された。ただ，このままのペースでは，2010年の目標値の1億m^2には届かず，80%程度の達成度で満足せざるをえない状況にある。

　木材は，EUの一次エネルギーの58%を占める重要なエネルギー源であり，1997年「白書」で2桁の生産水準を誇る国の大半は，この木材に依拠している。これまでフランス，スウェーデン，フィンランドを中心に，おもに暖房用燃料として利用されてきたが，電熱連結による発電も加わり最近注目を集めている。しかし，現在のままでは2010年目標の60%程度しか実現できず，財政支援や技術改良が不可欠な段階にある。

　「2001年エネルギー回顧」は，最終的な結論として3点を指摘している。第1に，各国は，それぞれの潜在力の違いを勘案しつつ重点部門を設定して積極的に取り組んでおり，技術・産業の発展は目覚ましいものがある。ただ，2001年時点で見る限り，1997年「白書」で設定された2010年の数値目標をクリアできるのは，唯一風力にとどまり，それ以外は80%前後の達成度にとどまる。第2に，それと関連して再生可能エネルギー拡充のためには，研究開発や投資・運転資金に対する財政支援や「買取り法」のような法的条件整備が不可欠である。この点では，2002年「緑書の最終報告」におけるバイオ燃料の新たな重点分野への指定，太陽光発電・熱パネル設置への財政支援の広がり，2001年「指針」での法制度の整備に代表されるように，すでに新たな取り組みが始動していることを確認しておきたい。第3に，再生可能エネルギーの生産は確実に増加してはいるが，2010年電源の22%の目標を達成するためには，エネルギー消費自体の抑制措置が不可欠だと判断された。「緑書・最終報告」の推計によれば，2030年に一次エネルギーに占める再生可能エネルギーの比率は9%程度で，石油38%，ガス29%，石炭19%と化石燃料には遠く及ばず，その限りで2002年の状況と大差はない。この見通しが，EUエネルギー政策の中核戦略として「需要管理」に導いたことは先に触れたが，再生可能エネルギー拡充のシナリオは，法制度の整備から財政支援の拡大を足場に着実な歩みを見せていると判断できよう。

4.2.3　原子力論議の再燃

　ドイツが2000年6月に原子炉の耐用年数を32年と見なし，現在運転中の

原発19基を漸次停止する脱原子力の方針を打ち出したこと，そして2002年3月ベルギーもそれに追随する動きを示したことは，記憶に新しい。マクガヴァンが，1970–1980年代にもてはやされた原子力がチェルノブイリ事故や放射性廃棄物の処理・管理問題の浮上という逆風のもと大きく後退したと述べ，またEUも電気における内部市場形成から原子力問題を切り離して，この点での主導力を放棄したのも，そうした最近の動向を意識してのことである。前章でも述べたように，現在フランスとフィンランドを除けば，原子力の拡大路線を選択肢に残すEU諸国はない[8]。以下では，2つの角度から原子力政策の評価と行方を考察する。一方は，「原子力をめぐり自由な意見交換」のきっかけとなった2001年11月「エネルギー供給の安全性のための欧州戦略に向けて：緑書」以降の動きを，2002年5月欧州委員会発表の「EUにおける原子力エネルギーの将来」を手がかりに概観し，とくに拡大EU加盟諸国の原子力施設の安全性をめぐる議論の活発化が，EU共通の原子力の安全性基準に向けて大きく前進させたことを明らかにする。他方で，ドイツ連邦政府が電力会社と取り結んだ原発の漸次運転停止に関する協定によれば，2002年末〜2003年初に運転停止原発の第1号になる予定であったオプリヒハイム原発の現状について一瞥し，政策の理念と現実について考察する。

　欧州委員会の「原子力エネルギー，廃棄物管理および運輸」部門の責任者D. M. テイラーは，「緑書」公表後に活発化した議論を踏まえつつ，2002年1月に「欧州エネルギーの将来における原子力の役割」と題する個人的見解を発表したが，その後に部局案として意見をまとめたのが2002年5月の「原子力エネルギーの将来」である。まず，冒頭で「緑書」に盛り込まれたエネルギー供給の安全性をめぐる論点の整理とEUにおける原子力利用の現状の紹介から始める。特別の手だてが講じられなければ，EUの化石燃料利用と対外輸入依存が大きく上昇すること，それが温暖化をはじめ環境負荷を高める危険性があること，加えて拡大EUの発足によりエネルギー構造の異なる諸国を抱え込むことになること，の3つの危惧が表明され，あわせて先細り状況の原子力の地位が再確認される。しかし，テイラーの個人的見解とは断りながらも，原子力利用が，今後とも急速に後退するとする説には疑念が呈される。すなわち，今後20–30年間に200–300万GW（ギガワット）発電能力の

増設が必要となることを挙げ、とくに「我々の政策的優先事項である再生可能エネルギー源」による補充の限界を強調しつつ原子力の将来へと誘っていく。そこで挙げられるのは、再生可能エネルギー生産の数値目標が達成できていないこと、水力・風力などは新立地選択に際し地域住民の抵抗を招いていること、発電の安定性に欠けること、そして何よりも価格が高いことの4点である。

ところで、「緑書」から化石燃料・再生可能エネルギー源と並び「不完全なエネルギー」あるいは石炭と並び「好ましからざるエネルギー」のレッテルを貼られた原子力の将来は、技術的性格の問題の解決にかかっている。なかでも、高濃度放射性廃棄物の処理、原発の新規建設の経済性[9]、東欧諸国の原子炉の安全確保、の3つの問題が、既存原子炉の安全確保ともども、EUにより解決可能か否かが、決定的な重要性をもつ。

まず、新原発の建設に関して、核融合はすべての実験が順調に進展したと仮定しても、その実用化は2050年以降の長期計画にとどまり、それに代わって米国で開発中の第4世代の核分裂炉が低コストと短い建設期間で高い経済効率を誇ると指摘される。次いで、最大の懸案である放射性廃棄物処理・保管については、2001年ニューヨークの国際貿易センタービルに対する「9.11テロ」の直後の10月に実施された世論調査の結果が紹介されている。「核廃棄物が安全に管理できるとすれば、原子力は今後ともEUの重要な選択肢たりうるか」の問いに対し、回答者の2/3が肯定的な回答を寄せた。少なくとも過半数が反対の意思表示をしたのは、オーストリア一国にとどまる。この結果に自信を得て廃棄物処理の技術的可能性を専門家の意見としてまとめていく。この問題は、EUの「第6回枠組み計画」においても最優先事項に指定され、とくに地層内への最終貯蔵の調査とテストが行われてきており、すでに専門家の間では「安全性に問題なし」とのお墨付きがでている。

結論は明快であり、廃棄物管理の安全性は問題とならず、新型原子炉が十分コスト的にペイしうる以上、今後予想される電力需要増に対応可能な競争力を十分に備えているというのである。この点でEU市民の理解をえるためにも情報公開をはかり、意思決定過程への参加をすすめるとともに、欧州委員会として廃棄物管理の指針となる立法化と財政支援の体制を整える方針が

提示されている。

その翌月発表された「緑書・最終報告」のなかで原子力については，ほぼ以上の主旨に沿って提案が行われる。放射性廃棄物の処理については，上記の通り莫大な財政支出のもと研究・開発に取り組み，安全性の確保を徹底し，それを前提にして原子力の利用をメンバー国の選択に委ねる方向を打ち出している。

ところで，既存の原子炉の安全性をめぐる論議は，この廃棄物処理にとどまらずソ連型の原子炉を保有する中東欧諸国の拡大EU加盟が政治日程にのぼるなかで，新たな対応を呼び起こした。そのためにEUは，2001年6月原発の有無にかかわりなく実験炉や燃料リサイクル施設を保有する候補国すべてに，廃棄物管理を含めた安全性の確保を政府の責任のもとに実施し報告するように要求した。2002年2月に候補国は「現状報告」を提出したが，スロバキア，リトアニア，ブルガリアの3国が運転停止に関するタイムスケジュールを公表していたことを再確認しておきたい。

以上のように，拡大EU諸国も含めて，現在のところ原子力利用には逆風が吹いている。エネルギーの安定供給と環境保全とを同時に達成できる切り札として，欧州委員会が再度選択肢にもちだした原子力拡充論が，すんなり閣僚理事会・欧州議会を通過し，広範な大衆に受け入れられるとは考えられない。第3章でも述べたように，ドイツの最終貯蔵候補地の岩塩坑ゴアレーベンの地質学的安全性が近年新たな角度から鋭く問題とされ，少なくとも3年間調査・試験が凍結された事実を想起するとき，最終処理の安全性に関する専門家の意見にしても楽観的にすぎ，鵜呑みにすることは許されないからである[10]。いずれにせよ，安全性の確保を前提に原子力利用の選択余地をメンバー国に委ねる，裏返せば，EU共通の原子力政策を放棄する欧州委員会のこの姿勢は，EUにおいて原子力問題がまさに分岐点にあることを強く印象づけている。そして，脱原子力の潮流を今後とも継続できるか否かに関する試金石となるのが，EUにおける環境問題の優等生，ドイツの原発の運転停止の成否である。最後に，2000年6月の連邦政府と電力供給会社の合意，あるいは翌2001年6月の正式な協定締結に従えば，運転停止の第1号機となるはずだった原発オプリヒハイムの行方を簡単に考察しよう。

1968年に商業用運転を開始したオプリヒハイム原発は，32年の耐用年限からすれば，計算上は2000年末が運転停止の期限となるが，脱原子力に関する合意が2000年6月までずれ込んだことから，2年間の猶予を与えられた。したがって，残余の発電許容量に到達する2002年末から2003年初頭にその運転は停止される予定であった。しかし，原発を所有する電力会社「エネルギー，バーデン・ヴュルテンベルク」の経営者G.ゴルは，連邦選挙前に連邦首相シュレーダーと交わした約束を引き合いに出し，ネッカーヴェストハイム2号原発から残余発電許容量の譲渡を条件にオプリヒハイムの運転期間を5年間延長する許可を申請した。通常，残余発電許容量を古い原発から新しい原発に譲渡する手続きは簡単だが，今回のように逆の場合には，連邦首相，連邦経済・技術相，連邦環境相からの特別な認可が必要となる。「緑の党」選出の連邦環境相トリティンが，この政治的密約を事前に知っていたのかどうかをめぐり，党内あるいは社会民主党との間でも激しい意見のやりとりがあったが，結局2002年10月14日に政治的合意が得られた。それに従えば，ネッカーヴェストハイム原発でなくフィリプスブルク1号機からオプリヒハイムに残余発電許容量のうち5.5兆kWhを譲渡すること，そのために2005年11月15日までの約2年間にわたり運転期限を延長することが決められた。それに対し「緑の党」は，この期限内の運転停止の履行を繰り返し強調しているが，オプリヒハイムのこの事例は，脱原子力政策が法・理念にすぎないのか実現可能なのかを占うための，まさに試金石である。いや，それだけではない。2002年2月の対話集会の標題，「エネルギー転換：脱原子力と気候保全」からも読みとれるように，広く国民の合意を得たエネルギー・環境政策の根幹にある問題だからでもある。その意味から，2番目に早く商業用運転を開始したシュターデ原発が，2003年11月をもって事実上商業用運転を停止され，同時にドイツにおける新規原発建設の放棄が高らかに宣言されたことは，明るい材料といえよう。

4.2.4 小　括

グラントらが政策効果の評価の手段としてあげた，あのウォーレンスの8指標に準拠しつつ，EUエネルギー政策の評価を試みてみよう。

第1に，欧州閣僚評議会の提案を受け，欧州委員会と閣僚理事会・欧州議会との意見交換を踏まえつつ，「緑書」を作成し，関係諸機関・団体に配布し社会各層の意見をくみ入れながら「白書」を経て指令・法へと練り上げる手続きを含めて，法・制度的枠組みは，時間を要し時には中身を薄められることがあったとしても，それなりに正常に機能している。いや，2004年5月発足の拡大EUに向けて原子力の安全基準の見直しなど，いっそうの充実が図られてきている。

　第2に，EUエネルギー政策の3大目標である「安定供給，省エネ・効率化，環境保全」の調和的追求に当たり，諸々の政策の効果をそぐ作用をもつ需要増加——とくに，運輸・交通部門と家庭・民生部門——に歯止めをかける「需要抑制」を中心戦略に据え，欧州だけでなく国際舞台でもEUとして主導的役割を担当することで，EU共通のエネルギー政策の基盤が明確化してきた。

　第3に，上記の基本目標の中核をなす省エネ・効率化と再生可能エネルギー拡充は，エネルギー消費量の増加のためもあって，これまでのところ環境負荷の低下や，エネルギー消費に占める比率拡大の点では，必ずしも予定の水準に達していない。しかし，数値目標を設定し，2，3年ごとの実績評価を実施し，「緑書・最終報告」におけるバイオ燃料増進策の例に見えるように，手段を練り直し，法制度・財政支援体制を整え，さらにメンバー国も重点領域を設定して努力しており，「EU環境政策は紙上の法律作成工場」と捉えて，理念と現実の乖離を一方的に強調することは許されない。

　第4に，エネルギー政策の中長期的戦略の中心に位置する脱原子力の方向は，欧州委員会内の「原子力エネルギー，廃棄物管理，輸送」部門から新たな挑戦を受けた。これはマコーミックのいう，EU対政府（利害当事者）に代わる部局間の対立の例と見ることも可能であろうが，エネルギーの安定供給と温暖化対策の要の手段として，EU市民の危惧する放射性廃棄物処理の安全性確保を前提としてではあれ，原子力が将来もちうる可能性に触れ，メンバー国に原子力利用の選択権を委ねる提言を行った。本文中でも触れたように，廃棄物の最終貯蔵には新たな問題が提起された事情を考慮するとき，この提言はいささか楽観的に過ぎる嫌いがある。ただ，脱原子力の旗振り国の

一つ，ドイツにおける原発運転停止第一号になるはずのオブリヒハイムは，2005年11月まで運転期限を延長されて，脱原子力の正否の分岐点にさしかかっているが，この廃棄物こそは，ワイツゼッカーのいう「現在の価格は生態系のコストを正確には反映していない」事例の最たるものであることを銘記すべきである．その意味からシュターデ原発の商業用運転の停止の意義は大きい．

　第5に，エネルギー・環境政策の結合，あるいはより広く環境をあらゆるEU政策に組み込むことを標榜する部門横断的政策は，ますます，その重要度をましてくる．拡大EU成立によるヒト，モノ，カネ，情報の流れの一層の活性化は，環境保全のための政策効果を相殺するエネルギー消費の大幅拡大をもたらすからだ．この問題を，グラントらのようにEUの本質を市場・通貨統合による経済成長・貿易拡大の促進と捉え，環境保全策はそれを妨げない範囲に抑えられるという具合に解釈するのか．それとも需要抑制も梃子に，経済と環境の新たな調和を達成できると考えるのか．これらの問いかけ自体，国際的な環境議論でリーダーシップを発揮するEU自体の対応が示すべき試金石ともなろう．とくに，EUはエネルギー政策の目標を「持続可能な発展」におき，貿易に際して一定の環境基準を設定するなど「経済と環境」の両立に果敢に挑戦してきており，もはや後戻りできないところまで来ているからである．

4.3　日本のエネルギー政策の現状

　日本のエネルギー政策については，第2章と第3章において2002年6月半ばまでの状況を概観していた．その概要は，以下に挙げると通りだが，本節ではそれ以降の1年間に生じた主要な変化を考察する．端的には，2つの新たな動きに注目した．一つは，我が国のエネルギー政策全般の特質に関わるもので，2002年6月に成立した「エネルギー政策基本法」にもとづいて2003年7月に発表された「エネルギー基本計画案」である．その概要の検討から今後10年程度の射程のもとに構想されたエネルギー政策の基本特質を明らかにし，2001年「今後のエネルギー政策について」（新見通し）との比較を

試みる。その際，比較の便を図るために項目立ては，前章のそれを踏襲している。もう一方は，2003年8月末に公表された「温暖化対策税制の具体的な制度の案（報告案）」である。これは2002年6月に発表された「温暖化対策税（中間報告）」を踏まえつつ，国民の議論を活発化する目的から作成されたものであり，その採否の判定は2004年度の「新大綱」の評価・見直しを待たねばならないが，京都議定書に盛り込まれた数値目標の達成のための具体的シナリオとなっている。

4.3.1 2002年6月に至るエネルギー政策

2002年6月までの日本のエネルギー政策の基本特質を，第2章と第3章の内容に即して5項目に分けて要約しておこう。

第1に，1997年の京都会議の成果を踏まえて翌年出された「長期エネルギー需給見通し」は，2001年7月「新見通し」によって微修正を施された。まず，エネルギー政策の基本目標を象徴する「3E（経済成長，環境保全，安定供給）」のうち経済成長がエネルギー効率に代替され，少なくとも基本目標に関する限り，EUと横並びになった。次に1990年代の不況期にもエネルギー起源の二酸化炭素排出量は大きく増加して，対1990年比で±0の水準に抑制することが困難だと判断され，追加措置が講ぜられた。とくに，近年エネルギー消費の伸びが顕著な民生・運輸交通部門を中心に需要サイドの省エネ・効率改善が重視され，環境負荷の低いエネルギー源による代替は補完策に位置づけられた。さらに，エネルギー・ミックスの点では，これまでの基本姿勢が踏襲され，原子力，天然ガス，新エネルギーを加えた内容になった。しかし，EUで倍増計画が進められる再生可能エネルギーの比率は低く（2010年の一次エネルギーの4.8％，電源の0.7％），むしろ市場自由化のもと廉価な石炭の使用増加による環境負荷の拡大，あるいはアジア諸国の経済成長の加速化に危惧を抱かせることで，原子力の拡充路線への誘導をはかる意図がかいま見える。最後に，二酸化炭素排出削減の要となる燃料転換，あるいはエネルギー消費の拡大が目立つ民生・運輸部門を中心に省エネ・効率化に弾みをつけるはずの「炭素税・環境税」の導入は今後の課題とされ，結局トップランナー機器の利用や自主努力待ちに終わっている。

第 4 章　2003 年日欧エネルギー・環境政策の現状　　　133

　第 2 に，2002 年 3 月新版の「地球温暖化対策推進大綱」が発表され，不況下の二酸化炭素排出増を踏まえつつ京都議定書の批准に向けた動きが本格化してきた。数値目標達成の方法として排出ガス +1.5%（二酸化炭素は ±0），森林吸収 −3.9%，京都メカニズム −1.6%，国民的努力・革新的技術 −2% に修正されたが，森林吸収と京都メカニズムが全体の 90% を占める点で何ら変化はなかった。ただ，数値目標達成のための施策の進捗状況を 2004 年と 2007 年に評価し，その結果を見据えつつ施策の修正と新措置の導入をはかるステップ・バイ・ステップ方式を定めたことは評価できるが，全体として具体性に欠け「6% 達成行うは難し」の評価を受けたのも当然である。まず，国民的努力・革新的技術開発に 1.8–2.0% と高い比率が割り振られたが，そのための手段に挙げられた 100 を超える努力項目にしても，環境心理学の実験例が教えるように，明確な経済インセンティブもなく実効性は期待薄だった。次に，部門別の割り振りでも，産業 (−7%)・民生 (−2%) が運輸 (+17%) をカバーするシナリオとなっており，「気候保全政策における問題児」の交通・運輸部門への対応の甘さが目につく。最後に，「森林吸収」は，それを条件に我が国が京都議定書の批准に踏み切った，いわく付きの項目だが，我が国が木材需要の大半を輸入に依存している事情を考慮するとき，自国の緑化を二酸化炭素削減のエースの地位に据える姿勢は，怠慢のそしりを免れまい。

　第 3 に，2002 年 5 月新エネルギーの促進策の一環として「新エネルギー特別措置法」が導入され，環境保全とエネルギー自給率の上昇のために，電力会社に一定比率の新エネルギー電力の購入義務化が行われた。これは EU を模範に仰いだ一定の前進と評価できるが，エネルギー需給に占める低い比率を別としても，大きな問題を残した。まず，「新エネルギー」は「再生可能エネルギー」と同義ではなく，化石燃料起源以外の廃棄物発電・熱利用が含まれており，廃棄物の削減という肝心な環境目標と矛盾している。次に，電力会社による購入のための届け出制では大口の廃棄物発電事業者が有利になる，その反面，小規模な分散型生産者は不利な状況に置かれる。この点は，ドイツが先鞭を付け EU 諸国に広く採用された，再生可能エネルギーから生産された電力を最寄りの電力会社が購入することを義務づけた「買取り法」のような法的裏付けがなく，電力会社側の選択権だけが強まるからである。財政

支援の削減も，それに追い打ちをかけている。最後に，新エネルギー発展の政策主体は相変わらず環境相，経済産業相，電気事業者から構成されて，小規模・分散型生産者や需要者の声は排除されており，我が国のエネルギー政策のテクノクラート型の意思決定を象徴している。

第4に，「環境税」の導入については，京都議定書の批准までは消極的な姿勢が目立っていたが，2002年6月「温暖化対策税(中間報告)」を境に現実性をもったものになってきた。2001年7月の「新見通し」では，炭素税導入が化石燃料内で環境負荷の小さい天然ガスへの過度の偏重を生む危惧にも言及しつつ，省エネ・効率化や新エネルギー拡充の後にくる「最後の選択肢」と位置づけられている。この結論は，EUの先例の検討に依拠しているだけに，価格効果と財政効果の双方からの政策効果の過小評価や経済への悪影響の強調には首肯しかねるところがある。この点は，2002年「新大綱」にも踏襲されるが，2002年6月「中間報告」では2004年度に実施予定の「新大綱」の評価・見直しに備えた具体的案が提示される。すなわち，化石燃料を対象とする炭素税を考え，課税方法として上流(輸入・生産)・下流(消費)・排出量の3時点とすることを骨子とする案となっている。

第5に，原子力政策は，ドイツ・ベルギーの脱原子力宣言や1998年JCO事故など内外の逆風にもかかわらず，温暖化対策を名目に発電過程で二酸化炭素を出さないクリーンなエネルギーとの性格を強調して，国際社会における日本の孤立感を回避することに躍起になっている。とくに，2002年3月「新大綱」は，これまでの基本方針を踏襲するだけでなく，「原発を増設しないケース」が環境(温暖化)と経済に与える影響を考察し，「そのようなケースは選択できない」と結論づけている。2010年までの増設予定数10–13基を断念した場合に発生する，追加的な二酸化炭素排出の削減費用は，経済成長率をゼロないしマイナスに追い込み，また家計にも莫大な支出を強いることになり，現実味に欠けるというのである。2つだけ問題点を挙げておく。

まず，この結論は，2000年6月脱原子力宣言をしたドイツ政府が，中期的には石炭・褐炭をはじめとする化石燃料に依拠したとしても，長期的には火力・再生可能エネルギーの拡充や省エネ・効率化政策によってソフトランディングできるとするシナリオとは相容れない。次に，ドイツ・EUでは，廃

棄物処理・貯蔵に伴う危険性と原発の耐用年限が大きな焦点となっており，無限とも言えるリスクとコストを「将来世代」に転嫁できないと判断している。「持続可能性」を標榜する以上，事故や事故隠しが頻発するなかで安全性の確保をうたい文句に据えるだけでは説得力に欠けよう。

ただ，あらかじめお断りしておくが，温暖化対策は「温暖化対策税」の名前を冠されている炭素税と併せて次の項で取り上げる。また，新エネルギーと原子力については，「基本計画」の概要を論じた後で，それぞれの項目をまとめて扱うことにする。

4.3.2　2003年7月「エネルギー基本計画（案）」

2003年7月資源エネルギー庁の発表した「エネルギー基本計画（案）」は，2002年6月に発効した「エネルギー政策基本法」の第12条に従って作成されており，政策目的，基本方針，国・地方公共団体・事業者・国民の役割分担と相互協力など多くの点でそれを踏襲しているので，基本法を一瞥することから始めよう[11]。

「基本法」の第1条は，エネルギー需給に関する基本方針，国と地方公共団体の責任の明確化，エネルギー需給に関する基本事項の策定を通じて，「エネルギー需給に関する施策を長期的・総合的かつ計画的に推進し，もって地域及び地球の環境の保全に寄与するとともに，我が国および世界の経済社会の持続的な発展に貢献する」ことを目的に掲げる。それに続き，第2-4条でエネルギー政策の基本指針として「安定供給の確保」，「環境への適合」，「市場原理の活用」を挙げており，多少表現こそ違え，これまでの基本目標と大差ない。しかし，これら3基本指針は，低価格だが環境負荷の高い石炭の大量利用に象徴されるように，しばしば相矛盾する性格をもち，施策の総合的な策定・実施が不可欠になり，それが第5条の国の責任ということになる。この点でドイツとの違いはない。

しかし，近年エネルギー消費の顕著な伸びを経験しているのが家庭・運輸部門で，また分権化の時代にあって基本方針の追求のためには関連する主体の協力が不可欠であり，それが第6-9条の内容をなす。この場では，2点に注目したい。一方は，第6条の地方公共団体の責務の文脈で地域の実情に応

じた施策の策定・実施が謳われて，1997年 EU「将来のエネルギー：白書」に挙げられた地域開発の手段として再生可能エネルギー支援策をほうふつとさせることである。他方は，国民の努力に関してエネルギー使用の合理化と並び「新エネルギーの活用に努める」の表現が登場したことである。環境負荷の小さい再生可能エネルギーの利用に注意を喚起したこの文言が，「基本計画」のなかで実際にどのように扱われているかについては，下で検討する。

　それに続く，第10条「法制上の措置等」は，政府がエネルギー需給に関する施策を実施するための法制的，財政的，金融的な措置を講ずる義務を，そして第11条「国会に対する報告」は毎年のエネルギー需給に関して講じた施策の概況の報告義務を，それぞれ謳っている。その後に，「政府は，エネルギー需給に関する施策の長期的・総合的な推進を図るため『エネルギー計画』を定めなければならない」と定めた第12条「エネルギー基本計画」がくる。この第12条は，基本計画の網羅すべき事項，その原案作成の手続き，その見直し，その実施費用の予算計上などを含む最も詳細な内容となっているが，後の「基本計画(案)」を検討する際重要と思える2つの論点を紹介しておきたい。一方は，「基本計画案」の作成を担当するのは経済産業大臣で，その協議者は関係行政機関の長と総合資源エネルギー調査会に限られており，ドイツにおける「エネルギー対話2000」と違って市民・環境団体の関わる余地はないことである。他方は，「基本計画」の見直しに関係しており，エネルギー情勢の変化や施策と政策効果に関する評価を踏まえ政府は「少なくとも3年ごとに検討し，必要であれば変更する」と，定期的な評価・見直しが謳われていることである。その他，第13条で「国際協力の推進」が，第14条で「エネルギーに関する知識の普及等」が定められていることを確認して，「基本計画(案)」の検討に移ろう。

　この「基本計画(案)」の章・節別の編成と要旨については，表4-5にまとめているので，それに沿って内容を簡単に見ておこう。

　まず，「はじめに」では，国民生活と国民経済の維持・発展に必要なエネルギー需給に関する長期的・総合的な施策の策定・施行が不可欠であり，前述の「基本法」に沿ってこの「基本計画(案)」が作成されたことの確認から始める。そして，およそ10年程度を見通した施策案ではあるが，エネルギー情

勢の変化や施策効果に関する評価を踏まえて，少なくとも3年ごとに計画に検討・変更が加えられるとした「基本法」の原則が確認される。この場では，長期展望を謳いながらも，ドイツの脱原子力に代表されるエネルギー転換にとって不可欠な30年程度の長期的射程を持っていないこと，換言すれば，現行のエネルギー政策の微調整がはじめから含意されていることに，注意を促したい。

　第1章では，「基本法」で掲げられた3大基本指針に関わる現状認識を挙げつつ主要な施策に論究されており，また相互に対立する政策目標の調和――「経済と環境の統合」――が扱われているが，明らかに2001年7月「新見通し」の延長線上にある。「安定供給の確保」では，アジア経済の成長に伴うエネルギー需要の急増と石油に関する高い中東依存のなかでの4施策が挙げられているが，この場では，エネルギー源の多様化の文脈で，新エネルギーと並んで相変わらず「準国産エネルギーである原子力」の表現が登場し，原子力拡充の既定方針の踏襲を窺わせている点を指摘しておきたい。

　「環境への適合」では，硫黄酸化物・窒素酸化物の削減が政府の規制措置と事業者の自主行動のかいもあって成功したものの，エネルギー起源の二酸化炭素がその90％を占める温室効果ガスの削減を達成するためには，省エネ，非化石エネルギーの利用，化石燃料のクリーン化が強力に推進されねばならない。ここで目を引くのは，二酸化炭素排出の少ない天然ガスへの過度の依存が価格上昇など安定供給や経済性の攪乱要因になりかねないと危惧を表明していた，あのガス体エネルギーへの転換が施策の一つに挙げられていること，および非化石燃料として再生可能エネルギーと並び原子力も挙げられていることである。それに続く「市場原理の活用」では，国際的なエネルギー市場の規制緩和の波と日本の電力・ガス市場の自由化の動きを踏まえつつ，政府の主要な関与領域としてインフラ整備，エネルギー供給国との交渉，環境負荷は高いが低価格のエネルギー利用拡大への干渉が挙げられている。

　第2章「長期的・総合的かつ計画的に講ずべき施策」では，エネルギー需給の基本的枠組み，基本方針の実現のために必要な需要・供給両面の施策，エネルギーごとの特性に配慮した最適なエネルギー・ミックスのあり方，長期的展望を踏まえた需給構造など，基本計画の根幹が最大の紙数を使って考

表 4–5　2003 年 7 月「エネルギー基本計画（案）」の概要

章	節	主要な内容
はじめに		①「エネ政策基本法」に則り，基本方針（安定供給，環境保全，市場原理の活用）を踏まえた施策 ②エネ政策基本法の第12条による「基本計画」策定：10年程度を見通す施策，最低3年毎の検討・変更
1. エネルギー需給に関する施策についての基本的な方針	1.1 安定供給の確保	アジアの成長に伴うエネ需要増加と石油の高い中東依存 ①省エネ，②国産エネ供給源の多様化，③備蓄の確保，④省エネ輸入エネ，②国産エネなど比エネ源の多様化，③非化石エネの利用と石エネ源への転換，③化石燃料のクリーン化と効率的利用
	1.2 環境への適合	
	1.3 市場原理の活用	①エネ市場の自由化と日本の規制緩和，②市場原理と国の適切な関与（基本指針の調和）
2. 長期的・総合的かつ計画的に講ずべき施策	2.1 エネ需給に関する施策の基本的枠組み	①特異な財としてのエネ：様々な主体による「適切なエネ需給構造の構築に向けた取組」の必要
	2.2 エネ需要政策の推進	②最適なエネ・ミックスの確保，エネ言語面との課題の克服と優位性の強化 ①省エネ：エネ消費の伸び比率の高い民生・運輸部門（トップランナー，住宅・建築物，自動車燃税のグリーン化），産業部門（省エネ，成長の両立達成，経団連自主行動），国民意識高揚のための取組 ②負荷平準化：電力需要の季節，昼夜格差の調整，蓄電技術など機器開発・普及 ③原子力：「安全政策における原子力の大前提に基幹電力として推進」
	2.3 多様なエネの開発・導入	1. エネ政策における原子力の位置づけ：燃料の地域的分散，燃料の長期利用，環境負荷の低さ 2. 原子力発電の安全性の確保に向けた取組：平成14年度の不正問題の再発防止 3. 原子力発電に対して国民の理解を得るための取組：情報公開，広聴，広報活動，立地との共生 4. 核燃料サイクルの確立に向けた取組など：プルサーマル，放射性廃棄物の最終処分 5. 電力小売り自由化と原子力発電，核燃料サイクル推進との両立のあり方：初期投資大で回収期間の長い原発につき，バックエンド事業や投資リスクにおける国と企業の協力 ②新エネ：功罪相半ば「当面は，補完的なエネ源」「長期的にはエネ源の一翼」

第4章 2003年日欧エネルギー・環境政策の現状

2.4	石油の安定供給の確保に向けた取組	1. 技術開発・実用段階における支援：燃料電池の戦略技術性 2. 導入促進：負担軽減策,「新エネ特別措置法」の成果と課題の検証,公共部門への率先導入 3. ハード・ソフト両面の環境整備と関係行政機関による連携：出力の不安定,廃棄物発電・熱利用 ③ ガス体エネ：中東以外に広く分布,環境負荷も低い ① 天然ガスの円滑化：国内インフラの整備,海外資源開発・関係強化 ② 需要拡大のための方策：都市ガス(電熱連結,燃料電池),調達の円滑化(GTL, DME) ④ 石炭：広範に分布する廉価な燃料,環境負荷が高くクリーン技術の開発・普及 ⑤ 水力・地熱：水源の奥地化,コスト上昇と環境破壊の危険,地熱は経済性の向上 ① 実効的な石油備蓄の実施：緊急時のIEAとの協調,アジア諸国の備蓄の運営と地域協力 ② 総合的な資源戦略の展開：供給源の分散化,自主開発の重要性 ③ 石油産業の強靭な経営基盤の構築：上流分野への参画,GTL・DMEなど技術開発への参入
2.5	電力事業制度・ガス事業制度のあり方	① 電気事業：発・送電一貫体制で電力供給を行う「一般電気事業者」を中心に安定供給,平成19年度を目処にした小売り完全自由化 ② ガス事業：広域流通の円滑化
2.6	エネ需給構造についての長期的な展望を踏まえた取組	① 将来の日本のエネ需給構造を見渡した長期展望を踏まえた取組：少子高齢化,エネ生産・流通・貯蔵技術の進展,経済社会環境の変化を睨んだ10-30年の長期視野 ② 分散型エネシステム構築に向けた取組：電力・都市ガス供給の大規模集中型と分散型エネシステムの功罪をわきまえ共存の道を探る ③ 水素エネ社会の実現に向けた取組：定置型の燃料電池と燃料電池自動車の開発
3.1	エネ技術開発の意義と特徴	① エネ技術開発の意義：安定供給,環境(省エネの海外移転,京都メカニズム),コスト低減(新エネの競争力,実用化),経済活性化 ② エネ技術開発の特徴：新エネの初期段階での支援
3.2	重点的に研究開発するための施策を講ずべきエネに関する技術並びに当該技術に関する施策	① 原子力：基幹電源としての安全関係,新エネ・省エネ評価関係,軽水炉関係 ② 電力,ガスタービンの効率化,燃料リサイクル,系統電力と分散型電力の調和とした低コスト・貯蔵 ③ 新エネ：技術開発と導入支援の有機的な連携,水素・燃料電池 ④ 省エネ：分野横断的・融合的な分野
3. エネ需給に関する施策を長期的,総合的かつ計画的に推進するための施策及び研究開発のための施策を講ずべきエネに関する技術並びにその他の施策		

章	節	主 要 な 内 容
		⑤ 石油：環境負荷の少ない新たな石油燃料 ⑥ ガス体エネ：GTL，DME の製造コスト低減，利用機器の開発 ⑦ 石炭：クリーンコール技術，石炭ガス化 ⑧ 長期的視野に立ち取り組むことが必要な研究開発課題：核融合，宇宙太陽光利用 ⑨ 人材育成
4. エネ需給に関する施策を長期的，総合的かつ計画的に推進するために必要な事項	4.1 情報公開の推進，知識の普及	国民に対する知識普及とエネ教育の徹底
	4.2 地方公共団体，事業者，非営利組織の役割分担，国民の努力など	① 地方公共団体：国の施策への協力，地域独自の取組 ② 事業者：本計画の方向を踏まえた行動（自主性・創造性），国・地方公共団体の施策への協力 ③ 非営利組織：国の取組の補完と国民生活への意識浸透，計画の方向に沿った自主行動，国の支援 ④ 国民：合理化，新エネの活用，エネ需給への関心「それらの構築への参画」
	4.3 国際協力の推進	相互協力：関係主体相互のエネ割理解と協力 高い輸入依存：国際的エネ機関や環境保全機関との協力，産油・ガス国やアジアとの協力
	4.4 今後の検討課題	① 高度成長期を終えた日本の課題：安定成長とは異なるパラダイム，供給充足に加え需要者の選択 ② 国民のエネ需給・政策に対する問題関心の高揚と「その構築・実施への積極的参画」 ③ 将来世代を配慮した持続可能性の考慮

察されている。このうち表4-5の「多様なエネルギーの開発・導入」のなかの原子力と新エネルギーは，別途に取り上げることにする。

　この「計画案」では「基本法」の趣旨に沿ってエネルギー需給に関する施策の基本枠組みが，国・地方公共団体・事業者・国民の的確な理解をえ，「各々の責務や努力を通じて，適切なエネルギー需給構造の構築に向けて取り組むことが不可欠である」と表現されている。

　では，いったい「適切なエネルギー需給構造」とはどういった内容なのか，そしてそれはいったい誰が判断するのか。既述のように，「基本法」に従えば，基本計画案の作成に直接関われるのは，経済産業大臣，関係行政機関の長および総合資源エネルギー調査会の構成員に過ぎないのであり，結局，お上の決めた政策を国民は唯々諾々として受け入れることになるのだろうか。しかし，「基本計画(案)」から判断する限り，そうとは言い切れないようである。今回は，これまでの関連主体に加えて「非営利組織の役割」が登場して，国際的な広がりを持つ多数の環境団体も含めた非政府組織の重要性が指摘されている。それと同時に，国民の努力としてエネルギー需給や政策のあり方に関する関心を高め，「それらの構築に参画するとともに，国民合意のもとに方向づけられたエネルギー政策の実施」が望ましい姿として描かれている。これは，「基本計画(案)」に関する公聴会が事後的にアリバイ作りの一齣として開催される仕方とは，大きく異なっている。しかも，「今後の検討課題」となると，人口構造の変化と安定成長とは異なるパラダイムでの政策形成を展望しつつ，さらに一歩進んだ表現が与えられている。高度経済成長期のエネルギー分野の基本政策が，伸び続ける需要に対して「いかに供給を満たすかという視点から」構築されていたとすれば，今後「そうした視点とともに，需要者側においても自立的にエネルギー源を選択するなど，より自己実現を図ることができる新たなエネルギー社会を構築していく」必要があるというのだ。あるいは，「こうした経済社会環境の変化(高度経済成長の終焉)を踏まえ，国民一人一人がこの社会をどのような社会にしたいかを思い描きつつ，その需給や政策のあり方を不断に検証していく必要がある」と。

　国民の参画と合意のもとのエネルギー政策形成，あるいは需要者の選択可能な新たなエネルギー社会の構築が，「基本計画(案)」に盛り込まれたこと自

体，従来のトップダウン型の意思決定からの脱却を目指す第一歩として評価すべきやもしれない。しかし，既に低成長経済に入った我が国で，しかもエネルギー消費の伸びも顕著で温暖化に共同責任を負うべき——そして，税制上の軽減措置と相まって低排出車の広範な利用に象徴されるように，高い環境意識をもった——国民に参画の機会を与えないのはなぜか。とくに，需要に見合った供給という無限の膨張傾向を示す米国流の政策に留まらず，以下に見るように，冒頭の需要サイドの取り組みに省エネ・効率化を挙げてEUのエネルギー政策の基調に通底する方向をもかいま見せており，しかも脱原子力をはじめ我が国のエネルギー政策が大きな分岐点にさしかかっているからこそ，一段とその感を強くする。

　表4-5の「需要対策の推進」では，政策を通じて効率的なエネルギー利用に誘導する視点が前面に押し出される。この文脈では，電力需要の季節・昼夜間の落差を平準化するための蓄電・蓄熱技術など「負荷平準化策」と並び省エネ対策の徹底が，これまで以上につよく叫ばれる。なかでも，エネルギー消費の伸びの著しい民生・運輸部門を中心に対策の強化が図られている。民生部門では，トップランナー機器の推奨，ラベリング制度の拡充，省エネ効果の大きい住宅・建設対策の推進，専門的な省エネ・サービス事業の公的部門への率先的導入が，運輸部門では今日反響の大きな自動車税のグリーン化やハイブリッド・アイドリングストップ車の普及，交通・物流の効率化などが挙げられている。しかし，増加傾向にあるエネルギー需要の抑制策の一環としての炭素税には触れられてもいない。この点は，比較的優等生の産業部門につき，従来の省エネ技術開発・投資や経団連環境自主行動計画が繰り返された後で，国民への省エネ意識の啓発活動や工場排熱のビル・住宅利用など部門横断的な対策の重要性がうたわれているだけに，物足りなさを禁じ得ない。

　「多様なエネルギーの開発・導入」では，各エネルギー源が3大基本指針の観点からみて優位性や課題が異なることから，5項目に分けて細かに論じられており，この手法は第3章の「重点的な研究開発のための施策を講ずべき技術」でも採用される。この場で指摘したいのは，後述の原子力の論述が厚いこと，ガス体エネルギーが中東以外にも広く賦存し，かつまた環境負荷も

低いため，これまで以上に積極的に流通・調達の円滑化と普及がはかられていることである。

「石油の安定供給の確保等に向けた取組」では，石油危機以降の代替燃料への移行の推進にもかかわらず，2000年度に石油は一次エネルギーの50%程度(電源の12%)と重要な地位を占めている。したがって，今後とも不可欠なエネルギー源であり続けるが，中東への原油供給の依存が高いため供給構造は脆弱であり，その克服には一連の施策が必要となる。安定供給確保のための石油備蓄の実施，総合的な資源戦略として供給源の分散化とイラク戦争後に物議を醸した自主開発，石油精製・販売や自主開発を担当できる強靱な経営基盤の構築の3施策が挙げられている。

「電気・ガス事業制度のあり方」では，これまでの小売り自由化とそれを支えるための法制度・技術的施策が挙げられているが，この場で強調しておきたいのは，発電・送電一貫体制を基礎にした電気の安定供給策が帰着する行方である。「基本計画(案)」は，「発電から送配電まで一貫した体制で行う『一般電気事業者』を中心に安定供給をはかる」と述べているように，1995年電力事業法の一部改正以来順次進められてきた小売り自由化にもかかわらず，基本的には，系統(電線)を所有する旧10電力会社を軸に施策が組み立てられている。巨大プロジェクトとしてEUでは運転停止や新規利用の停止が叫ばれる後述の原子力政策の推進も，結局のところマクガヴァンからは「過去の時代の名残」と表現された，あの地域独占の堅持につながることになる。筆者は，エネルギー政策において自由化が万能と考えているわけではないが，放射性廃棄物処理・保管や運転の安全性確保を始め「持続可能性」に関わる重大な環境負荷が論議されるなかで，需要者には選択の余地がなく，一般電気事業者の供給するエネルギーを利用せざるを得ないこと自体が問題なのである。後述の通り，莫大な財政支出のもと技術研究・開発から立地選定まで丸抱えされて初めて成り立つ事業が，果たして「市場の活用」の原則に見合った投資効果があるといえるのだろうか。

最後の「長期的展望を踏まえた取組」では，少子・高齢化，ライフスタイルの変化やエネルギー生産・流通・貯蔵技術の格段の進歩に象徴されるような，経済社会環境の根底的変化を睨んだ，10–30年といった長期的視野から

のエネルギー需給構造について2つの側面から論じている。一方は，小規模分散型のエネルギーシステムの普及であり，コスト・リスク面で既存の大規模な集中型のシステムと相互補完関係に立ちながら共存する姿が想定される。他方は，水素エネルギー社会の実現に向けた研究技術開発の推進である。この点にも，我が国のエネルギー政策における技術依存型の体質が現れている。

4.3.3 原子力政策——飽くなき追究——

東京電力が，原発の安全性を無視した事故・損傷隠しに走り，その後夏場の需給逼迫を逆手にとって補修・交換もそこそこに，運転再開に踏み切ったことは記憶に新しい。これは，JCOの臨界事故やEUの脱原子力の潮流など内外からの逆風と相まって，原子力政策の見直しにつながったのだろうか。結論から言えば，石油代替エネルギーの中核に原子力を位置づける姿勢は，いっこうに変わらない[12]。

「基本計画(案)」は，多様なエネルギー源をそれぞれの特性を活かしながら開発・導入を図ることをうたい，原子力については，「安定供給に資するほか，地球温暖化面で優れた特性を有するエネルギーであるため，原子力発電および核燃料サイクルは，安全性の確保を大前提に基幹電力として推進する」と述べている。すなわち，原子力は，エネルギー密度が高く備蓄も容易であること，燃料装塡後1年程度は交換が不要であること，ウラン燃料は政情の安定した諸国に分散していること，使用済み燃料の再処理で資源燃料として再利用可能なこと，発電過程で二酸化炭素を排出しないこと，と基本方針すべてをクリアする優れた特性をもっている。

もちろん，大きな問題がある。2003年度の原発の不祥事にみられる運転の安全性確保については，再発防止のために政府の法改正と実効的な安全規制の導入が，そして事業サイドでは，安全性確保の実効的確立と立地地域への安全性の浸透努力が，相も変わらずお題目として繰り返されている。加えて，放射性廃棄物の処理・保管のための技術的取り組みも，プルトニウムの軽水炉における再利用を意味するプルサーマル，高レベル放射性廃棄物の中間・最終貯蔵施設の確保などが言及される。

さらに，安全確保と経済性の両立の達成が，政府の積極的な事業者支援を

通じて図られている。すなわち，原発の特性として初期投資額が大きく，その分投資回収期間が長いため，事業者は新規投資に慎重になりがちである。とくに，使用済み燃料の再処理，回収プルトニウムの再加工，廃棄物処理などバックエンド事業は投資リスクが大きく，国と企業の投資リスク分担が，コスト構造や原発の収益性分析・評価に基づき検討される。いや，それだけではない，発電・送電・小売りの一体的な実施を標榜しつつ旧地域独占の10電力会社を優先的に支援し，出力の安定に欠ける再生可能エネルギーには不向きな形で原子力をベース電源に据え，需要低下期にも原発からの優先給電を認める「優先給電指令制度」を敷くなど，技術的・法制的にも全面的にバックアップする体制をとっている[13]。

それ以外に，国民の理解を得るために「事業者はもとより，国が前面に出て説明責任を果たし」，立地住民との共生をはかるために情報公開を行い，住民の声を聴く体制を整えるというのである。そのために，政府の支出する予算は莫大な金額にのぼっている。2002年12月「原子力関係政府予算案の概要」（経済産業省）に盛り込まれた金額は，前年比2.6%増の1,720億円に達している。その内訳は，安全対策の抜本的拡充に316億（18.4%），立地地域の振興策他が988億（57.4%），核燃料サイクルとバックエンド対策の推進に150億（8.7%）となっており，「市場の活用」という基本方針からはほど遠い丸抱えの様相を呈している。

しかも，政府による予算措置は，それに留まらない。2003年度「新大綱」の予算総額1兆3,200億円の振り分けは，多い順に，森林による「二酸化炭素吸収」に関わる森林環境保全が約3,900億（29.5%），原子力推進対策が約3,200億（24.2%），廃棄物処理施設・非エネルギー起源の二酸化炭素・メタンなどの対策が約2,000億（15.2%），環境負荷の小さい交通体系構築のための対策が約1,260億（9.5%），新エネルギー対策に1,220億（9.2%）となっている。したがって，原子力対策には，「新大綱」において数値目標達成のための切り札として提示された，エネルギー消費の伸びが最も顕著な運輸・交通部門を対象にした省エネと，新エネルギーとの合計をはるかに上回る予算が充当されている。前にも述べたように「135万kWhの発電能力を持つ火力発電所1基を原発に代替するだけで0.8%の二酸化炭素排出量の削減になる」

との提言を忠実に汲み取ったかのような予算措置が講じられている。とくに，これまでの日本政府が提示した温室効果ガス6%削減のためのシナリオにおいて，二酸化炭素排出は対1990年比でマイナスでなく±0の水準への抑制が目標に据えられていて，後述の「温暖化対策税」やトップランナー機器の利用推奨などを除けば，真剣な取り組みに欠けているからである。この場では，2000年に対1990年比で大幅な二酸化炭素排出の増加を経験した，合衆国，フランス，日本を名指しにして，「原発大国ほど二酸化炭素排出削減に不熱心だ」と述べた，ドイツ「緑の党」選出の連邦環境大臣トリティンの適切な指摘に注意を喚起しておきたい[14]。

4.3.4 新エネルギー——制度化の遅れ——

2002年「新大綱」において新エネルギーが，省エネ・効率化と並ぶ二酸化炭素排出削減策と見なされ，そして「基本法」第8条「国民の努力」においても「新エネルギーの活用」が推奨されて，その重要性が認められていたことは，先に触れた。新エネルギーの重要性が強調されるのは，エネルギー自給率の向上，環境負荷低減への寄与，および分散型エネルギー・システム構築の基盤の提供といった具合に，2大基本指針に合致した可能性を秘めているからである。それだからといって，新エネルギーがエネルギー政策の焦点に据えられるわけではなく，上でも述べたように原子力に比して財政支援でも大きく水をあけられている。その理由は，出力の不安定性やコスト高など技術開発により克服をはかるべき多くの課題を抱えていると見なされているからに他ならない。したがって，当面はあくまで「補完的なエネルギー」と位置づけ，技術的問題の解決をまって「エネルギー源の一翼」をなすと位置づけられる。

こうした状況のもとでは，研究開発から導入のためには様々な支援策が不可欠だという。法制度の点では，2002年5月「新エネルギー特別措置法」の成果と課題の検証の必要が挙げられているが，その難点は前章でも述べたので反復は避ける。導入段階における財政支援を通じて負担の軽減が図られるが，ここでは原子力とは正反対に市場原理の活用が標榜される。すなわち，公共部門や地方公共団体の地域開発による初期需要の創出や国民の啓発を通

第4章　2003年日欧エネルギー・環境政策の現状　　　147

じて，量産効果と将来のエネルギー価格の低下を期待するというのである。
EU もその太陽光発電パネル導入促進のために範をとった日本における財政
支援の変化を見てみよう。1997年 EU「白書」によれば，パネル設置費用の
1/3 の補助という日本の支援で十分だと判断している。しかし，海外に模範例
を提供したこの財政支援も市場原理の活用が標榜された 2003 年度には，大き
く切りつめられた。2003 年 4 月の新エネルギー財団「平成15年度住宅用太
陽光発電促進事業」の概要に従えば，補助金額は 1 kW 当たり 9 万円で上限
は 10 kW と決められており，1997 年時点で 1 kW 当たり 27–30 万円だった
事情を考慮するとき，1/3 への減少といえる。もちろん，「基本法」第 6 条も
謳っているように，いくつかの地方公共団体は独自の財政支援策を用意して
いる。例えば，九州地方の地方公共団体のうち同助成を実施しているものは
13 (鹿児島 5, 熊本 3, 大分・福岡 2, 長崎 1)箇所で，そのうち 11 自治体は
新エネルギー財団からの補助への上乗せとの条件を付けており，金額に多少
のバラツキはあれ，総額 10–13.5 万円が大半で，国の意向に沿った金額に
なっている。2003 年度からこの制度を導入した福岡市は 1 件当たり 10 万円
で 10 件，合計 100 万円分の補助を行ったが，この金額は人工島の庭石・ケ
ヤキ問題をめぐり物議を醸したケヤキ 1 本分の価格に過ぎない。募集開始後
わずか 2 週間で 10 件に達し，市民の環境問題への関心の高さを印象づけるこ
とになった。したがって，自治体の補助も大半は，環境への優しさをアピー
ルするためのアリバイ作りとの誹りを免れまい。

　新エネルギーの相対的コスト高に関する主張については，次の 2 点を再度
指摘しておきたい。原子力の発電コストが，現在新エネルギーより低いとす
れば，それは研究開発から立地決定やバックエンド事業まで莫大な財政支援
に支えられてきた結果に他ならない。ここには市場が原発を選択するという
論理は成り立たない。もう一つは，グリーン税制改革の提唱者の一人ワイツ
ゼッカーが強調するように，「現在の価格は生態系のコストを正確には反映し
ていない」ことである[15]。放射性廃棄物の最終処理・保管から原発本体の解
体・遮蔽までに正確にどれほどの費用がかかるのか不明である。これらを加
味して考えるとき，果たして新エネルギーの相対的な高コストを主張するこ
とができるのであろうか。この文脈では，風力発電より石炭に対する財政支

援が高額なことを指摘した，既述のドイツ連邦環境相トリティンの言葉を想起すべきであろう。この2つの問題点をクリアしつつ，新エネルギーと伝統的エネルギー・原子力の対等の競争条件を創出することこそ，エネルギー政策の眼目とさるべきであり，それは決して旧「地域独占」の堅持などではありえまい。

ところで，「基本計画(案)」では，これまで以上に燃料電池の重要性がクローズアップされている。すなわち，定置型の燃料電池，燃料電池車の開発，あるいはパソコン・携帯電話の端末への応用可能性など戦略技術に位置づけられているからだ。廃棄物発電・熱やガス体燃料を除けば，新エネルギー支援が生ぬるい印象をうけるなか，燃料電池には厚い期待が寄せられている。この点にも，「環境への適合」の大半を技術の問題と考えるテクノクラート的な政治スタイルが現れているといえよう。

4.3.5 温暖化対策税の具体化に向けて——一歩前進？——

我が国が，1997年12月の京都会議の開催国として，森林吸収分を数値目標の削減に含めることを条件にして最終的に議定書の批准に踏み切り，温暖化対策における合衆国寄りの姿勢を改めたことは，すでに述べた。また，それに備える意味もあって，2002年3月発表の「新大綱」では，その間の二酸化炭素排出量の増加傾向も考慮して，省エネ・効率化と新エネルギー拡充を軸にし，消費の伸びの顕著な民生・運輸部門の排出削減を推進する方向を打ち出したこと，しかし国民的努力・革新的技術開発に2%削減の数値を割り振るのは現実味に欠けること，の2点にも触れた。それと同時に，この「新大綱」は，2004年と2007年に実施される既存施策の評価・見直しを踏まえつつ，施策の強化と新たな措置の導入を図るステップ・バイ・ステップ方式を採用して，京都議定書締結後の数値目標の段階的達成のシナリオに即応可能な姿勢をとっている。そして，「いわゆる『環境税』の導入も含めた環境問題に対する税制面での対応については，国民に広く負担を求めるだけに，国民の理解と協力を得て，今後積極的に検討を進めていくことが望ましい」と述べていた。そして，この総括自体，2002年2月に国勢モニター550名に対して実施された「温暖化対策税としての環境税について」と題するアンケー

ト調査結果に基づいている。すなわち，どちらかと言えば，導入に賛成を含め肯定的回答は75％弱と否定的回答の17％を大きく上回っていたからだ。

こうした動きのなか，2001年10月設置の地球温暖化対策税制専門委員会は，2002年6月「我が国における温暖化対策税制について（中間報告）」を発表し，第1ステップでは既存税のグリーン化を実施し，そして第2ステップの早い段階での温暖化対策税の導入に向けた検討をすすめることを確認し，準備作業として3種類の「炭素税」の課税方式案を提示していた。その後，2003年2月環境大臣から，税制に関して国民的議論が必要であり，2004年「大綱」の評価・見直しを待たずに，叩き台となる具体案をとりまとめるように要請があり，それに応える形で「現時点で最も望ましいと考えられる制度の案」として提示されたのが2003年8月の案である。以下では，第1ステップの一環をなす2002年12月のいわゆる「石油石炭税」を一瞥し，それに続き2003年8月「具体的な制度の案」を考察する。

2002年11月政府税制調査会は「平成15年度における税制改革についての答申」を発表し，特定財源が資源の適正配分を歪め財政の硬直化を招く恐れがあるとして，揮発油税など道路特定財源の一般財源化を含め見直しを進め，同時にエネルギー政策に充当される石油税などの特定財源は，「汚染者負担」原則に則った環境問題への対応を始め，その使途を吟味した上でそのあり方を検討する方針を明らかにした。それを受けて同年12月「平成15年度における既存関連税制の見直しについて」が発表された。それは「石油石炭税」と総称されるように，これまで免税対象にされてきた石炭への課税と液化石油ガスLPG・液化天然ガスLNGの税率の漸次強化を内容としており，鉄鋼・セメント製造用の石炭・コークスなど若干の特別措置こそあれ，2年ごとの税率強化を盛り込みつつエネルギー税に先鞭をつけたものとして，ドイツのエコ税を想起させるところがある。

2003年8月「具体的な制度の案」は，「国民による検討・議論のための提案」を標榜しつつ議論の活性化を狙いとしていただけに，平易な表現を使ってきめ細かな説明を行っている。以下，簡単にその内容を紹介し検討を加えていくが，そのまえに全体を通観しての印象を述べておきたい。

2002年6月「中間報告」までの環境税に対する否定的評価——環境改善効

果が乏しいこと，経済・雇用への影響が大きく深刻なこと——から，その論調が一転して肯定的評価に変わったことである。従来の評価が，経済モデル分析を基礎に行われていたことを想起するとき，結局のところ環境政策は，「ミクロ経済学のお伽の国」とブレッサーズから表現された経済学固有の対象ではなく，より広くポリティカルエコノミーの対象であることを印象づけたとも言えよう[16]。また，後述の低税率と温暖化対策への目的税化は，高齢化・少子化と経済不況のもと，ただでさえ国民の間に共有される重税感に配慮しつつ，京都議定書の数値目標の達成に向けた社会階層の合意をえる狙いをもっている。これまで経団連は，「環境自主行動計画」を実施して省エネ・効率改善に高い成果を上げてきており，環境税導入には一貫して反対の立場をとってきていた。他方，国民の温暖化対策への取り組みの意識も高まっていた。先述の2002年2月の国勢モニターに対するアンケート調査の結果によれば，税率についてはガソリン1ℓ当たり2円が44%であったのに対し10円では26%，同じく電気1kW当たりの税率としても0.3–1円が68%の支持を集めている。また，税収の使途としても温暖化対策(省エネ・再生可能エネルギーの支援など)が78%と，二重の配当論に基づくドイツ流の所得税・法人税減税の5%に大きく水をあけていたからだ。

今回の案の1.「地球温暖化対策の現状についての認識，これに照らした温暖化対策税の特徴」では，経済不況下にある我が国における温室効果ガスの増加傾向に触れつつ，温暖化対策税の特徴とその導入が排出削減をもたらす仕組みに言及する。2000年時点で温室効果ガス排出量は対1990年比で8%の増加になっており，数値目標の6%削減の達成が，これまで通りの施策によっては困難であるとの認識が提示されるが，この6%削減が最終目標ではなく，長期にわたり大幅削減が不可欠であることを指摘した点は重要である。とくに，気候変動枠組み条約の目的は，人類の健康・財産(と生態系)に被害がでない範囲に変動を抑えることにあるわけで，長期的取り組みが不可欠だからだ。その際，注記では排出量を産業革命前の100%増の水準に抑えるためにも21世紀末には排出を半減させる必要があることを強調しているが，この数値が条約の目的に適うのか否か知る術べもない。『地球白書2000–01年』が「スーパープロブレムの可能性」とうたって警告を発しているように，産

業革命後 30 数 % 増加した今日, 干ばつ, 洪水, 風害などこれまでとは比べられないほど規模も範囲も拡大し頻度も増してきているからである[17]。

それに続き, 自主対応の限界が, 温室効果ガス発生源が家庭・自動車利用者と無限の広がりをもつことと関連づけて説明される。温暖化税の導入を通じて「市場の力」を活用することで, 価格上昇を受けての消費抑制, 省エネ機器の導入促進, 省エネ・効率化のための技術開発推進とインセンティブ効果が生まれる。その排出削減効果は, 温暖化対策税から上がる税収を温暖化対策推進(森林育成, 非エネルギー期限の温室効果ガス排出の抑制, 省エネ機器, 新エネルギー等)のために使用することで, 一段と高まることになる。このように温暖化対策税は, 社会全体として最小のコストで削減を達成できる経済合理的な手段であり, 北欧や EU 諸国の先例がその効果を証明している[18]。

今回の案の 2.「税の性格, 課税要件」では,「汚染者負担原則」にのっとり化石燃料消費者が負担すべき税であることを確認した上で, 徴税業務の執行に要するコストの大小も勘案した課税方式と税率の基本的考え方が扱われる。既存の課税・徴税組織の利用の便を考えるとき, 最上流(輸入・採取)・上流(出荷)時点で課税し, 最終消費者に税の転嫁を行う方式が提案される。それと同時に, 国民に負担を強いるものであり, 経済・雇用情勢も睨んで必要最低限の税率に抑える方針が明示される。

今回の案の 3.「税負担軽減についての考え方」では, エネルギー多消費型産業や二酸化炭素を排出しない原料としての化石燃料, あるいはエネルギー効率を高める公共交通機関利用など税負担の軽減措置を講ずべき対象や, その方法(税減免や還付・環流)が挙げられる。

今回の案の 4.「税の使途についての考え方」では, 低い税率を想定している以上, 温暖化税の導入だけをもって 6% 削減の数値目標を達成するのが難しいこと, それと並行して温暖化対策に財政支援を与えるとき,「汚染者負担原則」に照らして不公平感なく特別な財源を捻出するのが困難なこと, の 2 点を挙げつつ, 税収の温暖化対策への充当が提案される。

今回の案の 5.「既存エネルギー関係諸税との関係についての考え方」では, 道路財源など別の目的に当てられているエネルギー関係の税との関係調整に

ついて論じられ,基本的に2004年「新大綱」の評価・見直し後の措置との立場が表明される。

今回の案の6.「温暖化対策税の効果及び経済等への影響」では,これまで環境税導入を見合わせる所説の最大の論拠に挙げられてきた経済・雇用への影響が,国立環境研究所・京都大学の開発したモデルに沿って検討される。まず,温暖化対策税だけで数値目標(森林吸収,京都メカニズムを差し引いた国民的努力・革新的技術開発の1.8-2%)を達成する場合と税収の温暖化対策利用を組み合わせて実施する場合とに分け,それぞれガソリン1ℓ当たり30円と2円程度の課税となること,2010年におけるGDPは対2000年比で15.1-15.2%の水準となり0.06%程度にとどまること,雇用への影響は第1のケースではマイナスだが第2のケースではプラスなこと,が指摘される。全体として,予想される経済への影響は,小さいとは言えないが,「非常に大きいもの」ではない。とくに,資源に乏しい我が国の将来にとって,省エネ・効率化によって人の労働・知恵を活用した発展以外の道はないとして,環境関連産業の発展の可能性も示唆しつつ,導入を推進する提案をしている。

最後に,今回の提案について,重要と考えられる論点2つを指摘しておこう。

まず,ドイツでは,1999年採用の「炭素税」が,交通・運輸と民生部門のエネルギー消費にブレーキをかけたことを想起するとき,2004年「新大綱」の評価・見直し後ではあれ,炭素税導入に向け積極的議論を起こすことは一歩前進といわねばならない[19]。しかし,エネルギー政策の視点,とくに原子力拡充の道を邁進する我が国にとって,今回の税が「環境税」でなく「温暖化対策税」であることに,そもそも問題がある。その立地選択からバックエンド事業に至るまで環境負荷が巨大な原子力発電は,発電過程で二酸化炭素を排出しないクリーンなエネルギーだという理由から,再生可能エネルギー源同様に課税対象ともされない。その意味から,「基本計画」作成段階から国民が参画し,「汚染者負担」原則に立脚した「エネルギー税」をめぐる議論をおこすことこそ相応しいと言える。

次に,経済・雇用と国民の間に蔓延する重税感のなか,影響を最小限に抑える低税率と税収の温暖化対策充当という使途を明記した提案となったこと

もやむをえまい。しかし，ガソリン価格が日常的に数円幅で上下に変動する今日，1ℓ当たり2円程度の課税がエネルギー消費の伸びの著しい家庭・運輸関係者に，直接の消費抑制やインセンティブ効果と表現できるような行動の変化を惹起できるだろうか。ドイツのエコ税は，エネルギー集約的産業と公共交通機関の大幅減免措置を留保した上で，毎年6ペニヒずつ税率を引き上げる方式を採用することで，インセンティブ効果の発揮される基準を見極める試みを行った。今回の提案が述べるとおり，6%の数値目標は最終的な到達目標でなく，長期的な排出削減の通過点にすぎないのであれば，当然，税率のさじ加減による実効性の追求が不可欠となろう。

4.3.6 小　括

　2003年7月「エネルギー基本計画案」に盛り込まれた構想は，2001年7月「新見通し」と2002年3月「新大綱」を踏襲した内容となっている。この点は，基本目標(指針)，エネルギー・ミックス，政策スタイルのいずれにおいてもそうである。石油をショートリリーフとし，「準国産エネルギー」の原子力を柱に今後10年間の需給計画を立て，そのために安全性の確保をはじめ新エネルギーの開発・導入と省エネ・効率改善に充当される財政支援の数倍の予算を計上していることも変わりはない。それが，旧電力会社10社による地域独占解体後に強調される小売り自由化のかけ声にもかかわらず，市場の活用には遠く，国の丸抱えによる独占の堅持に帰結することは間違いない。他方，新エネルギー，とくに再生可能エネルギーについては，市場の活用が前景に押し出される。欧米が日本に範を求めた太陽光発電では，財政支援が2003年度から従来の1/3にまで切りつめられ，「エネルギー政策基本法」や「基本計画」に従えば，独自の対応を示すはずの地方公共団体も，政府の姿勢に追随しているに過ぎない。したがって，我が国がEUに学ぶべき，再生可能エネルギー源から生産された電力の電力会社による「買取り義務」を定めた法律の制定など肝心な制度整備は手もつけられていない。

　以上の基本姿勢が，テクノクラート型と呼ばれる我が国の政策スタイルを決定づけることになる。この小規模な分散型エネルギー生産者や国民の政策形成への参加は，今後の啓発・広報活動の徹底を待って行われるべき課題と

理解されている。省エネ自動車の普及が予想を超えて進展し，財源をさえ圧迫するほど国民の環境意識が高まっていること，しかも家庭部門は交通・運輸部門ともどもエネルギー消費と二酸化炭素排出増加の元凶となっている事情を考慮するとき，政策形成・施行・監視のすべての過程に国民が参画する上での機は熟していると言えよう。「適切なエネルギー需給構造」を判断するのは，エネルギー基本計画の策定に携わる経済産業相，関係行政機関の長，総合資源エネルギー調査会というよりは，国民自身のはずだからである。原発依存の大規模・集中型エネルギー供給システムの矛盾が，安全性確保の弱点を露呈しつつ脆くも崩れ去ったのを目の当たりにした今，リスク分散のためにも我々自身が「適切な需給構造」を選択すべきなのである。

　他方，温暖化対策のための炭素税の導入に向けて具体的な議論の叩き台が提示されて，一歩前進の感がある。2002年「新大綱」において京都議定書の数値目標6%を達成するための手段として挙げられた，国民的努力・革新的技術開発（−1.8−2.0%）は，何ら実体のない努力目標にとどまっていた。2003年8月の「温暖化対策税(案)」は，上流課税，低税率，温暖化対策のための目的税化を明確に示して，それに具体的な内実を賦与したからである。ただ，この提案の採否は，2004年「新大綱」の措置に関する評価・見直し待ちの状態であり，産業界が根強い抵抗を示していることを勘案するとき，今後も紆余曲折が予想されるが，民生・運輸部門での消費抑制のために一日も早く導入の目処を立てたいものである。

4.4　日欧エネルギー・環境政策の現状——中間総括——

　本章の4.1では，これまで「比較の横軸」に据えてきたEUのエネルギー・環境政策が，我が国が追随すべきといえるほど実績を上げているのかどうかに関して，政策評価をめぐる学説史の検討と，重点的な政策領域に関する統計データを使った検証と2つの方向から検討した。EU対各国政府，EU機関内での権限分担と主導権争い，産業界・OPEC・環境団体など利害関係者の圧力，あるいはEU結成の理念（経済成長・貿易拡大）と環境保全の間の解消できない基本矛盾の存在など，共通のエネルギー・環境政策の形成・

施行の限界を強調する悲観論の論拠も十分承知した上で,楽観論に与したい。

そもそもメンバー国間にエネルギー資源の賦存や輸入依存度に顕著な格差がある以上,完全に足並みの揃った共通政策の形成・実施など可能とは思えない(表4–3の7をみよ)。むしろ,2004年5月発足の拡大EUも睨みつつ,欧州委員会,閣僚理事会,欧州議会を軸とした制度整備を進め,「緑のトロイカ」諸国に牽引されながら最新の政策をEU内「南」の諸国に導入し,戦略的領域における数値目標の設定と中間評価・施策の見直しを実施して,確実に共通政策の道を歩んできている。「EU政策における最弱の領域」であるエネルギー政策が,気候変動問題を契機に様変わりをみせ,EUが国際的議論でリーダーシップを振るうようになったのも,その現れの一つである。同じことは,重点領域(省エネ・効率と再生可能エネルギー)における政策効果を指し示す数値の変化からも読みとれる。EUレベルでのエネルギー密度の改善,化石燃料内部での温室効果ガス排出の少ない天然ガスへの燃料転換,再生可能エネルギーの増加と原子力の地位低下が,その代表例である。もっとも,エネルギー転換の切り札である再生可能エネルギーの拡充の点で,EUの達成度は必ずしも芳しくない。1997年「白書」に掲げられた2010年の数値目標を達成可能なのは,8種類の再生可能エネルギー源のうち唯一風力に過ぎず,他の大半は60–80%の達成水準にとどまるからだ。しかし,これをもってEU共通政策の失敗を結論してはならない。ドイツにおいて風力を世界筆頭の地位に押し上げる上で原動力となった法基盤の「買取り法」はEU諸国全体に導入されたし,絶対量の増加にもかかわらず総エネルギー需要に占める相対比率が低下する事実を真剣に受け止めて,2002年には「総需要抑制」を最優先事項に指定し,同時にバイオ燃料の大幅拡充策を打ち出すなど,積極的で敏速な対応を示しているからである。もはや,EUエネルギー・環境政策を,「法律の製造工場」と呼び「理念と現実」の乖離を一方的に強調してはならないのである。2001年「再生可能エネルギーに関するEU指令」に掲げられた目標の達成度に関しては各国政府が2005年に行う予定の第1回の点検・評価の結果の公表が待たれる。

ところで,現在,EU諸国のうち原子力推進派はフランス・フィンランドの2国に過ぎない。拡大EU成立を控え,旧ソ連型原発の安全確保という緊

急課題に直面した欧州委員会の原子力部会は，最も危惧される放射性廃棄物の処理・貯蔵も含めて高い安全性を強調しているが，現在の趨勢を反転できるかどうか微妙な局面にある。あるいは，昨年10月再度運転停止期限を2年間延長されたドイツのオブリヒハイム原発の行方も含めて，脱原子力とエネルギー転換に邁進できるか否か，大きな分水嶺に立っている。その後，2003年11月にはシュターデ原発の商業用発電の停止に関する決定がなされて，脱原子力の趨勢は今後も続くかの印象を受ける。いずれにせよ，EU共通政策の消長が対外・対内情勢の圧力に比例すると説くマトレリーの所説に従うとすれば，地球温暖化対策での国際的な主導性の確立と拡大EUの発足に向けた「エネルギーの安定供給確保」と内外諸条件が揃っている今日は，再びその高揚期にあると考えられる。その意味からもEU・ドイツのエネルギー・環境政策は，アジアを含め国際的に責任ある姿勢を期待される我が国にとっても，重要な参照系をなしている。

　後半部で取り扱った我が国のエネルギー政策は，2002年6月成立の「エネルギー政策基本法」にもとづく「基本計画」の作成と3–10年ごとの定期見直しに代表されるように，制度的には新たな段階に入った。しかし，2003年8月「基本計画(案)」から判断する限り，新「3E」を核とする基本方針の編成，アジアの経済成長や市場開放などエネルギーをめぐる情勢の理解，原子力・天然ガス・新エネルギーを軸とするエネルギー・ミックスの考え方，政策形成におけるトップ・ダウン方式の存続など，大枠では2001年の「新見通し」を踏襲しており，前章でみたように，ドイツとの比較から指摘した改善の注文が，そのまま残ったことになる。以下，主要な見出し語を挙げておこう。「2000年以降の日本のエネルギー政策：惰性の継続」，「地球温暖化対策の進展とその問題点（現実味に欠ける対策）」，「新エネルギー促進策：法的枠組の整備の遅れ」，「環境税：導入への消極的姿勢」，「原子力：あくなき前進」。

　その唯一の例外が，温暖化対策税である。2002年6月の中間報告を受け，2003年2月環境相から国民的議論の活性化のための具体案のとりまとめを要請され，7月に案が提示されたからである。炭素税として原料以外の化石燃料に賦課されること，輸入・精製段階での上流課税とされること，国勢モニターに関するアンケート調査の結果に沿った低税率(ガソリン1ℓ当たり2円

程度)にすること,および税収を温暖化対策に振り向けること,の4点を主要内容としている。この案は,2002年「新大綱」において温室効果ガス削減の数値目標の達成の重要な手段に掲げられた「国民的努力・革新的技術開発」という曖昧な表現に実質的に肉付けしたものとして,明らかに一歩前進である。ただ,この具体案の採否も含めて,2004年「新大綱」に盛り込まれた施策の評価・見直しを受けて始動する予定だが,家庭・運輸部門のエネルギー消費の伸び率が顕著なだけに,導入に向け前倒しの検討が必要である。この点でも,1992年の失敗を踏まえつつ1999年以降積極的な導入に踏み切り一定の成果を収めているEU諸国の事例は,参考となろう。現在進行中の「長期エネルギー需給見通し」の抜本的見直しに当たり,早急に取り入れられることが期待される。

注

1) McGowan 2000.
2) Grant et al. 2000.
3) McCormick 2001, pp. 257–261. ただし,エネルギー政策に関する論述に関しては立場の異なるマトレリーの業績に依拠しており,違和感を禁じ得ない。
4) Jordan 2002.
5) Matrály 1987.
6) ここで利用する資料は,巻末の資料一覧・EU関係に掲載しているので参照願いたい。
7) 2003年11月にはドイツ最初の地熱発電所が,ノイシュタット・グレーヴェに建設されている(資料一覧・ドイツ関係 (17) による)。
8) 本書の3.2.1を参照せよ。
9) 上記の注7の資料は連邦環境大臣トリティンの証言を載せているが,それに従えば原発は次の3つの理由から採算性に疑問があるという。第1に,EU電力市場における規制緩和の潮流のなかで新規に建設された原発の競争力は,風力に比してさえ失われてきたこと。第2に,原発解体費用は「汚染者負担原理」に従って企業が負担しなければならず,発電費用が大幅に上昇すること。第3に,2005年から使用済み燃料の海外処理・中間貯蔵が禁止されることからも,経営の経済性が失われること。
10) 本書の3.2.1を参照。
11) 資料一覧・日本関係 (8) (10) を参照。
12) 資料一覧・日本関係 (10) を参照。
13) ドイツ連邦環境相トリティンは,シュターデ原発の商業用発電の停止の決定を

踏まえて,「将来が始まった。原発シュターデが送電網から遮断された」と題する講演をしたが,そのなかで原発にベース負荷を置く問題を,夜間暖房・高速道路の照明を引き合いに出しエネルギー浪費を煽ると述べ,総じてエネルギー政策の基本目標におけるドイツ版「3E」の再生可能性 Erneuerbar, 効率性 Effizient, 省エネ Energiesparend に根本的に抵触すると見なしている。

14) トリティンは,「脱原子力と気候保全は両立しない」との見解に対し,100基以上の原発を持つ米国が世界最大の二酸化炭素排出国であることを指摘しつつ反論を試みているが,米国が2000年時点で対1990年比の12%増,第2位のフランスが1998年時点で1.5%増,第3位の日本が2000年時点で10%増である事実を想起するとき,十分に首肯できるのである(資料一覧・ドイツ関係(13)を参照せよ)。
15) Weitzsäcker 1992, pp. 141–156.
16) ブレッサーズの所説については,その典拠も含めて本書5.2.2を参照せよ。
17) レスター・ブラウン 1999, pp. 35–64を参照せよ。
18) 石 1999, pp. 148–162でも指摘されている。
19) ドイツの「エコ税制改革」の概要と評価については本書3.2.4を参照せよ。

第 5 章

1970年代以降ヨーロッパにおける
環境政策手段の変化
——法規制から経済的手段への重心移動はあったか——

5.1 本章の位置づけ——「横軸」と「縦軸」の橋渡し——

　J. B. ターテンホーヴェは，2000年の論文集『政治的近代化と環境政策配置の動力学』のその緒言において，1970年代以降の環境政策の歩みを回顧して，環境政策の組織と内容の刷新の両面で1980-90年を一大分岐点と捉える見解を提示した[1]。すなわち，1970年代に環境問題は，「エコシステムという(人類の)生存基盤の攪乱」にまで達し，それが西側諸国政府をして環境庁の設置と環境立法の整備に代表されるような「環境政策の制度化」を推進させることになった[2]。しかし，その後起こった汚染の広域化や複合化のなか，1970年代に礎を据えられた排出基準設定による法規制やその施行・監視を担う縦割り行政の限界がしだいに露呈されてきて，1980-90年代には環境政策の抜本的再編が余儀なくされた。そこで脚光を浴びてきたのが，市場に基づく環境管理手段(経済的手段)である。環境政策として市場の活用を説く内外の代表的業績のなかから3例だけ挙げておこう。石弘光氏は『環境税とは何か』のプロローグにおいて，1997年京都開催の「気候変動枠組み条約締約国会議」(COP3)と第4回ブエノスアイレス会議(COP4)における二酸化炭素排出量の削減義務の取り決めと，その達成手段の先送りを受けて「そのなかでも最重要課題は，市場メカニズムによる経済的手段の活用，とりわけ環境税の導入の是非もふくめた政策論議であろう」と述べている[3]。レスター・ブラウン編の『地球白書1999-2000』の第10章「持続可能な世界を建設する」は，「市場があればこそ，産業革命と情報革命が可能になった。適切なやり方で利用すれば，市場は環境的に持続可能な社会に向かう次の産業革命を導く

こともできるだろう。そして、その実現の鍵を握っているのが、課税方法の変更である」[4] と表現している。D. ルードマンは、『エコ経済への改革戦略』の第1部「21世紀を拓く自然国富論」の第1章に「改革へ市場の力を生かす」の標題をつけている[5]。

ところで、上記の『地球白書』からの引用に見える「課税方法の変更」に関連して、E. U. ワイツゼッカーらの1992年の著書『グリーン税制改革』[6] が、環境保護主義者の間でベストセラーとなったこと、同時に環境税に理論的裏付けを与えて北欧諸国によるその導入に弾みをつけたことは、よく知られている[7]。このワイツゼッカーは、1992年に刊行された著書『地球政策』において「指令・統制」型アプローチの限界と経済的手段の豊かな可能性について、経済理論に基づき明快に論じているので[8]、本書で取り上げる問題点を鮮明に浮き彫りにするためにも、それを概観しておこう。

ワイツゼッカーは、指令・統制型アプローチの限界を示す典型例として、実在した社会主義国家の環境規制の失敗を挙げている。すなわち、精緻な法規制と、それを強制できる強力な集権国家の存在にもかかわらず、広範で多様な環境破壊を阻止することはできなかった。他方、それと比べて西側の民主国家の採用した法規制は、私的企業による革新的取り組みを刺激することもあるにはあったが、全体として技術革新を妨げ企業の生産拠点の海外移動を招くなど弊害も目立ってきた。このような教訓を真剣に受け止め、市場を活用する枠組みの設定への方向転換が提案されることになる。「市場の諸力と民間部門の革新能力を環境に対してもっと効率的に活用することは理論上可能であろう。このために国家は簡単で定義の明快な枠組みを設定すべきであって、細かすぎる規制を課すことを慎むべきであろう」[9]。

それに続いて市場の力を利用するための枠組み設定の方法が、経済理論に即して述べられる。出発点は、「価格は(生態系のコスト)現実を(正確には)反映していない」という基本認識である。「その枠組みは、おもに一連の簡単な規則と、価格とコストがエコロジー的現実を反映するようなメカニズムの2つからなるであろう。もし価格が現実を反映するならば、消費者及び生産者による意思決定と選択はエコロジー的最適解に近づくであろう」[10]。少し敷衍して解説を加えよう。自然環境の提供する資源の過剰利用が起こっても、価

格信号を適切に伝える資源市場が十分に機能しないために希少性の認識が大きく遅れることになる。そこで政府などの公的機関が，原料・汚染などの価格計算を行い特別付加税を課すことで，適正な価格水準を設定する。この新たな価格水準は，生産者・消費者の行き過ぎた行動に歯止めをかけ，ひいては持続可能な発展に道を開くというのである[11]。この観点からすれば，官僚制的な社会主義体制は価格が経済的現実の反映を不可能にしていたために，莫大な浪費と不足とが同居する「いびつな」構造を残したまま崩壊したし，他方，市場経済諸国で広くみられる市場の寡占的状況や各種の補助金などの国家的関与が，価格が生態系の現実を反映できずに費用の社会への転化を招いてしまった。

　このように指令・統制型アプローチの限界が鮮明になってきた1980年代半ばから，環境政策の重点を経済的手段に移行しようとする見解が登場して，課徴金，排出量取引，環境税，デポジット制，環境技術・投資への税制優遇をめぐる論議が活発化してきた[12]。なかでもエコ税制改革は，環境改善と雇用拡大など「二重の配当」を生む優れた試みとして幅広い関心を集め，同時に一部のEU諸国に取り入れられてきた。

　そして環境先進国の北欧諸国・オランダによる環境税導入から10年以上を経た今日，経済的手段が当初想定された効果を上げたのかどうかを冷静に評価する動きが，活発化してきた[13]。それと並行して，環境改善にとって高い費用対効果をもつはずの経済的手段が，期待されたほど普及しないのはなぜなのか，あるいは経済的手段が採用された場合でも，経済学的な最適性からは大きく乖離した案となっているのは何故か，これらの理由を問う動きも盛んとなってきた[14]。このような新たな視点からの接近は，以下5.3で見るとおり，環境政策の効果を「国家（指令・統制的手段）vs市場（経済的手段）」の二項対立図式で考察する，これまでの姿勢自体に再考を迫ることになる。すなわち，政策手段の選択から環境政策形成・施行過程全体にまで視野を拡大し，「国家・市場・市民」[15]の織りなす関係の諸相を追究する姿勢が，経済学，政治学，社会学など様々な分野で，しかもほぼ時を同じくして活発化してきたのである。この新潮流を，一部論者が言う意味での「脱経済学化」と解釈できるか否かは措くとしても[16]，現実に即した環境政策形成・施行・監

視を考える限り，ひとたび検討しておく必要がある。これが，本論の後半部の課題となる。

それに先立つ前半部では，環境史研究において西ドイツ学界より先行した東ドイツ学界の研究動向を概観しつつ，旧社会主義諸国の環境行政の特質を検討することで，環境行政における「法規制」の典型的失敗例と捉える所説の当否を考察する。その際，上記の「国家対市場」という従来の方法の適否を問いつつ接近する。それを通じて，環境行政の考察に当たり「国家・市民・市場」の諸関係に焦点を合わせた接近方法の有効性を，別の角度から照射でき，19-20世紀ドイツ環境行政の史的解剖に当たり方法的に援用する意味も明らかになると考えるからである。この意味から，本章は現代環境政策論と環境史の橋渡しの位置を占めている。ただ，あらかじめお断りしておくが，5.2 の考察はドイツ民主共和国(東ドイツ)とソ連邦の両国を中心としている。

5.2 中・東欧における環境政策の変遷——指令・統制型の限界[17]——

本節では，シュライバー編の 1989 年の論文集，『中東欧における環境問題』に所収された論考を軸にして社会主義諸国における環境政策の特質と政策の変化を東欧解体まで辿って考察する[18]。この論文集は，東西ドイツ・ポーランド国境での森林破壊，エルベ河の深刻な汚染，ニーダーザクセンの大気汚染など国境横断的な環境汚染にもかかわらず，社会主義諸国の環境情報が乏しいなか，その環境政策の特質，イデオロギー的背景，および行政・組織的特質を系統的に追跡して，貴重な同時代証言をなすと見なせるからである[19]。

5.2.1 資本主義の本質矛盾としての環境問題——社会主義の優越性——

中東欧の工業化・都市化は西側より遅れてスタートしたが，それだからといって環境政策の制度化も大きく遅れたわけではない。とくに，東ドイツの対応は早く，1968 年憲法の目標の一つに環境保全を掲げており，また 1970 年にはスウェーデンに続いて包括的な環境立法，「国土改良法」を制定して大気・水質・土壌汚染防止にも真剣に取り組む姿勢を内外に示した[20]。それと

歩調を合わせるかのように，学問レベルでも東ドイツはいち早い対応を見せた。東ドイツ科学アカデミーの経済史部門は，環境問題に取り組むための特別な部局を設置し，環境史研究でも先鞭をつけたからである。その代表者 H. モテックは，1972 年「人間・環境問題に関する基本的問いかけに寄せて」と題する論考を発表しており，オイルショック後に研究が本格化した西ドイツより一歩先行している[21]。その後，1975 年 9 月モテックの 65 歳の誕生日を記念してベルリンのブルノ・ロイシュナー経済大学の経済史部門と科学アカデミー「環境保全と環境構造」研究室の共催による「現代的・史的視点からの経済史と環境」をテーマに掲げた研究集会が開かれ，「社会・環境の交互関係」を取り上げた 4 報告が行われて，環境問題への関心の高まりをうかがわせている[22]。

ところで，東側諸国ではマルクス・レーニン主義の社会科学を下敷きにし，資本主義の本質矛盾としての環境問題と環境問題解決における社会主義の優越性と，を二本柱とする見解が主流をなしていた。以下では，1989 年論文集にあって社会主義諸国の環境問題に関する理論分析を担当した，Ch. ブッシュ゠リュティと M. イエーニッケの論考に沿って，社会主義諸国の環境理解の基本線を明らかにしておこう[23]。

ブッシュ゠リュティは，1980 年代以降ソ連の社会・自然関係における「自然の絶対的支配」理念を再検討する機運の高まりを取り上げる。すなわち，後述の経済，政治，科学全体の「エコロジー化」を目指すキャンペーンのもと，「社会と自然を対等なパートナー」と捉える必要が強調された。ブッシュ゠リュティの問いかけは，環境問題のタブー視につながる，「科学技術を駆使した自然改造・支配」に関する「ドグマ」に実際に修正が施されて，環境問題の解決に道が開けたかどうかというものである。その際，ドグマが拠って立つ基礎は，環境問題の発生と深刻化は資本主義的生産関係(生産手段の私的所有)に内在する「社会・自然関係の深刻な矛盾」(生産諸力・生産関係の矛盾)に他ならないとする理解である。すなわち，資本主義の飽くなき蓄積(利潤極大化)運動は，自然の恵みとして無料の財の性格を持つ自然・環境の略奪を生みだし，同時に資本主義的な科学・技術システムを自然資源の保全ではなく過剰利用に向かわせる。それと併せて，生産の無政府性の支配

のもとで生ずる個別利害の競合は,社会全体の利害に沿った計画的な自然保全・利用とは,もともと相容れない。それら3矛盾の相乗作用により環境状態の限りない悪化を生みだしているというのである。

それに続いて,資本主義と比較して社会主義が問題解決においてもつ豊かな可能性が論じられる[24]。すなわち,社会主義への移行を契機として,生産手段・自然の社会的所有と労働大衆による政治権力の掌握(プロレタリアート独裁)が成立して,労働大衆(社会全体)の利害に沿った新たな社会・自然関係に移行していく。社会主義体制は,「経済法則,経済目的,および経済の推進力を,自然資源の合理的利用,社会の自然的存立条件の再生産,自然との優しい付き合いに変えていく」[25]。

もう一歩踏み込んでいえば,社会主義は「経済学・生態学の間の矛盾」の克服において制度的にも優れた条件をそなえている。まず,国家の中央計画と舵取り権限全般の掌握は,情報・資源の集中化を通じて包括的な環境政策の導入を可能にしている。また,社会主義経済の目的は,利潤の極大化ではなく,社会の物的・文化的な需要充足に他ならず,社会・自然関係の最適化を達成できる可能性を持つ。最後に,科学・技術進歩の成果を社会全体のために計画的に利用することで,長期的には,生産のエコ化(廃棄物の少ないリサイクル化)が達成可能となる。以上のような楽観的な将来展望のもと,次のような自信に満ちた発言も聞かれた。「物的な生活基盤の保全に関する問題は,社会組織の問題として社会主義においてのみ解決可能であり,それによって特別な環境政策による取り組みは(将来)余分なものになるだろう」[26]。あるいは1986年東ドイツのある理論家は,「ソ連,東ドイツや他の社会主義諸国における社会は,今日すでに自然・社会間の矛盾を乗り越えており,原理的にも,新たな社会・自然関係の構築が可能であることを証明してみせた」[27]と,環境問題克服の現実化さえ論じている。

しかしながら,社会主義諸国も環境負荷と無縁ではなかった。この社会主義における環境汚染発生の原因の説明にあたり「体制」問題に還元する点で,この時期の理論は特徴的である。すなわち,社会主義システムに固有な問題とでなく,資本主義諸国との軍備を含む競合関係が存在する間の「過渡的な」問題と考えられていた。資本主義的に歪曲された科学・技術の利用が,やむ

なくされていたからである。もっとも，上記のような自信に満ちた発言にもかかわらず，独自な社会主義的生産システムが，理論通りに構築されたわけではない。ブッシュ゠リュティに従えば，有効な環境政策の前に2つのイデオロギー的な障害が立ちはだかっていた。一方は，経済学の労働価値説であり，自然資源・環境は天恵として価値を含んでいないとする見解が支配的であり，資源の国富計算への算入の当否をめぐり泥沼化した論争が闘わされた[28]。もう一方は，社会主義から共産主義への移行の推進力として不可欠な「成長・進歩」理念の堅持で，中央計画経済システムに固有な外延的成長から内包的成長への移行と剰余生産の量的拡大の思想と一体のものであった。

　イエーニッケは，1980年代から西側諸国の環境政策が舵取り・革新能力の低下など行き詰まりを見せるなか，社会主義諸国も産業の巨大化，量的成長の信仰に駆動された生産活動に起因する環境負荷の高まり，および資源浪費など西側と共通の問題に苦しめられていることを確認し，環境負荷を体制問題というよりは，むしろ「すべての工業国家」に共通の問題と捉えることから始める[29]。次いで，社会主義諸国の経験から得られる教訓を，「超産業主義の舵取りは超官僚主義によっては解決できない」[30]と述べて，指令・統制型の破綻と捉え，その最大の原因を超産業主義と権威主義的な支配構造と「市場の不在」とに求めている。それだからといって「西側の思い上がり」を助長することなく，社会主義固有の優れた制度・社会構造条件にも光を当てる。すなわち，すべての経済主体の参加した中・長期計画策定の可能性，「一般利害」貫徹のための包括的な社会組織の存在，資本主義経済に巣くう大量失業の不在，過剰生産・過剰消費と無縁な社会主義システム独自の成長条件の存在，資本移動や労働者ストライキによる政治圧力の欠如，財政の均衡が，資本主義諸国以上に大きな活動余地を与えうる可能性を秘めているというのである。事実，法規制導入の点で東ドイツとソ連は，西側に遅れることなく対応している。

　この社会主義の優越性も十分活かされることはなかった。環境・健康管理のための厳密な法規制と現実の乖離は，西側諸国との平均余命，大気汚染関連の病気罹患率，汚染物排出，資源浪費の比較から一目瞭然となる[31]。その要因が，論文後半部で論じられる。まず，1960年代から社会主義諸国が資本

主義的な世界市場に再統合され市場競争が激化するにつれて,「環境は国際競争力を損なう」[32]との意識が広く定着した。政府は,社会主義の正統性を堅持するために,輸出奨励金,価格下支えなど国家支援策を動員して伝統的業種を軸に産業保護策を推進した。官僚制・行政組織の硬直性の象徴である,中央計画機構と産業・部門別の縦割り官庁組織が,いっそう事態を深刻化した。第2に,市場の不在の影響が様々なレベルで痛感される。技術革新の創造性を誘発する刺激が欠如するなかで,「創造性は社会的階梯の頂点にある選ばれた者の特権」[33]とするエリート意識と組織的な硬直性が相まって,1980年代以降に進展した情報・サービス化の国際潮流から大きく遅れることになった。また,電気料金の補助金支給に代表されるように,エネルギー需給の変化など重大な市場情報に敏速に反応できない価格システム[34],あるいは消費者・国民の新たな要求と無縁な中央統制型の生産方針決定など枚挙にいとまないほどである。したがって,ワイツゼッカーのイメージする「巨大な全体主義国家」も,その実態に即してみれば,規制の徹底すら十分に行えない利益分権主義の巣くう「砂上の楼閣」に過ぎなかったことになる。

　ところで,東ドイツの歴史家たちは,少なくとも1980年代前半まで「資本主義の本質矛盾としての環境問題」論を,より徹底した仕方で定式化していた。

　1974年ドレスデン工科大学で開催された「国家独占資本主義的な再生産と環境」をテーマとする研究集会に関する,G. ホルシュとG. シュペールの報告論文が注意をひく[35]。この研究集会では,国家独占資本主義段階における全般的危機の表現として環境問題を位置づけることで,およそ意見の一致を見ている。研究集会の中身を簡単に振り返ってみよう。

　レオンハルトの第1報告は,西側の環境経済学や環境政策の戦略的な基本指針に据えられる「原因者(汚染者負担)原則」の意味を問い,その本質を「独占資本による労働者(消費者)への負担の強制」と捉える。すなわち,その原則は,環境負荷の軽減や回避のためにではなく,寡占企業の強大な影響下に形成される恣意的な価格と国家財政を通じて負担を直接・間接に労働者(消費者)に転化するための,理論的根拠となっているというのである。第2報告を担当したホルシュは,国家独占資本主義下の科学・技術進歩と自然・環境

との関係を考察し，自然資源の集約的利用と大量生産・大量投棄を通じた環境負荷の累積的拡大を，資本主義的な経済社会関係下の科学技術の進展が国家独占資本主義の生産力発展の枠組みに従属した結果と理解している。それと絡めて全般的危機の現象形態としての環境問題に関する命題が，「帝国主義の内的ダイナミズムと全般的危機の過程で強まってきた寄生的本質が，環境負荷の決定的境界を越えて環境危機を惹き起こしている」[36)] と鮮明に定式化される。その後，9名の論者が立って質疑応答が行われたが，「自然環境と社会の矛盾や対立は(社会主義において)自動的に解決するものではない」[37)] と述べた，科学アカデミー中央経済研究所のグラーフを除けば，環境問題克服において社会主義の持つ優越性に疑問を抱く者は一人もなかった。

国家独占資本主義に先行する自由主義・独占(への移行)段階の環境問題については，科学アカデミーの経済史研究所の重点研究の成果をまとめた，W. シュトレンツらの共同論文「産業革命から帝国主義への移行における社会・環境諸関係」[38)] が，絶好の概観を与えている。資本主義的な生産様式の確立(産業革命)を契機とした社会・環境関係の質的・量的に新たな展開を，生産・消費と原料・エネルギー供給と排出を軸に19世紀から20世紀初頭まで追跡する。生産手段における私的所有の労働力・自然環境全般に至る徹底的拡大，機械制・工場制に基づく巨大な生産力の発展とそれに応じた自然環境の領有，利潤原理に沿った自然資源の徹底的な開発，人口増加・都市化の加速化と環境媒体の汚染の深刻化，生産の地域集中と国際分業による環境問題の凝集・拡大，生態系全体の変化と環境問題の長期作用の顕在化の進展といった諸特質が検証され，資本主義的な生産関係下の生産諸力の発展が，植民地をも巻き込みながら自然・環境収奪を生み出すことを，多面的に抉り出している。

5.2.2 高度な工業化・都市化の産物としての環境問題

西側研究者の間に，高度な工業化・都市化，および技術革新の進展こそが，環境問題の元凶とする見方が広く共有されていることは，既に述べた。多少接近方法を異にし，同時に社会主義的工業化の独自性を認める論者の中には，工業化に伴う環境汚染拡大の危険性に警鐘を鳴らす動きもあった。とくに，

東ドイツ学界では環境史研究がスタートした1970年代からスターリン型の重化学工業化に疑問が呈されてきた[39]。

モテックは,1972年論文にあって環境危機を現出させた最大の原因を資本主義の無限の蓄積衝動に求め,社会主義の危機克服の豊かな可能性を論ずるに留まっていたが,1974年論文となると,この命題を再確認した上で,経済成長の牽引力を把握するための供給サイド一辺倒の接近方法に,価値生産における「正・負」2種類の概念を用いて疑問を投げかけている[40]。すなわち,それまで生産力発展の証拠ともっぱら見なされた生産が,同時に,その裏面で人間の生活条件と自然環境を蝕む点に注目し,社会的需要概念を導入することで,「自然に適合的な生産関係の創出」,あるいは経済史と環境問題の結合による環境保全の科学的認識の重要性を強調している。

F. ホフマンとM. ラシュケの共同論文は,1950年代から東ブロックが揃って追随してきたスターリン型の重化学工業化モデルの限界を,2つの角度から鋭く指摘する[41]。一つは,社会主義諸国の後発的な工業化の特質とかかわっている。すなわち,高い蓄積ファンドをもとに中央計画と重点部門への傾斜的投資とによって工業化のテンポが異常といえるほど速く,それに対応した経済構造の転換が困難となった。とくに,重化学工業部門の急成長のなか,農業,消費財生産部門,エネルギー生産,および交通インフラをはじめ重要な経済部門への投資が遅れたため,国民経済の構成が著しく不均衡となったというのである。もう一方では,経済成長の至上命令のもと推進される資源・環境に配慮しない工業化を,モテックにならい社会的需要と自然環境との要請に応える工業化モデルへ切り替えていく必要が叫ばれている。

F. W. カーターは,ソ連と中東欧諸国において第二次大戦後の都市化と,それに伴う環境汚染の問題を考察する[42]。まず,ソ連における都市化を1920年代の第1期,スターリン時代の第2期,および1950年代後半以降の第3期に分け,このうち第3期の特質を都市人口比率の急増(1970年代前半に40%を超える),人口100万以上の大都市の急成長(1959年の10%から1985年の22%へ),および無階級社会のシンボルとしての比較的単調な都心構造の形成の3点に整理する。次いで,都市化につれ郊外・周辺地域にまで拡散する環境汚染の諸相を,クラカウ,プラハおよびソフィアの3都市を素材にして考

察し，国際基準をはるかに上回る数値の水質・大気・土壌汚染や植生破壊，騒音・振動公害を検出する。したがって，西側の都市化と共通の環境問題の深刻化が確認されると同時に，社会主義体制下で環境汚染が最悪の水準まで進んだ理由を問いかける。以下，ポーランド第3の都市クラカウに関する研究成果を引きながら，要点をまとめておこう。

第1に，1960年代以降に重化学部門を軸に工業化が急速に進展し，民生部門も併せて石炭・褐炭の大量燃焼に伴う二酸化硫黄の排出や酸性雨による建造物・健康被害が発生した。第2に，都市計画も国家による経済計画の一環に組み込まれてしまい，伝統的な地域開発理念が後退するなかで都市当局の発言力も封じられてしまった。第3に，工業化プロジェクトは特定都市・地域への産業立地の集中を招き，汚染の地域集中が極端な水準まで進行した。都市クラカウと上シュレージェン工業地域は国土の2％を占めるに過ぎないが，ガス汚染の50％と煤塵汚染の33％が集中していた。第4に，脆弱な経済力のなかで産業成長とノルマ達成が至上命令とされたために，汚染防止施設，排出削減装置，あるいは資源節約的革新への資金投下は見送られた。1980年代半ばワイクセル河の化学物質・重金属汚染は，政府の設定した基準値の200倍にも達していた。第5に，生産手段の社会有・国有化と精緻な計画経済のなか，「社会主義社会は環境に対して深刻な害を与えない」[43]との見解が，長く支配的であった。都市化を社会進歩のシンボルと見なす姿勢も，同じ文脈で理解できる。

カーターは，このような悲惨な状況を打開し，多少とも環境改善に導く可能性を持つ方法を提案する。それは，トップ・ダウン型の意思決定から脱却するための国家(計画立案者)・都市・地域間での政策をめぐる関係調整の必要，および政府主導による厳格な統制——国際基準に準拠する環境基準，都市・地域によるモニタリング，リサイクル，技術革新——の導入を内容としている。環境運動の組織化の制限と「市場の不在」のため，提案は指令・統制型の徹底以外に考えられなかったが，そのなかで双方向的な意思決定メカニズムの形成に言及されていることは注目される。

5.2.3　1980年代後半の環境問題の新展開とその限界

　1986年ソ連共産党第27回大会の閉会演説においてゴルバチョフは，環境問題の深刻化に言及し，その解決を社会主義の最優先の政治課題と表現した。「今日の状況下で自然保全と資源の合理的利用は，第一級の問題となっている。このグローバルな問題の解決に当たり，社会主義の利点，すなわち計画に基づいた生産と人間中心主義的 humanistisch な世界観が最大限利用されねばならない」[44]。また，それまでのソ連の環境政策を批判して，次のように述べた。「環境保全の領域で科学的・技術的知識は，あまりに緩やかにしか利用されていない。新たな建設計画および既存の経営施設の建て替えプロジェクトには，相変わらず時代遅れの解決方法が採用されており，廃棄物を出さないか削減する技術的措置が不十分にしか採用されていない。地下資源の加工の場合，採取された量の圧倒的部分が廃棄物にされ，浄化されないまま環境に投棄されている。ここでは，決然たる経済的，法的，および教育的措置が必要である。現在生きている我々すべてが，我らの子孫と歴史のために自然に対する責務を負っている」。科学・技術革新の成果を積極的に利用し，将来世代のための経済・法・教育の総力を挙げた取り組みが必要だというのである[45]。

　1980年代後半になると社会主義諸国の内部からも，環境保全や開発計画の修正に向けた動きがでてきた。ゴルトマンの論文「ソ連邦における環境汚染——能動的な環境運動の不在とその結果」の概観から始めよう[46]。1970年代の環境汚染を資本主義の本質的矛盾から説明する理論は，悲惨な現実を前に綻びを見せてきた。そのような環境破綻を招いた原因を，ゴルトマンは，次の3点に要約する。まず，生産手段の社会有・国有も，生産至上主義のもとでは社会的費用の等閑視の歯止めとはならなかった。次に，個々の産業・生産単位(経営体)の管理者は，国家役人の地位にありながらも，1984年東ドイツのヴァイセンベルガーによる次の表現からうかがえるように，資本主義と同様にコスト節減という経済的要求に従ったこと。「生産単位(経営体)をして環境保全問題に注意を向けさせ，そして国家的な生産計画の達成と自然環境保全の要請との利害対立に解決をつけるような効果的な統制メカニズムは，この時期の計画当局には魅力的だとは感じられなかった」[47]。最後に，サブタ

イトルにも挙げられた能動的な環境運動の不在が挙げられる。

この能動的な環境運動不在のなか，1960 年代バイカル湖周辺の工業開発，1970 年代後半-1986 年シベリア河川の中央アジアへの迂回路開削計画，および 1986 年チェルノブイリ事故以降の原子力政策の 3 事例の比較検討を通じて，政府が環境破壊的な巨大プロジェクトを見合わせたのは何故か，あるいは一部のプロジェクトが中止を余儀なくされたその一方で，他のプロジェクトが強行されたのは何故か，という一組の問いへの解答を探っていく。結論は明快である。

第 1 に，国家から自立した環境団体の結成は法的に禁止されていたが，プロジェクト浮上時点で，そのつど当座の環境組織が生まれ一定の影響を及ぼした。バイカル湖の工業用水と廃水浄化のための利用計画の場合，計画発表直後から周辺住民だけでなく，指導的な作家・知識人も加わり，計画見直しの声があがった。それを受けて政府も，予想される被害に関する評価を行うなど対応をしたが，浄化施設の建設を条件にして，製紙・セルロース工場や鉛・錫の精錬所などから構成される工場団地の建設に踏み切った。その後，予想の 10 倍近い周囲 60 km^2 の範囲で大気・土壌汚染，森林枯死，あるいは湖の重金属汚染と湖底生物の激減が起こった。その場合でも，ゴルトマンは，環境運動がなければ事態は，はるかに深刻だったと考えている。

第 2 に，プロジェクトの中止か存続かを決定したのは，国益への抵触の有無であった。シベリア河川迂回路計画のように，一方で環境保全に値する歴史的記念物や未開地があり，しかも環境保全が経済成長を阻害するどころか，莫大な財政負担捻出に苦慮する政府に逃げ口を与えるような場合には，環境運動は目的を達することができた。それと対照的に，工業化と軍需が密接に関連したバイカル湖周辺の工業化や原子力発電所の計画は，反対運動の有無に関わりなく強行された。巨大プロジェクトが浮上した際に，機能すべき先行の環境運動からの学習は，硬直的な行政・官僚組織のために封じられてしまったのである。

ブッシュ=リュティは，1980 年代ソ連における作家・文学者主導の「緑の波」と上からの音頭取りで始まった「エコロジー化」運動とを取り上げ，その意義と限界を見きわめようと試みた。1980 年バーロの著した『近代ロシア

文学における環境・動物保護』は，文学者の「環境状態への憂慮」の表現として，大衆の組織的な環境運動の不在のなか，エコ問題への関心を高める上で啓蒙的役割を果たした。1981年モスクワの書籍見本市に出展された書籍のうち環境を表題に含む文献は 3,000 点を超えていたし，新聞・ラジオ報道も環境保全のキャンペーンを大々的に組織した。この状況は，1960年代のバイカル湖キャンペーンに対して敷かれた報道規制とは好対照をなすだけでなく，「エコロジー」を 1980 年代の流行語にまで押し上げた。しかしながら，ブッシュ=リュティによれば，旧態然とした権力構造・イデオロギーのもとで「エコ習得過程の兆候」[48] は見て取れるものの，「ソ連の知識人は，自然と直接向き合う農民や林業労働者のような人々より，はるかに強く実際の環境状態を憂慮している」[49] という V. アスタフヴィエフの表現に明らかなように，労働大衆にまで深く浸透することはなかった。

　他方，眼前にある環境問題に対処するために，科学・技術，イデオロギー，政治・経済全体のエコロジー化が叫ばれたが，十分な成果は挙がらなかった。まず，科学・技術について「エコロジーと一体化した科学技術活動は，技術発展のいっそう高度な段階への移行の過渡(的状態)を意味する」[50] とのスローガンも，「自然の支配と改造」というテクノクラート的目標を覆い隠すための外皮に終わってしまった。同じことは，経済的思考のエコロジーとの調和に関しても指摘できる。外部不経済の回避が，個々の生産単位(経営体)にとって利益より，むしろ損失をもたらすとの認識が根強く残っていたからである。さらに，政治的な計画の立案・実施に際し用いられる，「今日のソ連の工業・農業においてエコ評価のない大規模プロジェクトはない」[51] の表現も，国民大衆に対する謳い文句に過ぎなかった。

　後発工業国ソ連におけるイデオロギー主導の重化学工業化と開発・成長優先，および軍需優先の工業化は，自然破壊や原子力開発のタブー視を強要したが，同時に一方でテクノクラートの言う「環境とエコシステム経営の合理的統制」(権力・官僚制機構)に対抗するエコ関心の高揚を，底部でよび起こしたことも忘れてはならない。

　C. E. ツィーグラーは，1960年代から1980年代後半までのソ連社会主義システムにおける環境保全の史的変化を概観し，これまで秘密のベールに覆い

第5章 1970年代以降ヨーロッパにおける環境政策手段の変化   173

隠されてきた環境政策のもつ特質の把握とゴルバチョフ登場後の政策展望の提示を試みている[52]。その主要な論点を挙げれば，次の通りである。第1に，スターリンとフルシチョフ時代に環境保全の大きな改善はなく，1960年代半ばのバイカル湖開発論議を転機として，環境立法——国土利用(1968年)，水質保全(1970年)，鉱物資源開発(1975年)，森林(1977年)，大気・野生動物(1980年)——が相次ぎ制定されて，指令・統制型の体裁が整ってきた。第2に，広範な環境問題の発生は，産業・経済成長至上主義や資源の無限性・低廉性を主張する支配的見解に再検討を迫り，とりわけ労働価値説を離れ自然資源の貨幣評価を通じてその合理的利用を目指す方向に軌道修正が行われた。第3に，ソ連社会主義システムの中央集権的・官僚制的な組織・制度の硬直性が，ますます目立ってきた。環境政策の意思決定過程で党・官僚が絶対的権限を握っていたため，もともと環境立法には消極的だったが，この時期には環境運動・言論に対する規制・検閲が強化された。また，「独立の公国」と称される官庁組織の部門別編成が，閣僚評議会の存在にもかかわらず，全体的な舵取りを困難にしていた。第4に，「建て直し」を標榜するゴルバチョフも，低い経済成長率と労働生産性やアイデンティティの低下をはじめ内政上の困難と合衆国との軍備拡張競争に直面する事情を考慮するとき，チェルノブイリ後も環境保全策の低調路線が継続すると，展望している。

以上のように，1980年代後半からソ連や社会主義諸国において環境改善が緊急課題に掲げられ「エコ」意識も高まるなか，社会主義統一党の指導のもと一時期「公」の環境議論と環境史研究が沈静化していた東ドイツ学界でも，新たな胎動が始まっていた[53]。R. ミュラー゠ブロフは，科学・技術革命の進展とその成果活用に注目しつつ，資本主義と環境問題の関連にも独自の解釈を提示した[54]。主要な論点の一つは，資本主義の現状分析のために措定されてきた国家独占資本主義という段階を退け，独占段階に引き戻したことである。生産諸力の発展を支える科学・技術革命の担い手は，依然として私的独占であるという。第2の論点は，私的独占下の科学・技術革命の成果の活用と関わっている。戦後の科学・技術革命の進展を振り返るとき東西格差は，以前より拡大傾向にあり，それが一方で生態系の危機を生みだしたことは事実である。しかし，同時にそれは，オゾンホール拡大の元凶であるフロンガ

スの排出規制,熱帯雨林開発の抑制,および脱硫装置の設置義務などに見られるように,平和的利用により環境破壊の防止にも寄与している。そもそも資本主義的生産方法は,その自己崩壊が不可逆化する時期をおよそ承知しており,それまでは高い学習能力を駆使して対応していくというのである。ミュラー゠ブロフにあって,環境問題を資本主義の本質矛盾と捉え,社会主義システムのもつ諸特質から環境問題解決の点で資本主義に対する社会主義の優位を強調する所説は,既に捨てられていたのである。

5.3 環境政策における経済的手段

1980年代から環境政策において「指令・統制」型手段に代わり経済的手段が,大きく脚光を浴びるようになった。この経済的(市場に基づく)手段とは,「相対価格の変化ないし汚染者・社会間の財政的移転の形をとった市場信号の代替物」[55]と定義されるように,規制と違って汚染者に直接の制限を加える代わりに,「経済信号ないし汚染者がそれに対し反応するインセンティブを通じて作動する」という。R. U. シュプレンガーは,それを課徴金・税,デポジット基金,市場創設(排出量取引や共同実施),補助金および責任制(損害賠償・旧状回復)の5つのタイプに分け,伝統的な「指令・統制型」と比較して下記のような多数の長所をもつと述べている。第1に,市場エージェント自身に排出基準の達成だけでなく,それを越えて汚染削減のための最良の方法を工夫させること。第2に,技術改良のための持続的インセンティブを与えること。第3に,汚染者に与えられた罰則ないし改善からの選択権,あるいは行政担当者による課徴金額・税率の変更に代表されるような,柔軟性をもつこと。第4に,インセンティブ効果を促進したり経済システムの混乱を回避したりするために充当可能な収入源を確保できること。第5に,資源を保全し将来世代にバトンタッチできること[56]。

以上のようなメリットを考慮してOECDは,1991年にはすでに他の政策手段の補完物ないし代替物として経済的手段の一貫した利用を推奨しており[57],さらに1993年には『税制と環境』と題する報告のなかで[58],環境政策と財政政策が相互に好影響を与え合うこと,および環境税を中心とした経済

的手段の利用が過去数年間にメンバー国の間に拡大したこと，の2点を確認している。したがって，経済学において「環境政策の手段として経済的手段は，規制とは対照的に将来を約束された代替物と見なせる」[59)]との評価を受けたとしても，十分首肯できるのである。しかし，シュプレンガーが「なぜ，市場に基づく(経済的)手段は，もっと広く利用されないのか」[60)]との疑問を投げかけたように，経済的手段の浸透は緩やかでしかなかった。

本節では，この問いかけを2つの角度から問題にする。一方は，経済的手段の環境改善にとっての効果を，1980年代後半以降に蓄積されてきたデータに基づき評価する試みである。もう一方は，環境政策の成否を単なる手段選択の問題に解消せずに，政策形成・施行過程全体と関連づけて考える試みであり，国ごとの社会・政治・制度的文脈を考慮しつつ，環境政策を再構成しようとする狙いをもっている。なお，以下の叙述は，M. S. アンデルセン編著の『環境管理のための市場に基づく手段』，T. シュテルナー編著の『市場と環境』，およびターテンホーヴェ編著の『政治的近代化と環境』の3論文集を主たる拠り所としていることをお断りしておく[61)]。

5.3.1 経済的手段の事後評価

シュプレンガーは，環境管理における指令・統制型手段から経済的手段への重心移動の潮流を踏まえた上で，環境政策の事後評価の角度から経済的手段の意義を問い直している。論文の前半部では，経済的手段の概念と指令・統制型手段と比較した場合の特質が概観され，続く後半部では環境政策として経済的手段の有効性が，1987–97年 OECD の調査結果に基づきながら検討される。

はじめに，OECD の経済的手段に関する1987年，1992/93年，1995年，1997年の各調査結果を手がかりにして，10年間の変化を統計的に把握する作業が行われる。1987年時点で経済的手段は14ヵ国で約150例知られてはいるが，補助金，課徴金，責任制を除けば，約100例にすぎず，まだ指令・統制型に若干の財政・経済的助成が加わった段階にすぎなかった。続く1992/93年になると，経済的手段の採用国の数は23にまで増加し，とくに豊富なデータの伝来する8ヵ国では25％も上昇して，あたかも OECD の推奨策が

結実したかの印象を与える。生産物課徴金とデポジット基金が中心とはいえ，経済的手段の利用は「劇的にではないが大きく増加した」。さらに，1995，1997の両年の調査からは，次の2つの趨勢を看取できる。ヨーロッパでは，北欧諸国とオランダにおいて税制改革の結果として所得税中心から環境税・消費税への重心移動が進み，ドイツ，オーストリア，フランス，ベルギー，スイスの各国でも既存税制の枠内で環境関連税が拡大した。合衆国では，それとは対照的に排出量取引が増加し，汚染物質の除去から排出の削減・安定化がはかられるようになった。最後に，この10年間の変化が，環境税と環境目的の補助金の増加，生産物課徴金の著増，および排出量取引が合衆国を中心に発展したこと，の3点に集約されている。それにもかかわらず，環境政策における指令・統制型手段から経済的手段への政策手段の重心移動を結論するのは，早計だという。特に，1999年環境税を導入したドイツについても，「ドイツの環境政策が機能する経路は，指令・統制型手段を通してであるようだ」[62] と表現されるように，今日，双方の緊密な連携が確認されるからである。

　それに続いて，1994，1997年ヨーロッパの課徴金・環境税データに基づき，経済的手段が環境改善に与える効果の評価（環境政策の事後評価）に進む。1994年時点で環境税・課徴金の大半は収入確保の目的で設定されており，せいぜいインセンティブ効果をうかがえる状況だが，残念ながら明瞭な証拠はない。1997年の環境税・課徴金も，理論の想定するような効果を上げることはできなかった。その主要な理由として，課徴金・環境税の水準が低すぎること，技術革新を誘発するに足る財政インセンティブが与えられなかったこと，指令・統制型との費用対効果の比較に際して当然考慮されるべき費用要因（立ち上げ，行政，モニタリング，服従の強制コスト）が不問に付されたために，コスト効果が事前に過大評価されていたこと，の3点が挙げられている。経済的手段が理論的に大きな可能性をもっていたとしても，それを実現することは容易ではないのである。

　最後に，以上のような事後評価の試みから得られた教訓がまとめられるが，以下では4項目に整理した。

　第1に，事後評価のための適切で長期的なデータの乏しさが挙げられる。

この点では，環境税の考案・施行過程のなかに事後評価向けデータの作成を組み込む1997年OECDの提案が注目されるが，それは後に立ち返ろう。

第2に，環境政策における経済的手段を他の手段から切り離して，その効果を別途に評価することの難しさがある。もともと，経済的手段も一定の法規制の枠組み内において機能するわけだから，複数の手段から生ずる複合的効果の評価で満足せざるをえない。この議論を突き詰めていけば，手段選択から政策形成・施行過程全体へと視野を拡大する新動向が浮上した理由も明らかになる。

第3に，経済的手段の環境パフォーマンスの評価に際しては，目的の達成度を判断するために好適な指標を選定する必要がある。シュプレンガーは，指令・統制型アプローチと比較して，その優劣が明らかとなるような10項目の指標——環境効果，静的・動的な効率，広範な経済効果(雇用や競争力)，収入効果，平等，既存の行政・制度的枠組みとの両立可能性，強制可能性，政治的な受容可能性，適用の容易さ，能力養成効果——を挙げている。これらの指標は，コスト効果はあっても環境改善にはつながらない，あるいは環境技術の革新インセンティブを与えるが導入の強制は難しいといった具合に，相対立する特徴をもっており，目的に応じた組み合わせと順位付けが必要である。これこそが，政策の意思決定者の責任において行うべき仕事である。とくに，「どのような環境問題も多様な選択幅をもつ手段によって管理できるが，あらゆる状況にとって最良であるような唯一の手段はない」[63]と表現されるように，環境問題の解決にとって「万能薬」などないのだから。

第4に，環境政策の意思決定者は，経済的手段選択の「政治経済学」を十分理解して，時宜に適った手段を講ずる必要がある。とりわけ，経済理論に収まりきれない，下記のような様々な影響が銘記さるべきである。まず，環境政策手段の採用に際し，利害関係者の相対的な力関係を無視できない。次に，指令・統制型手段が長期採用され続けるには，それなりの理由——法律家のもつ規制効率に対する高い信頼，立法者のもつ法的強制力の達成可能な高い効率に関する信念，環境団体の環境を資産として扱う経済学的手法への強い反発，新旧企業の新たな汚染基準設定をめぐる強い対立，企業のもつ高いコスト負担感など——があり，その払拭が不可欠であること。さらに，そ

れと対照的に，経済的手段採用に対する慎重論にも，先例の乏しい手段の採用に対する政策担当者・汚染者双方の根強い不信，排出量取引の実施にかかる高い取引費用，および立法・行政者の統制権喪失に対する懸念など，正当な理由がある。

上記のような様々な経済的手段のうち，1980年代後半から1990年代前半にOECD諸国において最も活発な論議を呼んだのが，環境税である。それまで長い間，収入(財源)確保の目的から徴収されてきた各種のエネルギー税に加え，廃棄物処理，化学肥料，殺虫剤，プラスティック容器，砂利，バッテリーなど対象品目が大きく拡大され，併せて既存の税を環境目的に修正する動きも盛んになってきた。有鉛・無鉛ガソリンや硫黄含有分に応じてディーゼル燃料に適用される税率格差，あるいは収入目的の自動車・暖房用燃料税や自動車の車両税の環境関連税化が，その好例である[64]。以下では，環境政策の手段として環境税の有効性を，いわば「事後評価」の形で扱ったM. T. リベイロ，K. シュレゲルミルヒ，およびT. ギーの共同論文[65]とA. パークとC. V. ペッザイによる「二重の配当」に関する共同論文とを取り上げる[66]。そのうち後者は，研究業績のサーベイ論文だが，理論家・経験主義者間の「配当」の大小をめぐる論争の検討から，双方の立論基盤の脆弱さを鋭く指摘するなど，経済的手段の評価という文脈で扱うに足る，と判断したからである。

リベイロらの論文は，北・西欧6ヵ国で採用されている16種類の環境税を素材に選んで，環境効果を考察する。その際，評価に先立って留意すべき問題として，環境税の担いうる機能と効果とに関わる2点に言及する。一方の環境税の機能には，環境ダメージに相当するコストの調達，インセンティブ効果，および収入(財源)確保の3種類，もう一方の環境効果に関しては，税が汚染排出や希少資源使用の削減に対する直接の寄与，および納税者が税率と限界汚染防止費用の大小を比較考量して環境に優しい行動に転ずるインセンティブ効果の2種類に区別すべきであるという。

それら環境効果とインセンティブ効果に関する評価のために選択された事例は，水質・大気汚染から廃棄物管理まで広範な領域にまたがるが，その大半は，環境先進国の北欧3国とオランダ・ドイツに属している。すなわち，

スウェーデンの例が最大数の8項目(硫黄税，炭素税，国内貨物税，有鉛ガソリン税，ディーゼル燃料税，窒素酸化物税，化学肥料税，バッテリー税)を数えており，それに次いでオランダの3項目(水質汚染税，家庭廃棄物税，航空機騒音税)，さらにドイツの2項目(有害廃棄物税，水質汚染税)がくる。それ以外は，ノルウェーの炭素税，デンマークの廃棄物税・炭素税，フランスの水質汚染税と各国1例となっている[67]。環境効果の分析は，環境税の3機能に沿って順次行われる。

まず，環境効果に関して，燃料の価格差(有鉛・無鉛，硫黄含有率によるディーゼル燃料税率の格差)に反映される税率差，オランダの水質汚染税，および北欧諸国の炭素税が，汚染排出削減に多大な寄与をしたことは間違いない。次に，インセンティブ効果に関しては，スウェーデンの窒素酸化物税とドイツの有害廃棄物税につき有効性が確認されるが，その一方で，スウェーデンの化学肥料税・国内貨物税の効果のほどは，今のところ正確には分からない。最後に，費用・収入確保目的の環境税に関して，全体に研究が乏しく明瞭な回答を引き出すことはできないが，おおよそプラス効果を確認できると判断している。総じて，論題に掲げられた「環境税は環境(管理)にとって有効な手段であるようだ」とする結論が導き出される。

最後に，リベイロたちは，環境税の環境効果に関する事後評価を今日困難にしている3つの事情に言及している。第1に，費用・収入確保目的の環境税の場合と違って汚染削減の場合，達成さるべき数値目標が明示されていず，評価基準が曖昧なことがある。第2に，評価の方法に関わる問題で，他の政策手段から環境税だけを切り離し，しかも法規制の影響をも勘案しながら評価することは困難である。第3に，データに関わる問題である。環境評価には手段の定着・効果発生まで数年以上の期間を要するが，それに耐えうる良質な資料が絶対的に不足しており，時として本来の作成目的から大きくズレたデータを利用せざるをえず，結局，分析結果は推測の域を出ないことになる。このデータ問題に関して，1997年政策過程・評価手続きに関する構想のなかでOECDの行った提案が取り上げられている。それは，表5-1に見えるように，環境税の考案・実施過程のなかに，データ収集・解析の基盤作りの作業をあらかじめ組み込むという案である。

表 5-1 1997 年 OECD の政策過程と評価手続きに関する構想

〈政策過程〉	〈評価手続き〉
1. 環境問題の同定と定義づけ	1. 手段と制度文脈の叙述（基準線）
2. 政策介入の必要に関する論議と目標設定	2. 評価基準の定義づけ
3. 効果的・効率的手段選択の考案と評価	3. 評価モデルの構築と収集資料の定義づけ
4. 手段の選択・適用	4. 資料収集の継続，影響要因の再評価，事後評価
5. 手段の導入と統制・強制の実施	5. 評価モデル・指標・資料の適用
6. 事後評価に基づく手段の修正	6. 結論，政策形成へのフィードバック

［典拠］　Ribeiro et al. 1999, p. 201.

　パークらは，1990年代初頭から活発な論議を呼んでいる「二重の配当論」に関する研究業績を概観して，環境政策の複合性にも注意を喚起しつつ環境税の意義をいま一度問う。その出発点は，論文の標題「誤ったテーゼに関する多様な立場。二重の配当論議に関する構造的所見」からもうかがえるように，「二重の配当」の肝心な立論基盤が狭隘であったり，重要な論点が看過されたりしていて，論議をいたずらに紛糾させているとの認識である。一例を挙げれば，理論家の議論構成にとって暗黙の前提をなす「汚染者（物）一般」の想定は，多様な汚染物間のモニタリング・強制コストが大きく異なる事実に鑑みるとき，実際の経済的分析と政策形成には耐えられない。他方，経験的な分析がおもに立脚する炭素税も，同じく「配当」に関する一般的結論を提示するには十分とはいえない。ひとことで言えば，「配当」問題を現実に引き戻す仕方で論争を整理し直そうというのである。その狙いの意味は，そもそも「二重の配当」論が大きく注目を集めた理由を想起するとき，ただちに明らかとなる。すなわち，1990年代OECD諸国が，高い失業率と高い労働・資本課税に直面して，その打開のために汚染者負担原則の徹底による所得税（社会費用）・法人税減税の推進と雇用拡大を真剣に考慮していたからである[68]。

　初めに，「二重の配当」の規模をめぐる理論と経験の間の論争が取り上げられる。理論家は，概して大きな「配当」の発生に懐疑的姿勢を示すが，それ

は下記のような様々な仮説に依拠してのことである。第1の説は，環境税導入後に汚染削減が進展するにつれ，肝心のバッド課税のための基盤の収縮が生じて，結局，賃金低下・雇用減少と労働市場の歪みを増幅するに終わると主張する[69]。第2の説は，環境税導入により限界生産費が上昇してGDPの低下が生ずるため，歪んだ税制の是正による「配当」の効果は消し飛んでしまうと考えている。第3の説は，マクロ経済における労働市場が固定的雇用と柔軟な賃金によって特徴づけられる場合，雇用効果は発生しないと力説する。この労働市場の制度的特質という文脈では，導入される環境税が既存の法規制と妥協の産物でしかない点に注目して，指令・統制型手段と経済的手段の共存も指摘される。他方，経験主義者の主張する大きな「配当」にも疑問が投げかけられている。「配当」の大小を決定するのは，多くの場合，環境税導入そのものというよりは，むしろ既存税制の歪みの大きさに左右されると考えられている。また，大きな「配当」を前提とする環境税の設計は，当然ながら頑強な政治的反発を呼び起こすはずで，そのままでの導入は困難だと判断されている。したがって，パークらは，小さな「配当」を想定するのが順当だと考えている[70]。

第2に，汚染物間に歴然と存在する統制コストや技術的対応力の違いに注目するとき，炭素税の例に基づき「二重の配当」の一般的帰結を引き出す，これまでの研究姿勢そのものが問われる。パークらは，二酸化炭素と二酸化硫黄を対比して問題点を抉りだしている。二酸化炭素の場合，排出源が産業部門から家庭・運輸部門にもまたがり，法規制による強制・監視コストは膨大な額にのぼり，また技術的に化石燃料の代替物もなくエネルギー効率改善にも限界があるため，炭素税の導入はコスト的にも有利な選択である。他方，二酸化硫黄の場合，強制・監視コストは低く，しかも脱硫装置による除去も十分可能であり，環境税でなく法規制(排出基準の設定)や排出量取引など，環境税以外の手段でも十分対応できる。同じことは，微粒子，生物化学的酸素要求量などの汚染問題にも当てはまる。したがって，論文集の編者のシュテルナーにならって，次のように表現することが可能である。環境税の不在は決して環境政策の不在を意味するわけではなく，我々は，環境税が消費に与える攪乱効果など否定的影響も考慮に入れて，税制・規制を含め多様な政

策手段の組み合わせを工夫する必要がある[71]。

第3の論点は，税収の使途をめぐる問題であり，環境税導入による平等化効果の有無，および「配当」として現れる効果ないし改善目標——福祉，雇用，産出——の在りか，の2つの次元からなる。所得税・法人税・消費税など一般の税制より環境税が逆進的であれば，税制改革も逆進的となり，その場合，平等・公正を改善するためには税収の再分配が行われねばならない。他方，税収の環流は，これまでのところ所得税・法人税を軸にしており，それが小さな「配当」をもたらす点には先に触れた。ただ，計量分析が教えるように，福祉，雇用，産出という上記3目標を同時に達成することは困難で，環境税導入に当たっては明確な目標設定が肝要だという。

このように，汚染物質の種類毎の統制(強制・モニタリング)コストを視野に収めつつパークらは，汚染者一般あるいは炭素税の事例に基づき「二重の配当」を論じてきた理論家・経験主義者双方の限界を指摘し，論議をより現実に密着した水準まで引き戻そうとした。その際，「二重の配当」に対する既存の法規制，既存の行政組織の利用可能性，および政治的勢力配置の影響も，考慮に入れられていることを想起するとき，より広い枠組みから環境政策に接近しようとする意図も見えてくる。そして，この延長線上に，次節で取り上げる環境政策を政策形成・施行・監視過程全体を視野に収めて考察するアプローチが来る。

5.3.2 政策手段の選択から政策形成・施行過程へ

イエーニッケは，2000年論文において「指令・統制」型アプローチが必ずしも環境改善に導かないと，経験的に知られているにもかかわらず，環境政策において国家が大きな役割を担うことが期待される理由を問い，環境政策が革新促進的な諸条件に影響を与えるからに他ならないこと，を確認している[72]。ただ，その際に注意しなければならないのは，環境改善の革新効果が政策の施行時というより，むしろ政策立案・目標設定時に強く誘導されるという事実である。それは，政策手段の選択に留まらず，広く政策過程(目標設定-実施)全体を視野に入れたアプローチの必要性を浮き彫りにするからである。イエーニッケは，環境政策を成功・革新に導くための政治的条件の複合

第 5 章　1970 年代以降ヨーロッパにおける環境政策手段の変化　　183

表 5-2　政策分析・評価調査

［政策分析・評価調査(ボトム・アップ)］	［政策統制(トップ・ダウン)］
目的　● 政策手段の効果の有無と効率性 　　　● 成功や革新にとっての政治的条件の複合性と相互作用の動力学(どのような条件があれば成功するか)	● 厳密な統制を通じた革新の促進
中心課題 　　　● 制度的文脈 　　　● 行動主体の位相(配置) 　　　● 交信ネットを通じた政策学習 　　　● 交渉システム，政策スタイル	→ 政策研究の進展から疑問 ● 客体の反応条件，ロジック確定困難 ● 成功は主体・客体の相互関係に依存 ● 双方で目標が一致すれば手段は二義的 ● 結局，主体・客体の二分法に限界

［典拠］　Jänicke 2000, p. 51.

性とその相互作用に着眼し，政策分析・評価調査アプローチを提案する[73]。すなわち，「成功した環境政策」から，制度的文脈，行動主体の位相，交信ネットワークを通じた政策学習，交渉・政策スタイルを読みとり，それを基礎にして政府の革新戦略による政策目標の達成方法，環境改善の促進に繋がる技術の発展・伝播の奨励策などを追求しようというのである(表 5-2 を参照)。彼らの方法は，次章で見るとおり，環境史研究にも形を変えて適用されることになる。

　初めに，政策分析・評価調査アプローチの方法的有効性を明らかにするために，政策統制(トップ・ダウン)型のモデル・理論アプローチの限界が確認される。モデル・理論アプローチに取り入れられる変数は少なく，依拠する仮定の多くも外的影響に大きく左右される性格のものであり，結局，革新効果も乏しく事前予測も論争にさらされる頻度が高い。その印象的な例として，1974 年-80 年代に日本で採用された累進的電気料金体系がエネルギー集約型産業に与える影響に関する事前予測が取り上げられる。すなわち，コスト上昇に起因する国際競争力低下という事前予測にもかかわらず，化学工業は産業全体の平均値より高い成長率を電力消費量微増のなかで達成して，省エネと技術革新とを軸とした反応を示したのである。

　それに続き，環境政策を成功に導いた複合的要因を明らかにするために，

事後評価の例が紹介される。

第1に，日本の硫黄酸化物排出削減の成功は，1974年法規制と1988年課徴金賦課に帰されがちだが，実際には，企業の自主規制，行政指導やエコ情報交換が大きな役割を果たしていた。

第2に，オランダの水質汚染改善は，1970年排水溝建設を計画する企業への財政援助に充当する原資確保のための課徴金徴収から始まったが，その成功は，行政・企業間の非公式の交渉，協議および査察に負うところ大である。

第3に，1980年代ドイツ企業によるカドミウム代替物をめぐる論議が活発化し，1989年政府による使用禁止法制定に先行して自主規制が行われたが，その出発点はシグナル効果としてスウェーデン政府のカドミウム禁止策に他ならなかった。

第4に，ドイツとスカンディナビア3ヵ国の経営者を対象としたアンケート調査——企業がエコ行動を採用するに際して強い影響を与えた外部要因についての問い——の結果，政府機関に次いで環境団体が上位を占めたが，これは環境団体が政党・労組をも上回る組織率を誇り，産業・企業と独自の交渉・要求を行うなど大きな影響力も振るうようになった状況を反映している。

以上の事例は，環境政策が経済的手段の選択を越えた問題として，一つのプロセスとして政策形成・施行・監視全体を扱うべきことを雄弁に物語っている。まず，政策スタイル（政府の関与の仕方）が，行政指導・交渉による複雑な意思決定を回避したルール形成，あるいは企業利害とも両立可能な柔軟性を持つ手段の調整において重要な役割を演じている。次いで，手段選択より目的設定を重要視する近代公共管理の主張の有効性も，企業に対する革新の方向づけによる中期的な投資の促進，革新のための自発的な対話・情報ネットワーク形成による対応，および政策的な学習効果などから論証された。角度を変えれば，指令・統制型（トップ・ダウン）と経済的手段（ボトム・アップ）を峻別せずに，その組み合わせによる接近こそが不可欠だということになる。以下，政策パターンをキー概念にして考案された，その組み合わせに関する提案を一瞥しておこう。

政策パターンとは，「政府の統制する領域内にある計算可能なルール，手続きの方法，行動の文脈の総体」[74]と定義されており，政策の一部として環境

表 5-3 環境政策をめぐる政策パターン

[目標達成のための手段]	[政府機関の政策スタイル]	[行動の政治・制度的な文脈]
● ミックス中の主要手段	● 目標設定の形態	● 規制機関の権限と影響
● 行動決定の程度	● 道具適用の柔軟性	● 他の政策の役割(政策統合)
● 選択接近 vs 戦略接近	● 手段のタイミング	● 規制者・規制対象(利害関係者)の関係
	● 合意のために方向付け	
	● 正統化(市民からの支持)	● 非政府環境制度の役割
	● 官僚化	
	● 計算可能性	

[典拠] Jänicke 2000, p.59.

　税・補助金は「ソフトな行政的な影響手段(行政指導)やネットワーク経由の言説構造(情報開示・対話)と協同」して機能すると捉えられる。この政策パターンは，表5-3にあるように，特別な目的・目標達成のための手段，政府機関の政策スタイル，主体・行動の政治・制度的文脈の3要素の相互作用から構成される。この場では，政策スタイルに関わる政策手段の適用方法，目標の設定，広い選択幅を保証する柔軟性，伝達(アナウンスメント)のタイミング，助言過程の重要性が強調されていることを，再確認しておきたい。とりわけ，政策形成・施行過程全体(問題の定義づけ，目標設定，意思決定，柔軟な施行，衝撃の統制)が，環境問題をめぐる政策効果を左右することを，凝集的に表現していると考えられるからである。

　ブレッサーズとフイテマの共同論文は，経済的手段に関する議論の現状を次のように総括することから始める[75]。環境政策における経済的手段は，市場をフル活動させることで「指令・統制型」手段と比べて低コストで環境目標を達成できるために，将来を約束された選択肢であると見なされてきた。しかし，実際に採用される環境政策は，通常，経済理論の提案とは大きく異なっている。この事実は，経済理論の前提をなす2要件――経済的手段は政治的に実現可能であること，および経済的手段は政策対象グループに完全かつ適切に適用できること――そのものに疑問を投げかけている。経済理論の中心課題をなすコスト効果は，政策過程全体で考慮される多様な指標の一つに過ぎないのである。「経済学的な合理主義者のいう市場指向的な政策手段に関する論議が根ざしている，新古典派のミクロ経済学の『お伽の国』は，現

実世界からは大きく隔たっている」[76]　として，「政策（政治）は，（経済学からは自立した）独自の合理性をもつ」[77]　と述べるのも，そうした状況を踏まえてのことである。この論文は，OECD諸国の例に基づいて，利害関係者の行動，制度的文脈，および政治的な学習など政治的な意思決定が，最終的な経済的手段の考案に大きな影響を与えることを論じていく。

　まず，政策過程において作用する多元的な指標の意義が論じられる。OECDや合衆国議会は，特定の環境問題と政策目標に対処するための手段を列挙した，一種のマニュアルを作成したが，それは無用の長物に過ぎない。なぜなら，利害関係者や他の主体（官僚を含む），あるいは制度が政治・行政過程で及ぼす影響を不問に付しているからに他ならない。政治学は，政策手段の選択・施行に際して，メッセージの発信側だけでなく，受信側の価値判断（効果とコスト）も考慮に入れ，とくに内外市場における企業の競争力，政策の受益者と被害者をめぐる分配効果，既存の行政組織・制度の利用可能性や政策対象者の利害状況などと関連した政策手段の実行可能性，既存の法・規制との整合性，手段の柔軟性，選挙への影響など多元的要因を視野に収めている。

　次いで，政策手段の考案が経済理論の理念型と大きく食い違うことを，OECD諸国の例に基づきながら証明する。第1に，環境税・課徴金は，環境改善に対し適切なインセンティブ効果を発揮するには，あまりに低水準に設定されている。第2に，既存の法規制下にあって経済的手段がコスト効果を上げるには長年月かかり，結局，経済的手段も既存の法規制の補完物の役割に留まらざるをえない。第3に，環境税・課徴金などからの収入の使途は，必ずしも環境目標達成のための最適配置を狙いに据えていない。第4に，排出量取引市場の多くは，既存企業に対する影響の最小化を勘案して設定されている。第5に，企業の国際競争力に配慮して，環境税・課徴金の軽減・免除措置が講じられる頻度が高い。第6に，国家主権に抵触する国境横断的・国際的環境問題に関して，最適のコスト効果を手段採用の基準とする例がほとんどない。

　以上の検討を踏まえ，同時にR. ハーンの「技芸の国家」モデルを叩き台にして，経済的手段の選択に影響する政策形成過程に関する政治経済学的アプ

ローチが提示される。

　出発点となるハーンの所説の概要は，次の通りである。社会全体における効用最大化を軸にし，利害関係者へのアピール効果をも考慮した「シンボル政策」の選択が問題とされる。例えば，利潤最大化を狙う産業と環境改善をはかる環境運動が相対立する状況を設定したとき，政府の手段選択はコストと可視的(アピール)効果の双方につき妥協的性格をもつものにならざるをえない。この所説は，政策形成に参加する主体数を少なく設定していたため，過度な単純化，同種の政策手段をめぐる先行的経験からの学習効果の軽視，および政策形成における制度要因の軽視の3点で限界をもつ恨みが残る。この限界を克服すべく，主体・動機の多様性を軸にして，とくにスヴォボダの利害関係者の複合性(産業，環境運動，政治エリート，官僚)，サバティエの「唱道的連合」に関わる所説，ローマンらの主体的な制度変化と法規制・手段選択の行われる「舞台」に関する所説を援用しつつ自説を提示した。

　ブレッサーズらの所説は，2本の理論支柱を持つ。一方は，「唱道的連合」説であり，その理論的枠組みは，次の通りである。特定の政策分野における意思決定は，利害関係者の連合が形成されるその舞台となる「政治的サブシステム」で行われる。この連合に結集する主体は，価値，問題関心，因果律の考え方の3点を共有しており，連合を足場にして相互に競合する。これら連合は，情報の収集と利用，意思決定への参加をめぐる交渉，連合と同調する政治家の支援を得て，政府関係機関のルールをめぐる交渉に臨み，その結果として連合間の妥協，あるいは先行事例からの学習効果に基づきつつ政策の手直しが行われる。もう一方は，制度要因の重視である。制度を成層化した構造をもつルール(憲法，集団，機能レベル)と理解し，各主体の行動を決定する舞台を動機・資源と文化・物的状況と関連づけて考える。ローマンの見解によれば，経済的手段と法規制との選択が行われる舞台は異なっており，別途の主体の関与(例えば，財務省)，あるいは効用最大化とは別のゲーム・ルール(例えば，財政的中立)の採択などが行われる。これら制度的な複合性が，経済的手段の浸透が実際には緩やかなこと，および法規制と経済的手段の併存などの状況を決定づけるというのである。

　ターテンホーヴェ編の論文集『政治的近代化と環境政策配置の動力学』は，

経済的手段を直接のテーマに掲げていないが，後述のように，政策配置アプローチを標榜しつつ，環境政策をめぐる「国家・市民・市場」関係の変化を考察して，これまでとは違った観点から経済的手段を問題としているので，最小限の範囲で概観しておく[78]。したがって，論文集の狙いの一つをなす，1980年代以降の環境政策における国別の分岐した発達の考察は，今後の課題としたい[79]。

　ターテンホーヴェらは，環境政策の制度化，政治的近代化，および政策配置の3つのキー概念を用い，関連諸学説との比較を交えつつ独自の方法を練り上げている。下記の表5–4にあるように，ハイエールの言説アプローチ，ギデンズらの政治的近代化を批判的に継承した政策配置を中心概念に据える。この政策配置とは，特定の政策決定のレベルにおける政治領域の組織と内容の一時的安定をもたらす枠組みと理解されており，日常的な政策過程での主体間の相互作用，および政治的・社会的変動のマクロ過程との織りなす二重構造の転換との相互作用において変化するものと考えられている。別言すれば，環境危機を引き金に進行した「エコ近代化から政治的近代性」への移行は，「国家・市民・市場」関係の変化と新たな統治（ガヴァナンス）の型を生み出し，同時に国家・市場エージェントと市民・利害関係者との関係の再編をもたらす。ここに，新たな政策「連合」，資源と権力の再分配，ゲーム・ルールの変更，言説の一新という4次元の動力学に駆動されつつ，政策配置の内容と組織との編成替えが進行するというのである。

　この政策配置アプローチの具体相を例示するために，P. ペストマンの論考を一瞥しておこう[80]。この論文は，オランダのインフラ政策を素材にし，支配的言説に焦点を合わせつつ政策配置の辿る変化を，戦後から今日まで4時期に分けて追究する（表5–5を参照）。第1期には，幅広い国民的合意のもと運輸省（水流管理局）の主導下に，戦後復興のためのインフラ投資が積極的に推進された。この時期形成された，行政担当者・利害関係者・専門家からなる助言委員会も，政策形成に直接の影響を与えることはなかった。第2期には，1970年代の市民・環境団体から出された意思決定の透明度拡大の要求を受けて，道路計画への市民参加と環境影響に関わる政策評価とが，意思決定の不可欠な要素に取り入れられた。第3期には，オランダ経済の不振のなか予算

表 5-4　政策配置アプローチの概念図

制　度　化：	エージェント(政治家・官僚，環境団体・市民，企業)の相互作用
↑↓	新旧の政策配置の交互作用
政　策　配　置：	政治領域での組織・内容の安定化(連合，ルール，資源・権力，言説)
↑↓	エージェント間の相互作用と社会政治変化の二重性から影響
政治的近代化：	社会政治変化のマクロ過程(国家・市民社会・市場の関係変化)
	新たな「ガヴァナンス」概念の形成

［典拠］　Tatenhove / Leroy　2000.

表 5-5　インフラ政策における政策配置の諸特質

年	社会的発展	政策形成の主要形態	支配的な政策言説
1945-71	●主要な経済目標をめぐる合意	●公式のコーポラティスト的要素を伴うテクノクラート的形成	●オランダ経済の復興
1971-82	●透明性と両極化	●テクノクラート的計画への大衆参加の導入	●多元的意思決定(道路建設と景観破壊の削減)
1982-89	●経済衰退と予算カット	●大衆参加の減少	●新たな経済のための予算・政治意思の欠如
1989-2000	●グローバル化，EU統合，経済繁栄	●集権化と相互作用的の計画の並立	●「主要港」発展と大衆支援の追求

［典拠］　Pestman　2000, p. 77.

削減と民営化が進められ，大型プロジェクトは規模の縮小を余儀なくされた。環境運動は制度的に保証されたが，政策上の意思決定は行政主導下に行われて，市民参加の実はあがらなかった。第 4 期には，1988 年「第 4 次空間計画」を境に打ち出された「運輸は経済発展の原動力」のスローガンのもと，インフラ政策は大きな転換を遂げた。一方で，「主要港や輸送軸」計画では，経済のグローバル化や対外競争の激化のために声高に叫ばれる「意思決定の迅速化」の要請に応えるために，国家が前景に出てきた。それと対照的に，北東鉄道路線計画では，地方自治体・住民・環境団体が主導権を与えられることになり，再集権化と多様な利害関係者の相互作用との相分岐した発展の併存状況が現出した。

　ターテンホーヴェらは，論文集の結論において政策配置アプローチの仮説

と，オランダ(ドイツ)を主な対象とした事例研究の成果の摺り合わせを行っているが，そのうち本章のテーマと関わる主要な論点を一つ紹介しておきたい[81]。すなわち，環境政策における政策配置の辿る趨勢に関して，ベックらの主張する「線形的進化」の所説は，はっきりと退けられるという。今日，一部の環境政策領域において市民代表(環境団体)・市場エージェント(企業)間の直接的な協定・契約締結のような新潮流を読みとれるものの，既述のペストマン論文にも明らかなように，国家の再集権化と利害当事者の参加の併存をはじめ多様かつ複合的な状況が広く確認される。そのような異なるタイプの政策配置が併存する理由や，政策配置の類型化は今後の課題に残るが，「国家・市民・市場」関係の複合性に鑑みるとき，「指令・統制」型手段から「経済的手段(市場に基づく手段)」への重心移動ではなく，広範な市民参加のもとでの併存(相互補完)状況，および政策手段の選択でなく政策形成・施行過程全体への視野拡大，の2点を読みとれる。

5.3.3 経済的手段から情報開示へ？

環境政策における「指令・統制」的手段と経済的手段との批判的検討から，第3の選択肢である情報開示への転換を主張する立場も登場してきた。この所説は，まだ少数派にすぎないが，興味深い論点を多数提示しているので，ティーテンバーグの1999年論文「汚染コントロールのための情報開示戦略」を紹介しておこう[82]。

ティーテンバーグは，環境政策における汚染管理の史的展開を第1期の法規制，第2期の経済的手段，および第3期の情報開示の3段階で捉え，それぞれの功罪を評価することから始める。規制は，投入コストに見合った成果を達成できず，それに対して経済的手段は，コスト効果と柔軟性を高めることには成功したが，汚染が余りに多岐にわたっているため，対応するには予算・資源的に限度があり，発展途上国への適用が困難だという欠陥をもつ。それに続いて，情報開示戦略の特質と環境政策としての有効性とを多数の事例研究を使って論証していく。

情報開示戦略に関する学説的起点となる1960年のコースの所説によれば，不完全情報下で生ずる統制コストを上回る費用の被害者への賦課(限界収益を

第 5 章　1970 年代以降ヨーロッパにおける環境政策手段の変化　　　　191

上回る限界コスト)は，何らかの外的圧力を通じた情報公開を不可避にしている。このコースの所説は，確かに汚染者負担原則の成立には寄与したが，有機農産物などに採用されたラベリングと比べても，汚染管理への応用はごく最近までずれ込んでしまった。そこで，汚染の発生を生産物の使用・消費に由来する生産物汚染(殺虫剤，フロンガスなど)と，生産工程からくる工程汚染(製紙工場の水質汚染や製鉄所の大気汚染など)との 2 種類に分け，情報開示の利害関係者として家庭，消費者，企業(職場)，自治体を区別しつつ，主に合衆国の事例を使って考察しようというのである。以下，代表例を順次紹介してみよう。

　第 1 に，家屋をめぐる健康害(シックハウス)の元凶としてラドンガスと鉛含有塗料の使用が挙げられる。伝統的には安全基準の設定，モニタリング，および改善強制が行われてきたが，それにかわり 1996 年環境保護局は賃貸・売買契約に先立ち「知る権利」の行使を認め，安全基準の調査のために低コストで試験装置の貸し出しをも決定した。

　第 2 に，職場でのリスク管理のために 1983 年製造業者の危険対話基準が定められ，化学的汚染の危険にさらされた労働者に対し情報提供(容器ラベル，原料の安全データシート，訓練)の請求権を認めた。

　第 3 に，自治体については，環境リスク発見のためのメカニズムの確立，情報の信頼性の保証，情報開示による情報共有，情報に基づく行動(市場での選択，法改正，司法的処置)の枠組みが挙げられるにとどまる。

　第 4 に，情報開示による汚染防止の最も典型的な事例として『地球白書 2000–01』にも取り上げられた「有害化学物質排出目録」がある[83]。1986 年 1 月「環境保全と地域社会の知る権利法」の一コマとして成立し，その大半が排出基準のない有害物質の排出に関する情報提供を目的にしていた。すなわち，年間 1 万ポンド以上の化学物質を使用するか，2.5 万ポンド以上を輸入・製造・加工する企業のうち 10 名以上のフルタイム雇用者をもつ企業は，企業名(親会社名)，排出される有害物質名，排出回数，排出先の環境媒体の各項目を，国民，国家・自治体，消防署・緊急病院(危機管理部局)宛てに毎年報告する義務を負うことになった。その結果，環境保護省の公式データに従えば，1988–94 年に 44％ の排出削減が達成された。その間，環境保護省

は，1991年2月「有害化学物質排出目録」プログラムを補完し，いっそう推進するために「33/50プログラム」をスタートさせた。これは，17の主要有害物質につき合衆国全体で1995年までに33%の排出削減を，そして1999年までに50%の削減を目標に掲げていたが，プログラム参加企業の自主規制による達成を軸に据えていたことを一大特色とする。このプログラムには最終的に1,300企業が参加し，1994年までに50%の削減を達成した。ちなみに，カリフォルニア州では1986年11月「有害化学物質排出目録」導入後に実施された住民投票の結果を踏まえて，類似の「動議65」が採択され，住民・環境団体による情報開示の不徹底な企業に対する訴追権の認可など，州政府の担当してきたモニタリング機能を緩和しながら情報開示策の一層の発展が州レベルでも図られたことを，付言しておきたい。

ところで，ティーテンバーグは，「有害化学物質排出目録」導入後の株式（証券）市場の変動と有害物管理姿勢の変化や，「30/50プログラム」に参加した企業の意思決定・動機を調査した研究成果も紹介している。化学会社は株式市場で価値低下を経験し，それが工場内外での排出削減とリサイクルの増加に繋がったこと，企業がプログラムに参加した理由は排出回避のための費用節約にあること，短期的な収益減も長期的な収益増により埋め合わされると考えられていること，大規模企業は必ず参加しており，プログラム参加以前の「ただ乗り」から目を逸らすための参加が行われた形跡はないこと，の諸点が確認されている。

以上を踏まえて，著者は全体として情報開示が汚染管理に対し効果的であることを結論する。すなわち，汚染者・規制者双方にとり比較的低コストで，環境改善のためのインセンティブ効果（企業の自主規制，労使間の環境協定の締結，環境団体の改善要求，被害者の損害賠償請求，投資家への注意喚起など）を生むことで，伝統的な法規制と経済的手段よりはるかに優れた成果をもたらすという。その際，文字通りの「完全情報」の意味における「量」より高質の情報提供が，環境効果に大きく影響することを確認しておきたい。

この情報開示戦略の意義を，どのように評価できるのか。この問題について，論文集の編者シュテルナーが簡にして要を得た論評を寄せているので，紹介しておこう[84]。第1に，その有効性に関わる情報は乏しく，まだ決定的

なことは言えない状況だが，今後大きな可能性をもつことは間違いない。とくに，企業と被害者が多数の契約を結んでいたり，当局が規制・経済的手段の点で限定的な権限しかもたない場合には，大きな可能性をもつ。第2に，それにもかかわらず，情報開示戦略を「指令・統制」型手段と経済的手段に続き，そしてそれらに取って代わる第3期の選択肢と理解することは，早計に過ぎる。むしろ，シュテルナー編の論文集の中心命題でもある，特定の社会経済状況下の様々な型の環境問題にとって，「指令・統制」型手段と経済的手段の組み合わせこそが重要だといえる。第3に，その意味から，情報開示戦略も「環境政策手段の選択と発展は，当初考えられていたより，はるかに内容豊かで複合的な領域である」との文脈に位置づけることが適切であろう。

5.4 小括──「国家 vs 市場」を超えて──

本章は，1980年代以降西側主要国の環境政策に生じた根本的再編成を，政策手段における「指令・統制」型手段(法規制)から経済的手段への重心移動と捉える所説の当否を問いつつ，環境政策研究の現状を探る方向で考察してきた。前半部では，1970年代まで環境管理の主流をなしながらも，その対応力の限界を露わにしてきた「指令・統制」型手段に光を当て，とくに，ワイツゼッカーから規制策失敗の典型例にも挙げられた，中・東欧の社会主義諸国における環境政策の変化──環境問題に関する理論的解釈，イデオロギー的背景，理論と現実の乖離，環境運動の不在ないし弱さ──を東欧革命・ソ連邦解体まで追跡し，いわば過去から重心移動説の当否を問い直す仕方で接近した。後半部では，北欧諸国・オランダによる環境税導入から10年を経て，本格的な政策評価の始まった「経済的手段」を取り上げ，経済理論の主張する高い費用対効果にもかかわらず，その浸透が意外なほど緩やかなことから出発し，これまでとは異なる新たな視角から接近を試みる新潮流を紹介した。すなわち，政策形成・施行・監視過程全体から「経済的手段」の意義と限界を見極めると同時に，それに関与する「国家・市民・市場」3者の関係に注目しつつ環境政策のあり方を再構成してきている。以下では，検討結果を簡単に要約し，次いで今後の環境政策の研究指針となる教訓に言及する

ことで小括にしたい。

　前半部では，中・東欧の社会主義諸国における環境政策の特質を，ソ連と東ドイツを中心に考察し，環境問題を「資本主義の基本矛盾ないし国家独占資本主義の全般的危機の現象形態」と捉え，問題解決における社会主義の優越性を強調する見解が，形を変えつつも一貫して堅持されたことを確認した。すなわち，社会主義諸国は，生産手段の社会的所有による社会へのコスト転嫁の解消，生産の無政府性に代わる中央計画経済への移行，労働大衆による政権掌握と資源・環境の社会的利益に沿った管理など，少なくとも理論的には，優れた制度的・社会構造的特質を備えていた。また，東ドイツが1970年に「国土改良法」を制定して，スウェーデンに次いで早い時期から規制に取り組んでいたように，環境政策の制度化の点で西側諸国に遅れをとることはなかった。

　しかし，戦後急進展した高度な工業化・都市化は深刻な環境破壊をもたらし，理論と現実の乖離をいやが上にも浮き彫りにしてきた。1970年代には既にスターリン型の重化学工業に傾斜した工業化と生産至上主義に反省を迫るために社会的需要概念の採用や自然・環境への過重な負荷の解放も叫ばれ，環境問題は「すべての工業国家に共通」（イエーニッケ）と捉える西側研究者にも繋がる観点も生まれていたが，支配的な学説を変えることはなかった。それは，共産主義への移行の推進力といったイデオロギーと不可分に結びついた「産業・成長至上主義」「自然の改造」の存在，中央計画を空洞化さす硬直的な産業・部門別の行政・官僚階層序列組織の存在，および公式的な環境組織・運動の不在といった障害が，大きく立ちはだかっていたからである。

　その一方で，変化の兆しがなかったわけではない。1960年代のバイカル湖周辺の工業開発や1970–80年代半ばのシベリア河川の中央アジアへの迂回路開削計画に代表される巨大プロジェクトに際しては，そのつど地域住民，専門家，知識人の構成する環境組織が結成され，計画を中止に追い込むことができなかった場合でも，計画実施過程で影響を与えている。1980年代の上からの音頭取りによる「エコロジー化」運動もそうした底流と無縁とは考えられない。また，環境問題の解決において社会主義が資本主義に対してもつ優位性についても，資本主義において科学・技術進歩の成果が環境改善にも積

第5章　1970年代以降ヨーロッパにおける環境政策手段の変化　　　195

極的に利用されている事実に注目して疑問が呈され，併せて「国家独占資本主義の全般的危機の現象形態としての環境問題」と捉える支配的見解を退ける動きも，1980年代後半には出てきていた。それらの新潮流も大勢を変えることはできないまま，東欧革命・ソ連解体を迎えたことは周知の通りである。したがって，環境政策における「指令・統制」型手段の失敗例に中・東欧の社会主義諸国の経験を挙げることは，あながち間違いではあるまい。しかし，イエーニッケが「西側の思い上がり」と皮肉を込めて警告したように，規制的手段の限界は，社会主義諸国に限らず「すべての工業国家」に共通していた。その意味から，「規制(国家) vs 市場」ではなく，「国家・市民・市場」3者の織りなす関係を軸に据えて環境政策を見直す方法は，すでに1980年代後半中・東欧の社会主義諸国の示す対応限界のなかに凝集的に表現されていたとも言えよう。市場の機能不全と市民の政策過程全般への低い影響力のなか，「国家」に矛盾が集中したからである。

　後半部では，環境政策における指令・統制型手段から経済的手段への重心移動をめぐる所説の当否を問いつつ，その環境効果に関する事後評価と，それを踏まえた環境政策の抜本的見直しの動きを考察した。OECD諸国あるいはEUメンバー国のデータに基づく経済的手段に関する事後評価は，1990年代以降の利用国と対象品目の増加と，環境税型のEUと排出量取引型の合衆国の分岐した発展とを確認している。しかし，経済的手段が環境改善に与える影響は，課徴金・税率の水準が低く設定されたこと，あるいは経済的手段の施行コストの過小評価，裏返せばその費用対効果が事前に過大評価されたこともあって，経済理論が想定した目標を達成できなかった。他方，1990年代に経済的手段のなかで最も活発な論議を呼んだ環境税に関する事後評価は，幾分楽観的な像を伝える。環境税の担う直接の環境効果，インセンティブ効果および収入(財源)確保の諸機能について，少なくともヨーロッパ諸国の例から判断する限り，肯定的な分析結果が得られており，また環境税導入を契機とした「グリーン税制改革」のもたらす「二重の配当」をめぐる論議も，目標の配当を雇用，福祉，産出のいずれに設定するのかなど争点はあるものの，少なくとも小さな配当の発生を確認してきている。

　以上のように，最近の事後評価によれば，指令・統制型手段と比べたコス

ト効果ないし環境改善も，経済理論が期待を抱かせたほどの水準では達成されなかった。この事実は，政治家・官僚・法律家が法規制に対してもつ強い信頼，逆に実績の乏しい経済的手段の効果への懐疑的姿勢ともども，経済的手段の浸透の緩やかさ，あるいは経済理論から距離を置いた政策手段の考案へも導いていった。

そして，この事後評価の結果から出発し，環境政策をめぐる議論を手段選択から解き放ちつつ，より広く政策形成・施行・監視過程の全体から説きおこす試みが登場してきた。このグループは，「政策分析・政策評価アプローチ」（イエーニッケ），「唱道的連合・制度アプローチ」（ブレッサーズ），「政策配置アプローチ」（ターテンホーヴェ）といった具合に論者により接近方法を若干異にするが，市場・国家エージェントを含め多様な利害関係者と市民・環境団体の力関係や，既存の法規制・制度の影響，およびグローバルな経済政治状況の影響を考慮に入れ，「指令・統制」型手段と「経済的手段」の問題にまったく新たな角度から接近してきている。この潮流を「ミクロ経済学のお伽の国」（ブレッサーズ）とまで表現できるかは措くとしても，経済理論からの提言を政策形成のワン・オブ・ゼムと捉え，むしろ政治的過程に重きを置きながら「国家・市民・市場」関係の多様な発展を追跡してきている。第3の選択肢にも挙げられる情報開示戦略も，この文脈内に位置づけて考えるのが適切であろう。

なお，この方法に依拠した分析結果のなかには，市民・環境団体と市場エージェントとの直接の協定・契約締結を通じた，国家の介在しない環境政策も含まれており，指令・統制型から経済的手段への移行を裏付けるかの印象を与えるが，ターテンホーヴェ編の論文集も教えるように，今日は，国家が再度リーダーシップを担う再集権化と自治体・市民・環境団体が協同する相互作用型との併存状態にある。換言すれば，法規制と経済的手段は相互補完的な役割を果たしつつ共生しているのである。

このように「国家 対 市場」の二項対立図式から「国家・市民・市場」の三極構図へのパラダイム転換のもと，文字通り政治学と経済学の協力による政策科学としての「政治経済学」（シュプレンガー）の名を借りて進められている環境政策の再構築の動きに鑑みるとき，我々は，今後の環境政策の研究指

第5章 1970年代以降ヨーロッパにおける環境政策手段の変化　　　197

針に取り入れるべき，いくつかの教訓を引き出すことができる。第1に，狭義の経済理論モデルに囚われずに，上記の「政治経済学」の方法を援用しつつ，政策手段の選択から政策形成・施行・監視過程全体に視野を拡大した接近を心がける。第2に，「国家・市民社会・市場」関係のうち市民社会の役割を高め，政策形成の初期過程から市民・環境団体の参加を求める。第3に，企画が出された時点で「必要と目的」を環境保全・経済発展の双方の基準から徹底的に議論を積み重ねる。それこそが，解体前の中・東欧の社会主義諸国の経験と過去10年間のヨーロッパの環境政策・環境論議が揃って指し示す方向だと考えられるからである。これまでの社会経済史学の暗黙の前提である「成長・進歩」概念から離れ新たな工業化像の構築に向けて，果敢に挑戦している環境史研究にこの枠組みの適用を試みるのも，このような潮流を踏まえてのことである。

注

1) Tatenhove 2000a, pp. 1-2.
2) 我が国も，その例外ではなく，1971年に環境庁を設置し公害関係14法の制定・改正により，今日の公害規制の骨格を作り上げていた(環境庁 1999, p. 14)。
3) 石 1999, pp. i-ii.
4) レスター・ブラウン 1999, p. 306.
5) ルードマン 1999, pp. 3-13.
6) Weizsäcker/Jensinghaus 1992.
7) ルードマン 1999, p. 146.
8) ワイツゼッカー 1994, 第10章-12章。
9) ワイツゼッカー 1994, p. 158.
10) ワイツゼッカー 1994, p. 158.
11) ドイツの環境政策，とくに1999年導入の環境税もこの理論を下敷きにしている。この問題については，本書3.2.4を参照せよ。
12) ワイツゼッカー 1994, pp. 167-170.
13) Riberio 1999, p. 184.
14) Andersen/Sprenger 2000.
15) Tatenhove 2000a, pp. 5-7. 本書2.3.2で取り上げた「エネルギー対話2000」に象徴的に表現されるように，ドイツにおけるエネルギー政策の再編は，まさに「国家・市場・市民」の緊密な相互作用を軸に構想されている。なお，市民参加の意義については，ワイツゼッカー1994の宮本氏の後書きも参照せよ。

16) 環境政策における経済的手段のもつコスト効果を強調する経済学者たちを，「ミクロ経済学のお伽の国」（Bressers 2000, p. 67）の夢想家と形容する H. T. ブレッサーズや，ロッテルダム港・ドイツ間の貨物鉄道路線論争を例にとって利害関係者間の合意形成にとって「費用・便益計算」の無力さを指摘する P. ペストマン（Pestman 2000, pp. 83-85）を，その代表者として挙げておく。
17) 本節は，田北 1993 で試みた旧東ドイツ学界における「社会経済史・歴史科学」に関する史学史的考察を念頭に置きながら，環境史研究の特質を考察したものである。
18) Schreiber 1989.
19) Schreiber 1989a.
20) Jänicke 1989, pp. 45-48.
21) Mottek 1972. 西ドイツ学界において環境史のパイオニアに数えられる4人の歴史家，ミーク，ジーフェーレ，ラドカウ，ブリュッゲマイアーのうちミークだけがベルリン社会経済史研究の一環として 60 年代から環境行政を扱っていたにすぎない（田北 2000a, pp. 65-67）。
22) Laschke 1977, pp. 247-249.
23) Busch-Lüty 1989: Jänicke 1989.
24) Mottek 1972 も参照せよ。
25) Busch-Lüty 1989, p. 14.
26) Busch-Lüty 1989, p. 15.
27) Busch-Lüty 1989, p. 15.
28) 環境問題解決のための労働や情報・サービス産業の労働が生産的か非生産的かをめぐる論争も，同じ理論的根をもつ（Horsch/Speer 1974, pp. 1556-1557: Jänicke 1989, pp. 47-48）。
29) Jänicke 1989.
30) Jänicke 1989, p. 43.
31) 東ドイツでは，1980 年代の構造転換の結果，一人当たりの粗鋼・セメント消費と輸送重量は減少し，一次エネルギー消費量の微増のなか環境負荷は若干改善されたという（Jänicke 1989, pp. 47-48）。
32) Jänicke 1989, p. 52.
33) Jänicke 1989, p. 54.
34) Sterner 1999, p. 1. 1990-91 年旧東欧諸国の政府は，燃料価格を西側諸国の数十分の一に抑えるために，GDP の約 10% に相当する 1,300 億ドルを支出しており，ロシアの家庭は天然ガスの実勢価格の 10% しか払っていなかったという（ルードマン 1999, pp. 63-64）。
35) Horsch/Speer 1974.
36) Horsch/Speer 1974, p. 1554.
37) Horsch/Speer 1974, p. 1556.
38) Strenz et al. 1984.
39) 田北 1993, p. 159.

第5章　1970年代以降ヨーロッパにおける環境政策手段の変化　　199

40) Mottek 1972, 1974.
41) Hoffmann/Laschke 1977.
42) Cater 1989. 東ドイツの環境問題の状況については，「緑の党」連邦本部がドイツ環境経済研究所に委託した1990年の調査報告「東ドイツのエコロジー的再建」を，下敷きにしたU. ペチョウらの文献を参照せよ（白川他 1994）。
43) Cater 1989, p. 87.
44) Busch-Lüty 1989, pp. 11–21.
45) アンドロポフ書記長は，既に1983年の共産党中央委員会の席上，環境政策の障害として縦割り行政（官僚の縄張り意識）を強く批判していた。「自然保全のための敢然とし，目的意識をもった作業が行われねばならない。ここでも，その他の領域でも縄張り意識は受け入れられない。この縄張り意識こそが，資金投下の効果を大きく減じており，環境政策的措置の実現のための統一的政策の貫徹にとって障害となっており，エコ目的から下された決定に対する無責任の原因となっており，そして最終的には大きな損失をもたらすような，見せかけの経済運営に導いている」(Busch-Lüty 1989, p. 21)。
46) Goldman 1989.
47) Busch-Lüty 1989, p. 28.
48) Busch-Lüty 1989, p. 23.
49) Busch-Lüty 1989, p. 24.
50) Busch-Lüty 1989, p. 25.
51) Busch-Lüty 1989, p. 31.
52) Ziegler 1989.
53) Leidinger 1991, pp. 498–499.
54) Mueller-Bülow 1989. M. グラーバスは，1991年東ドイツ学界における経済史研究の意義と限界を総括する論考を発表したが，ミュラー＝ブロフ論文に対し環境問題解決の点で社会主義の優越を俎上に載せた業績として高い評価を与えている (Grabas 1991, p. 528)。
55) Sprenger 2000, p. 3.
56) Sprenger 2000, pp. 3–6.
57) OECD 1997, pp. 7–8.
58) 石 1999, pp. 5, 161.
59) Bressers/Huitema 2000, p. 67.
60) Sprenger 2000, p. 24.
61) Andersen/Sprenger 2000: Sterner 1999: Tatenhove 2000.
62) Sprenger 2000, p. 13.
63) Sprenger 2000, p. 22.
64) Nordlander 1999, pp. 204–205.
65) Ribeiro et al. 1999.
66) Park/Pezzey 1999.
67) Ribeiro et al. 1999, pp. 188–201.

68) OECD 1997, pp. 9–10.
69) OECDは，代替物利用の可能性(需要の価格弾力性)の低いエネルギー・輸送関係の税について長期間の税収確保は可能と見なしている（OECD 1997, pp. 8–9)。
70) パークらは，純賃金を一定と仮定したとき，労働課税の環境税による代替を通じて1％の産出増と6–9％の雇用増が達成できると想定している（Park/Pezzey 1999, pp. 170–171)。
71) Sterner 1999, p. 7.
72) Jänicke 2000.
73) 『成功した環境政策』の邦訳に解説を書かれた長尾氏は，イエーニッケの属するベルリン学派の特徴を，政治経済学を適用した政策の国別比較と時系列比較分析との2点に集約し，学派「構造転換論」の解説をのせられている(長尾1998, pp. 1–18)。なお，「成功した環境政策」から出発するイエーニッケの分析手法については，同訳書の第1章を参照されたい(長尾 1998, pp. 19–46)。
74) Jänicke 2000, p. 59.
75) Bressers/Huitema 2000. なお，イエーニッケからも紹介されたオランダの排水規制に関しては，ブレッサーズ論文の邦訳が優れた概観を与えている(長尾1998, pp. 77–98)。
76) Bressers/Huitema 2000, p. 70.
77) Bressers/Huitema 2000, p. 67.
78) Tatenhove 2000a, 2000b.
79) 1980年代以降の環境政策の刷新は，ドイツ，イギリス，オランダの3国を比較した場合でも，環境問題への取り組みの姿勢，主導原理(科学的論証主義か予防原則か)，エコ近代化(経済成長とエコ義務の「調和」か「緊張」か)，政府と環境運動の関係(「緑の党」，盟友関係か関係の希薄さか)といった主要な指標から見ても，大きく異なっているというが (Tatenhove 2000a, pp. 2–5)，その当否を含めて今後の課題とする。
80) Pestman 2000.
81) Tatenhove 2000b, pp. 200–211.
82) Tietenberg 1999.
83) レスター・ブラウン 1999, pp. 160, 234.
84) Sterner 1999, pp. 2–3.

第 6 章

環境史からの教訓
―― 19–20 世紀ドイツの環境行政 ――

　1995 年『新ドイツ史』叢書の一巻として 19 世紀を担当した W. ジーマンは,「自然とのつき合い:エコ革命」と題する一節を設けて 19 世紀ドイツ社会経済の特質に関する再定義を試みる。すなわち, 18–19 世紀ドイツ(西欧)社会経済を産業革命・市民革命の「二重革命」によって彩られた一大画期と捉えるだけでは飽きたらず,「人間と 4 つの基本的な環境媒体,すなわち森林,土壌,大気,水とのつき合い方に生じた根本的な変化」を加味しつつ新解釈を提示する[1]。そこでは「成長・進歩」には還元できない,経済社会の深部を捉えたエコ革命を照射することで,今日の環境危機の史的起点とも捉えられる葛藤に満ちた時代相を描写していく。端的には,森林資源の最大利用・乱伐と近代林業の成立, D. テールの利潤原理に基づく「合理的農業」と J. リービッヒの地味回復のための化学肥料の効能論,自然科学・医学の進展を踏まえた煤煙規制の試み,初期環境闘争,鉄道敷設に伴う自然認識の変化といった項目が取り上げられているが,その背景に人口急増(1800–1910 年プロイセンで 880 万人から 4,020 万人へ),エネルギー多消費型産業の成長,領邦国家による農地開墾・産業振興策の展開など環境圧力を高める一大変化が横たわっていた。そして,ジーマンをして 19 世紀ドイツ経済社会像の根底的な見直しにまで進ませた最大の要因こそが,ドイツ学界における環境史研究の急旋回に他ならなかった。以下では,本論の主題であるエネルギー・環境政策の考察にとって必要最低限の範囲で研究動向を概観しておこう[2]。

6.1 環境史に関する研究動向の概観——環境ガヴァナンスとの関連で——

　まず、環境史の研究動向を簡明に表現した一節の紹介から始めよう。「歴史科学は、他の精神科学と同じように比較的遅く、1970年代半ばから現代の環境危機に取り組み始めたにすぎない。とはいえ、その点で歴史科学が、自然科学や政治学と比べて大きく立ち後れたわけではない。それらも、1960年代末と1970年代初頭の生態系破壊に関する報告を受けて初めて環境政策的な思考方法と意思決定をつよく示すことで、我々が長く慣れ親しんできた進歩思想を補ってきたからに過ぎない」[3]。これは「史的環境研究から史的生態学へ」と題するライディンガーの1991年論文の一節であるが、環境史研究が急旋回した時期、その契機、そして研究姿勢ないし接近視角の3点につき簡にして要をえた表現を与えている。すなわち、およそ1970年代の石油危機を境に環境史への関心が急速に高まってきたこと、したがって現代の環境危機が人間・自然関係や人類を含む生態系の歴史に目を開かせるきっかけとなったこと。しかも最も肝腎な点なのだが、人文・社会科学か自然科学かを問わず、我々が暗黙の前提としてきた進歩思想に挑戦する方向を初めからもっていたことである。これらの論点も含めて、1970年代初頭以降の研究史の流れを多少敷衍しながら論じておこう。

　第1に、1970年代の2次にわたる石油危機を契機に急成長を遂げた「由緒正しき歴史学の最年少の子」[4]の環境史は、今日では独自の学問分野としてすでに確立している。2000年オスロで開催された第19回国際歴史会議において「環境史の新たな展開」と題するパネルを組織したF. J. ブリュッゲマイアーは、環境史の学的な自立を高らかにうたいあげたが[5]、その背景には次のような一連の重要な動きがあった。1980年代以降の環境史をテーマに掲げた学際的研究集会の隆盛、ドイツ社会経済史の一般的叙述における環境を扱った特別な章・節の設定、環境史プロパーの史料集の刊行、1990年代以降大学における歴史学・技術史講座内での環境史の開講、エコシステム論者と構成主義者の間の方法的対立から相互補完への歩み寄りといった一連の動きがある（表6-1を参照）[6]。

　第2に、この30年間にドイツの環境史は、いくつかの節目を経過して発展

表 6–1　ドイツ・日本学界における主要な研究集会・研究業績の一覧

1972		ローマクラブ(メドウズ他)『成長の限界』
1974	Mottek →	還暦記念の研究集会「社会と環境」，1983, 84『経済史年報』に古代・中世と 19 世紀にわけた総括．
1978	Zorn →	米国の環境史研究に触発，利益追求活動による環境破壊の史的概観
1979	Sydow →	西南ドイツ都市史研究グループ『歴史の転換における都市の供給と排出』
1981	Troitzsch →	技師協会『歴史における技術と環境』
1981	Kellenbenz →	経済社会史学会『経済発展と環境への影響』
1983	Schäfer, Betzhold →	雑誌『スクリプタ・メルトゥラエ』木材不足に関する準特集号
1984	Sieferle →	『進歩の敵？　技術と工業に対する反抗』
1986	Lübbe/Ströker →	『文化変容における生態系(エコ)問題』学際研究の隆盛
1987	Brüggemeier/Rommelspacher →	『打ち負かされた自然：19/20 世紀の環境史』
1988	Sieferle →	『自然破壊の進歩』米国学界の成果の紹介
1988	Leidinger →	ベルン大学の Ch. Pfister を中心に「歴史的な環境研究のための欧州連合」を創設，Environmental History Newsletter（No. 1, 1989– ）の刊行
1989	Calliess/Rüsen/Striegnitz →	『歴史における人間と環境』
1990	Brimblecombe/Pfister →	『沈黙のカウントダウン』（1988 年最初の国際的な学際集会）
1991	Pohl →	企業史学会の講演会『19 世紀以降の産業と環境の関係』
1992	Abelshauser →	社会政策学会「科学と政策の問題としての環境にやさしい経済」
1993	Mieck →	「1650–1850 年欧州経済・社会」の一節に「環境としての空間」
1994	Abelshauser →	「歴史と社会」学会の特別号刊行，『環境史：歴史的展望における環境にやさしい経済』
1995	Brüggemeier/Toyka-Seid →	『産業と自然。19 世紀環境史読本』史料集
1996	Radkau →	「技術と環境」，Ambrosisus 編『近代経済史』の一章
1996	Henning →	『ドイツ経済社会史便覧』の「工業化の第 1 局面」に手工業汚染
1996	Brüggemeier →	『無限の海，大気：19 世紀の大気汚染，工業化及び危機論議』
1998	Hahn →	『産業革命（ドイツ史百科 49）』に「環境史と進歩パラダイムへの批判」と題する一節
1998	Bayerl/Troitzsch →	『古代から現代に至る環境史関係の史料集』
2000	Brüggemeier →	『環境史における新展開』第 19 回国際歴史学会の個別テーマ
2001	社会経済史学会(第 70 回大会)共通論題「環境経済史への挑戦：森林・開発・市場」	
2003	社会経済史学会編『社会経済史学の課題と展望』(第 2 編「環境史からの接近」)	

(注)　下線は学会による対応．
[典拠]　著者が作成．関連する研究論文・文献については巻末の文献一覧を参照．

してきた。第1期の1970年代は，いわば学的な創生期に当たる。環境史の急旋回のきっかけが石油危機だった事情も手伝ってエネルギー・資源問題が広く関心を集めるとともに(6.3の木材不足論争を参照)，1960年代から先鞭をつけていた米国学界の研究成果の紹介などが行われた。技術史の大家，U.トロイチュによれば，18世紀以来のロマンティックな自然愛好・郷土保全を指向した先駆的研究と比べて，米国学界からの影響のもと定量的手法を利用する点で特徴的だという[7]。

第2期の1980年代は，2つの意味から一大転換期となった。まず，1981年経済社会史と技師協会が揃って環境をテーマにした研究集会を開催し，「経済成長と技術進歩」を主導概念に組み立てられてきた経済社会史像に反省を促して，環境史独自の研究姿勢を内外に示した。したがって，これまで「行きすぎた成長の裏面史」として，いわば「刺身のつま」の地位に甘んじてきた環境史が学的自立化に踏み出す門出となったのである。

次いで，自然科学と人文・社会科学を問わず環境をテーマに掲げた研究集会が多数組織され，研究成果が相次いで刊行されたことである。1988年バート・ホンブルクで開催された「沈黙のカウントダウン」が国際的に組織された学際的研究集会の嚆矢となったといわれている[8]。1988年にはベルン大学のCh. ピスターを代表者として欧州レベルの学会，「歴史的な環境研究のための欧州連合」も組織され，ニュースレターの刊行も始まった。しかし，1980年代末になるとトロイチュが適切に指摘したように，自説の補強を目的にした安易な史実の利用も広がって，輩出する業績のなかでの「玉石混交」状況が現出した[9]。この反省が，1990年代以降の研究手法に繋がっていくことになる。

第3期の1990年代以降には，現代の問題関心に極度に引きずられることなく，研究対象をそれぞれの時代状況の中に的確に位置づけながら評価する動きが活発となってきた。この手法の確立があって初めて，環境史は歴史科学の主流の一つになったともいえる[10]。

ただ，この文脈で言及しておきたいことがある。上のライディンガー論文の引用にも明らかなように，環境史研究は現代の環境危機に触発されて急進展したが，それだからといって歴史家が最初から眼前の環境問題への発言を

考えていたわけではない。東ドイツのH.モテックやI.ミークの先駆的業績を除けば、ドイツ学界における環境史研究に先鞭をつけたW.ツォルンは、1978年論文において米国の研究成果を紹介しつつ、利益追求が生み出す人間・自然関係の変化を多面的に描写したが、当時広範な論議を呼んでいた「成長の限界」論への関与にたいし禁欲を訴え、むしろ歴史研究への沈静を勧めていた[11]。この提言は、歴史家からは歓迎されなかったようだ。H.W.ハーンからドイツ環境史の開拓者と呼ばれた4人の歴史家は揃って、現代の環境問題をつよく意識しつつ研究を進めている[12]。たとえば、ミークは、後述のように近代的な環境立法の起源を19世紀初頭フランスの企業に対する事前認可制度にまで遡及し、そのドイツへの導入の史的過程を追跡している[13]。また、J.ラドカウも1800年頃まで西欧で支配的だった環境に優しい営為の秘訣を、社会経済、人口動態、法制・思想の諸側面から追究したが、その際、明らかに工業化の過程で切り捨てられながらも、今日再評価すべき人間・自然関係の解明を意図している[14]。

第3に、上述の第3期の研究潮流を踏まえながら、「経済成長・技術進歩」をキーワードとせずに経済社会の発展の足跡を辿るとき、現代の高度な産業・情報・サービス社会の起点となる工業化像の再構成が、一つの焦点となる。ただ、1998年ハーンが『産業革命(「ドイツ史百科」第49巻)』のなかで述べたように、環境史研究の隆盛にもかかわらず、これまでのところ環境次元を組み入れた新たな工業化像の構築には成功していない。それには、いくつか理由がある。

まず、「成長・進歩」概念に囚われずに経済社会の歩みを追究するとして、いったい何をキーワードとしようというのか。1992年バーゼル大学で開かれた環境に関する連続講義を受講した学生の一人は、「環境史はなぜ退屈か」と題するレポートを提出し、そのなかで退屈さの理由を「人類による環境破壊はどの時代にもあり、時代が進むにつれて規模と範囲を増してきた」という主題の単純な反復に求めている[15]。結局、バイエールとトロイチュの共編になる『古代から現代に至る環境史関係の史料集』の表題にもあるように、時代を超えた研究の隆盛は環境問題の史的な遍在を明らかにし、結局のところ、「成長・進歩」史観の裏返しの「退歩」史観に陥る危険性をさえ秘めてい

る[16]）。これが，上記のような1990年代以降の新たな方法論の開拓に導く一因となった。最初から「進歩・退歩」いずれか一方に引きずられることなく，しかも現代の環境危機を意識しながら接近しなければならない。

次に，工業化・都市化の進展に伴う環境負荷の範囲と規模の拡大という図式を離れ，いわば産業発展の負の付随現象としての環境史という制約を克服するためには，独自の指標に基づきながら独自の時代区分を提示する必要がある。別稿でみたように，環境史の開拓者たちも，それぞれ工夫を重ねてきた。ミークは，汚染源の種類，汚染の広がる範囲の広狭，法規制の担い手と方法に注目した類型・段階論を提示し，またジーフェーレはエコシステムを支えるエネルギー流の質的変化（太陽光から化石燃料へ）を基礎に3段階を区別しており，さらにラドカウは人類固有の物質を軸に技術・理念を組み合わせて19–20世紀を4段階に区分してみせた[17]）。いずれも傾聴に値する論点を含むが，本論では「環境史と現代の環境政策論との対話」を通じて，政策主体の配置と政策手段に注目するイエーニッケらの方法を援用する。「国家・市場・市民」の3者の織りなす諸関係に注目しつつ政策過程を考察する方法が，環境政策に関係するさまざまな分野で広く受け入れられているだけでなく，それを環境史研究に適用することによって，「成長・進歩」概念から離れた新たな工業化像の構築にも道が開けてくると考えるからである。

以下，本論の接近方法をよりいっそう明瞭にするために，そして本論の目指す「現代と環境史の対話」の必要性を浮き彫りにするためにも，環境政策史を扱った3業績を概観してみよう。

まず，本論が方法的に最も啓発を受けた，環境政策論の代表者であるM. イエーニッケらの1999年論文の検討から始めよう。イエーニッケは，我が国にも『成功した環境政策』の翻訳によってその名を知られたドイツ環境政策論の第一人者の一人だが，環境政策が新たな領域として登場してくる1960年代末から1970年代初頭にまで遡及し，その展開の足跡を追跡している[18]）。環境政策の起点は，主要先進諸国において省庁・公害立法の整備が本格的に始動した時期，すなわち第二次大戦後の経済成長に付随する環境負荷が複合汚染にまで高まってきた時期に求められており，環境政策は，あくまで現代に固有の問題と理解されている[19]）。しかし，その後，政策主体の位相と主要な政

策手段を指標に，その後の環境政策の展開を振り返るとき，特質の異なる4時期を区別できるという。ただ，下に掲げた表6-2の解説に進む前に，ドイツ特有の問題を2点だけ指摘しておきたい。一方は，後述のK. G. ヴァイからは，ドイツの環境行政が不徹底に終わった主要な原因の一つと理解されていた，連邦，州，地方自治体あるいはEUの間の権限分担も，それぞれの独自な活動によって補完されつつ効果を高める積極的文脈で解釈されており，前章で検討したように，EU環境・エネルギー政策における権限分担と政策効果をめぐる解釈の相違が1国レベルでも現れていることである。もう一方は，環境団体の占める高い地位である。1997年に400万人のメンバーを数え，科学研究や出版など多様な活動を繰り広げる「環境団体は，環境問題に関する意見聴取にさいして二番目に重要な担い手」に挙げられているほどである。それと並んで環境産業も，1994年には100万人の雇用を抱え，環境保全商品の貿易でも米国と並ぶ地位にあることを付言しておきたい。

　第1期(1969-73年)の環境政策は，国家による産業界に対する法規制，とくに排出物の濃度希釈化と拡散に関わる規制手段を軸として組み立てられている。環境運動が広範に展開されるなかで連邦政府のもつ環境行政権限の強化が図られ，1971年「環境プログラム」の設定により法的・財政的支援体制が整えられた。産業界は環境汚染に対して消極的な反応を示したが，それを法規制の限界と取り違えてはならない。『成功した環境政策』における日本の取り組みへの賛美にもみえるように，大気・水質汚染の緩和にとって法規制の果たした重要な役割は無視できないからである[20]。

　第2期(1974-82年)には，環境庁の設置など制度整備のなかで石油危機後に生じた環境政策の減速が，かえって環境団体からの頑強な反発を招き，環境団体の新たな政策主体への参加をもたらした。ただ，環境団体の影響力は政策形成を直接左右するには至らず，依然として政府・産業の関係を軸とし，希釈化・拡散に若干の排出口規制を加えた手段が主流となっていた。

　第3期(1983-87年)には，政府・産業界に加え，環境団体や市民の圧力が高まり，マスメディアも本格的な対応を見せ始めた。酸性雨・森林枯死問題の深刻化などを受け，「緑の党」は環境団体の活動を超え連邦議会にも進出した。保守革新を問わず，環境問題は一つの流行現象ともなった。ただ，手段

表 6–2 ドイツにおける政策概念と環境政策主体の位相との諸局面

第 1 局面（1969–73）「（汚染の）拡散（希薄化）」
　　　　　　　国　　家 ─────→ 産　　業

第 2 局面（1974–82）「拡散および排出口規制技術」
　　　　　　　国　　家 ─────→ 産　　業
　　　　　　　　↑
　　　　　　環境団体

第 3 局面（1983–87）「排出口規制技術の集約的利用」
　　　　　　　国　　家 ←───→ 産　　業
　　　　　　　　↑　　　　　　↑
　　　　　　環 境 団 体・メ デ ィ ア

第 4 局面（1988–98）「（技術の）エコ近代化」
　　　　　　　国　　家 ←───→ 産　　業
　　　　　　　　↕　　＼　　　↕
　　　　　　環境団体 ←───→ 環境志向
　　　　　　メディア　　　　　的企業

（注）　矢印は，影響の方向。
［典拠］　Jänicke et al. 1999, p. 35.

の点では「汚染者負担原則」に基づきながら，法・技術を使った抑制策，つまり排出口規制の徹底が中心となっていた。

　第 4 期(1988–98 年)には，環境団体の積極的参加を通じた対話型やネットワーク型の政策形成が始まり，一部企業は環境を経営次元に積極的に取り込み始めた。それら環境志向的企業も政策主体の一環に加わり，矢印の双方向性からも窺えるように，協定など新たな手段も登場して主体間の交互作用も多様化してくる。ここに初めて，リサイクルなど事前に対応を考えた「エコ近代化」が登場して，事後処理的な方法を補完するようになる。ドイツが，連邦環境相 K. テプファー(在任 1987–94 年)のもとで EU・国際レベルで環境先進国の仲間入りするのも，この時期である。京都議定書を先取りするかのように，2005 年までに対 1990 年比で 25％の二酸化炭素排出の削減目標を掲げたが，手段の詰めにはかけていた。それ以外にも，再生可能エネルギーから生産される電気の最寄りの電力会社による「買取り」義務に関する法を定めて，その後の制度的模範を生みだしもした。その後，東西統合後の経済・政

第 6 章　環境史からの教訓　　　　　　　　　　　　　　　209

治的優先順位の変更もあって，一時期環境政策がトーンダウンしたことはあったが，1998 年以降ふたたび脱原子力，エコ税制改革，環境団体とのエネルギー対話など活発な政策が展開されていることは，周知の通りである[21]。

　このイエーニッケらは，政策効果の大小を政策形成の初期段階から施行・監視まであらゆる過程での市民参加に求める立場に立つ。類似の見解は，前章で見たように，イエーニッケらにとどまらず，ターテンホーヴェ，ブレッサーズら政治学，社会学など広範な分野の研究者からも共有されており，とくに「成長・進歩」概念から離れて経済社会の歩みを追跡する際に応用可能な理論フレームとなっている。たとえば，「進歩」概念を手に表 6-2 を見る限り，第 1 局面に先行する時代には，それが目的意識的な政策であるか否かを別として，国家の企業に対する法規制が支配的手段だったとの印象を受けるからである。とりわけ，ミークの所説によれば，産業汚染に先行する時期の「手工業汚染」のもとでは，汚染の局地性に対応して都市・領域国家を担い手とする法規制が主流であり，いわば第 1 局面の縮図が狭い領域内で存在したとも考えられるからである[22]。その当否をも含めて，表 6-2 に先行する 19 世紀–20 世紀前半の環境行政の特質を，「国家・市場・市民」3 者の織りなす交互関係に注意しつつ追跡したいのである。次に，環境史固有の業績に目を転じよう。

　ヴァイが 1982 年に上梓した著書，『ドイツにおける環境政策――1900 年以降ドイツにおける環境保全小史』は，今日なお環境政策の史的歩みを長期的に考察した唯一の業績に属している[23]。著者は，多数の法規制の存在にもかかわらず，環境破壊がますます深刻化し多様化する現状に直面し，その打開策を探るために歴史に素材を求めている。したがって，環境政策の史的過程は，問題の多様化と広域化を後追いする形での法制度の整備と，その限界露呈の反復と理解されることになる。逆に，この点にヴァイの業績に投影される時代的制約を読みとることもできよう。すなわち，環境政策手段として法規制の限界が叫ばれ，それに代わって炭素税・排出量取引など経済的手段の必要性が論議され始めた，まさに過渡期の特質を備えていると見なせるからである。この事情が，ヴァイによる下記の環境政策の概念規定――それ自体，法規制・技術的対応を軸にしたテクノクラート型の意思決定の反映――とも

相まって，ドイツ環境政策の実効性を低く評価する一因となっている。「環境政策は，健康で人間の尊厳に相応しい環境を保証し，自然基盤を有害な攻撃から保護し，有害な攻撃の結果を取り除くためのあらゆる措置であり，まずもって環境における複合的な交互作用過程に関する理解を前提としている」[24]。前半部から判断する限り，環境政策は近・現代にとどまらず中世都市の手工業規制をも包括する印象を受けるが，後半部に政策展開の前提として環境の複雑な交互作用に関する科学的理解を置くことで，18–19世紀以降にせまく時代を限定する。近代の法規制と科学・技術的対処を環境政策の中核構成要素と位置づけること，これがヴァイの著書の第1の特質である。

　もう一つの力点は，ドイツの環境政策における連続性の検出である。ヴァイに従えば，ドイツ特有の政治風土，議会の弱い権限，官僚・経済団体の強い影響力，環境立法・行政権限の連邦・州政府への分断もあって，法規制は実効性に乏しく，ともすれば環境問題は科学・技術的に処理すべき問題と片づけられてきた。そして，この基本特質は19世紀以来変わるところがない。環境破壊の第3局面の「産業革命」以降には化石燃料の大量利用と機械制生産の普及，人口増加と需要拡大，都市化と産業振興策の相乗作用のもとで環境負荷は新たな次元に入る。そして19世紀にはすでに科学知識に裏打ちされた「最初の環境保全施策」が講ぜられたが，化学・生物学・医学などの地位が確立されていなかった事情もあって，十分な成果を上げられなかった。いや，初期科学の地位の弱さ以上に問題なのは，法規制の不徹底であり，それには2つの理由があった。一つは，連邦共和国にまで持ち込まれることになる国（帝国）と州（邦）の環境行政における二元性である。すなわち，帝国（産業，民法・刑法，医療・衛生，司法）と州（建設，水流・森林，鉱山，農業）と2つのレベルで環境関連の立法権が交錯しており，足並みの揃った対応の障害となっていた。もう一方は，周辺住民を汚染・危険にさらす恐れのある企業に対して1845年プロイセンに，そして1871年に帝国に導入された事前認可制も，実際の運用が州に委ねられて実効性は乏しかった。それに追い打ちをかけるかのように，環境行政の監視と被害者の抵抗を困難にしたのが，1873年民法典に定められた損害賠償請求者の原告による因果関係の論証義務（第903，906条）である。近代的な環境立法の先駆けも，企業に合法的営業の認

可を与え，さらに住民に困難な論証義務を課すことで，環境汚染拡大の歯止めとはならなかったのである。

　ヴァイは，19世紀の事前認可制に象徴される予防的措置の失敗を現代にとっての教訓にも挙げる。すなわち，1970年代の「汚染者負担原則」に基づく事後処理に代わり，1980年代に提起された生態系を経済問題に組み込む「予防原則」に依拠した事前処理も，その効果の程は疑わしいというのである。むしろ，環境保全行政の実を上げるために必要なのは，市民の意思の反映の仕方，あるいは環境負荷を減ずる生産・消費システムの構築に他ならない。この点は，前章の検討結果を，別の角度から裏付けてみせたと積極的に解釈できよう。しかし，19–20世紀ドイツの環境政策の展開につき，法規制・技術的対応を鍵概念として読み解き，その特質の連続性と対応限界を強調するヴァイの所説は，最近の環境史の成果に照らし合わせて修正されねばならない。

　最後に，J. R. マクニールの著書『太陽のもとの何か新しいこと。20世紀環境史』を一瞥しておこう[25]。現代と歴史の対話において，20世紀型の成長が反復不能であることを確認すると同時に，ポンティングの言う「有限性を無視した経済学」あるいは環境問題の解決に際して流布する技術依存型の所説に反省を促しているからである。

　マクニールの主題は，人類史上において「20世紀は反復不可能な特異な世紀」であることを再認識させる点にある。緒言では，世界全体のGDP，人口数およびエネルギー消費量の長期変化を辿ることで，「20世紀の特異性」を確認することから始める。すなわち，GPDは，1500年を指数100としたとき，工業化初期の1820年に290，重化学工業化期の1900年に823，戦後の高い経済成長の起点となる1950年には2,238，1992年には11,664にも達している。したがって，1500年以降3世紀かけて3倍増した世界の総GDPは産業革命後の1世紀に2.5倍になり，両大戦・世界恐慌期を間に挟む20世紀前半には2.5倍，第二次世界大戦後にはさらに5倍増となっている。当然，その間，生産・消費される資源・エネルギー量は爆発的成長をとげる。エネルギー消費量は，1900年を指数100としたとき，1800年の化石燃料利用の始動期には21，そして1990年には1,580となっている。19世紀には5倍増

だったものが，20世紀中だけ16倍増にも上っている。この産業革命以降の化石燃料の大量消費が大気中の二酸化炭素濃度を34–5％高めて地球温暖化の主因となっていることは，周知の通りである。第3指標の人口は，1500年の4–5億，1820年10億，1900年16億，1950年25億，1993年53億と倍増までの期間を短縮しつつ増加してきた。1500–1800年に倍増した人口は，19世紀のうちに60％増加し，続いて20世紀前半に50％増加，世紀後半には倍増して50億の大台に達している。そして主要な食料品の増産体制にかげりが見え始めた1980年代後半から地球的規模で人口・資源バランスが問題となってきていることも指摘されている。

もちろん，環境危機の兆候は水・大気・土壌など環境媒体のすべてに及び，1980年代から重金属や硫黄・窒素酸化物の排出量が減少傾向に転ずるなど一部改善は見られるものの，多くの分野で量的変化が質的変化を惹起する閾値をすでに超えている。その点は，「人類は，ゲームのルールを完全には知らないままで，地球を賭けたサイコロ賭博を始めてしまった」と簡潔にまとめられている。20世紀後半を特徴づける大量生産・大量消費・大量投棄型の経済は，反復できないのである。その意味から，ポンティングが警鐘を鳴らした経済科学の暗黙の前提，あるいは「成長の限界」論の主張する技術的対応の限界も，真剣に取り組まねばなるまい。なお，ワールドウォッチ研究所の新所長Ch. フレイヴィンは『地球白書2002–2003年』において，この業績にも簡単に触れ「歴史家のマクニールは，人間という種に特有の順応力と知恵により20世紀において人間は驚くほどの発展を遂げたと述べている」と述べているが，マクニールの意図を取り違えた一面的総括との印象を受ける[26]。20世紀後半に頂点に達する発展の起点にまでたち返り，環境政策の歩みを振り返ろう。

6.2　1800–1950年ドイツ環境行政における2局面

ジーマンは，19世紀ドイツにおける「エコ革命」を論ずるとき，環境史上の明瞭な分水嶺の存在を意識している。ドイツの工業化は，周知のようにイギリスに比べて遅れてスタートしたが，19世紀末までに鉄鋼生産など一部の

部門ではイギリスを凌駕するなど短期間内に急速に進行したが，その直接の契機が石炭の大量利用に基づく重化学工業化の始動に他ならなかった。それ以降加速度化した工業化と都市化は，それまで以上に多様で深刻な環境負荷を産み落としたからである。本論も，19世紀ドイツの環境行政における時代的節目を世紀中葉に置いているが，それは重化学工業化の進展のような経済発展と環境負荷の拡大をではなく，「政府・市民・市場（企業）」が環境立法の作成・施行とその監視において果たす役割と実効性に生ずる変化を念頭に置いてのことである[27]。ただ，この点で啓発を受けたのは，イエーニッケらの現代環境政策論だけではない。同時に，ドイツ環境史の開拓者たちの業績からも多くのものを学んでいるので，ミークとブリュッゲマイアーの所説を必要最低限の範囲で紹介しておこう。

　ミークは汚染源，汚染範囲，およびそれを取り締まるための規制の担い手を目安にした環境汚染の類型論を提唱したが，それは環境行政における2局面の構想も含んでいる[28]。1800-1850年ドイツ社会経済は「手工業汚染」から「産業汚染」への過渡期に位置づけられており，段階論的視角も備えているからである。少し敷衍して説明すれば，中世都市以来知られる皮革・金属加工など特定職種の仕事場の周辺に汚染や火災の危険が限定される「手工業汚染」の場合，規制は最寄りの市当局ないし領邦国家の手によって行われてきた。しかし，化学・冶金工業の発達に伴う河川・大気汚染の広域化は，規制の担い手の集権国家への移行をやむなくした。この転換期の重要な事象としてミークが注目したのは，汚染・危険発生の可能性ある企業に対する事前認可制度の発達である。1810年フランスで誕生した事前認可制度は，企業計画の公示と住民による異議申し立ての機会をも法に盛り込んでおり，工業化期の住民の財産・健康保全をも考慮した，文字通り近代的環境立法の先駆形態と理解できるというのである。ドイツでは1845年プロイセンの一般営業条例に，そして1871年第2帝政成立後は帝国営業条例に取り入れられた。これらの立法の意義と限界については，下で詳述するが，その制定が環境行政における一つの節目となっていたことを，環境史の成果を一つあげて確認しておこう。

　ブリュッゲマイアーとM.トイカ・ザイトは，1995年『産業・自然：19世

紀環境史読本』と題する史料集を刊行し，人間・自然関係の深淵な変化の諸相を生き生きと描写した[29)]。そこに付された解説部のなかで注目されるのは，ドイツにおける工業化の「離陸」期に相当する第2帝政時代が1970年代に匹敵する活発な環境運動を経験したとの指摘である。この運動の高揚自体，重化学工業の高度な発達，都市化と廃棄物処理，近代的な農業・林業の展開，河川改修，自然保護など工業化の進展に付随した環境負荷の広がりと高まりに関連していることは間違いない。しかし，それと並んで，1845年，1871年の事前認可制度の導入，あるいは1873年民法典における損害賠償請求時の論証義務条項の登場に象徴される，新たな法体制の影響を看過してはならない。この点は，重化学工業化がおよそ完成してくる第一次大戦前後から住民運動は退潮に向かう事実から容易に読みとれる。すなわち，汚染の拡大のなか損害賠償を求めた裁判闘争も敗北に終わり，汚染への慣れや「煤煙や水質汚染は繁栄の証拠」と受け入れる諦念が住民の間に広がってくるからである。

　以上の概観から明らかなように，環境史も環境立法，法の施行の効果的な監視，住民の参画など，「国家・市場・市民」3者の織りなす関係の観点から行う研究を要請している。以下では，環境行政の2局面の変化を確認するために，19世紀前半と19世紀後半–20世紀初頭の環境闘争を一例ずつ紹介して検討する。その際，19世紀前半の例には，1802–03年南ドイツの小都市バンベルクで発生した「ドイツ最初の大規模な環境運動」を取り上げる[30)]。1990年代後半に上梓された環境史関係の史料集2点に揃って，石炭燃焼に伴う大気汚染と健康被害をめぐる先駆的闘争として紹介されたのをはじめ，1980–90年代の多数の業績からも19世紀前半ドイツの代表例に数え上げられているからである。他方，19世紀から20世紀交の事例にはドルトムント近郊のヘルマン製鉄所と近隣の不動産所有者の間で11年間にわたり争われた裁判闘争を取り上げ，工業化の進展と1870年代の法制定後に生じた変化を考察する。このドルトムントの位置するルール地方は，1850年から20世紀初頭にかけて農村地域からヨーロッパ有数の工業・炭坑地帯にまで急成長した。そのためもあって19世紀後半には環境運動の坩堝となり，この地方の判決が他地方の判例とされて，いわばドイツ環境行政の縮図と見なせるからである[31)]。

ただ、あらかじめお断りしておくが、本論は19–20世紀初頭ドイツ環境政策史における2段階仮説を、2つの事例によって跡づける歴史的な点描の域を出るものではない。とくに、1990年以降ドイツの環境史研究の新潮流を的確に踏まえて、時代状況のなかに問題を位置づけつつ評価する慎重な取り組みが必要なことは十分に承知している。この意味の事例研究による肉付けは、他日を期したい。

6.2.1 2つの事例研究
(1) 1802–03年バンベルク闘争

1802–03年バンベルク闘争は、都市バンベルクの企業家シュトリュプが石炭を燃料とするガラス工場の建設計画を司教政府に提出したことに端を発している。その立地に選定された郊外市ヴァイデンが景観美を備えた地味豊かな農地・保養地であったこと、またレグニッツ河を挟んで数百メートル離れた対岸にドイツ最古の総合病院、「ルトヴィヒ病院」が建っていた事情もあって、計画浮上時から住民たちの激しい反発を招いた。市民たちは、「誰でも自分の土地の上では好きなことを行うことができる。ただし、他人の土地ないしそこの住民に被害を与えるようなものを排出してはならない」と定めている「隣人権(相隣関係法)」を拠り所にして、都市裁判所、司教裁判所、帝国裁判所と舞台を移しつつ、立地の移動を求めて裁判闘争を展開した[32]。また、1802年秋から領主権がバンベルク司教からバイエルン国王に移った後は、嘆願書を送り、立地移動の裁定を獲得するためにあらゆる手段を駆使して闘った。その間、立地の適否と密接に関わる石炭蒸気の有害・無害や火災の危険などをめぐって、病院の医師はもちろん化学者・官房学者・鉱山監督官・官僚など広範な階層の人々を巻き込んで一大論争が闘わされ、裁判記録や各種の調査報告ともどもこの時期の環境闘争としては比類を見ない多様で豊富な史料が伝来することになった[33]。最終的には、バイエルン政府から再調査を命じられたフランケン総監理府の委員会が、計画通りの建設に問題なしとの判定を下したにもかかわらず、バイエルン政府がこの鑑定結果を退けて、企業家・市民双方の言い分の中間をとって、立地移動と工場敷地の提供とを内容とする裁定を下して闘争は幕を閉じた。この闘争の経過と伝来史料の詳細

については，別稿を参照願うとして，この場では表6-2の環境行政の構図に関連して4点を指摘しておきたい。

　第1に，19世紀初頭に公法・私法の領域は鮮明に区分されるのではなく，不可分に絡み合っていた。企業家への営業認可付与権は本来司教政府に属しており，市民が口出しできない性質のものだったが，第一審は都市裁判所から始まり司教政府もその決定を受け入れたままで係争は続いた。「隣人権」を前景に押し出した市民の反発の基礎には，病院の医師で出版物による論戦の口火を切ったA.ドールンが指摘するように，健康被害，植生破壊，不動産価値の低下，および景観美の破壊と生活権の否定に対する危惧があった。この点は，後代の抵抗が次第に私法的な損害賠償請求に収斂していくのとは顕著な対照をなしており，逆に，それだからこそ，最終判定も双方の中間をとる内容に落ち着かざるをえなかったのである。

　第2に，市民は裁判，嘆願，雑誌・小冊子の刊行など考えられる限りの手段を使って司教・バイエルン政府，あるいは企業家シュトリュプに働きかけを行い，ほぼ要求通りの立地移動を勝ち得ている。別言すれば，市民は計画浮上の段階から，したがって政策形成の初期段階から実施まで関与し，多様な監視手段を手に広くかつ強い影響を行使できたのである。

　第3に，第2点とも関連してバイエルン政府も，科学・技術の導入を初め殖産興業策推進という眼前の目的のために市民の要求を一蹴することはなかった。この経済と環境の両立の観点は，嘆願書の提出を受けて行われたフランケン総管理府の調査報告のゴーサインにせよ，バイエルンの技術官僚J.S.バーダーの石炭蒸気無害論にせよ[34]，フランケン地方の工業化にとって，バンベルク・ガラス工場の建設が良き先例となると考えられていただけに銘記する価値がある。角度を変えて言えば，石炭蒸気の健康被害の有無に関する科学的評価が確定していない時代に計画の変更を余儀なくしたことから，今日，環境政策でその重要性が指摘されている「予防原則」が採用されたともいえよう。

　第4に，啓蒙主義・科学主義が声高に叫ばれるこの時期，人間の健康・生命を軽視した科学・技術万能論に対する批判が展開されたことは，今日の「経済と環境の両立」を考える上で参考となる。病院の医師レシュラウプは，

ドイツにおける近代医学への橋渡しをした代表的人物の一人に数えられるが，石炭蒸気の有害・無害を論証するために実験を進めるバイエルン官僚バーダーを批判して，経済的営為の受益者以外への損失の転嫁の問題(社会的費用・汚染者負担原則)あるいは「貨幣のための人体実験」を厳しくいさめている[35]。しかし，彼らは，工業化と経済発展そのものに批判的だったわけではなく，定住から離れた場所への工場立地の移動による「経済との両立」を主張している。ただ，ドールンは，ガラス工場が一般に人里離れた森林地域に立地することを指摘して移動を要求する，その一方で，石炭蒸気に含まれる硫黄酸化物の与える酸性雨効果に言及しつつ植生破壊の危険にも注意を喚起している[36]。もっとも，この時期近代医学は確立していず，また専門家の鑑定結果も裁定の参考資料として必ずしも十分に尊重されなかった関係から，ヴィージンクのように彼らを「エコ医師」の先駆者と捉えたり，彼らの影響力を過大評価することは控えねばならない[37]。しかし，今日「経済と環境の両立」を説きながら，人間の健康や生態系の保全が軽視され，技術的解決が強調されるだけに，彼らの主張は看過されてはならない。この点には，のちにたち返ることにする。

(2) 1899–1910年ヘルマン製鉄所闘争

第2の事例に目を転じよう。1899–1910年ドルトムント近郊の都市ヘルトに立地するヘルマン製鉄所と近隣の不動産所有者の間に争われた裁判闘争は，1870年代以降の環境行政の変化を浮き彫りにしている。係争の発端は，1899年製鉄所からの降灰・煤塵・騒音・振動被害のために不動産価値が低落したことを理由として住民が，「耐えられうる当たり前の水準」内への排出抑制と損害賠償を請求して訴えを起こしたことにある。

1841年創業のヘルマン製鉄所は，1852年高炉・コークス炉の新設に際して1845年に導入された事前認可制の適用を受け，住民に残された権利は，事後的な損害賠償請求に限定されることになった。当初，この製鉄所は誠意をもって損害賠償請求に対応してきていたが，1890年代に態度は一変する。製鉄所経営の拡大に対応して賠償請求額が大きく増加し，同時に他の経営の急成長が「汚染者負担」原則に直接関わる因果関係を曖昧にしてきたからだ。この係争で最大の争点となったのが，汚染の程度が「その場所で甘受さるべ

き当たり前の水準」Ortsüblichkeit 内に収まっているか否かということである。製鉄所側は，技術的改善の積み重ねにより汚染は「水準」内に留まると主張して，両当事者の意見は平行線を辿った。そのため裁判所は郡医と産業評議会に調査報告書の提出を求めたが，鑑定結果も相対立して決定打とはならなかった。ただ1902年の中間裁定は，煤塵・降灰は「当たり前の水準を超えている」と述べて製鉄所側の責任を認める内容となっていた。この判定は，製鉄所側には青天の霹靂であった。1845年事前認可制は，企業に図面と経営計画の提出を求め，その後4週間の公示と住民の異議申し立てを認めて厳格な手続きを踏んで実施されており，少なくとも安全性の「お墨付き」をもらった合法的な経営が有罪の判決を受けたからである。製鉄所は，企業寄りの証人ボッフム鉱山学校のブロックマンス教授の鑑定結果──「その場所では当たり前の汚染水準」の原則を強調した証言──を提出するなど抵抗を見せたが，効果はなかった[38]。1904年の最終判定は，煤煙・騒音・振動による環境負荷を「当たり前の水準」内と認めた一方で，降灰量は甘受できる範囲を超えていると判断し，集塵室の設置を義務づけたからだ。

　製鉄所側は，上告の構えをみせたが，新設工場の一部に認可を受けていない箇所があり，断念せざるをえなかった。したがって，1905年2月から争点は賠償金額の査定に移り，結局1907年7月以降の示談をめぐる交渉が始まり，1910年3月84,000マルクでの家屋・所有地売却と訴訟取り下げをもって，11年間の法廷闘争は幕を閉じた。この事例からは，19世紀前半と比較して下記のような様々な次元での変化を読みとれる。

　第1に，1845年プロイセン一般営業条例に事前認可制(1871年)が盛り込まれ，企業の経営が，いわば政府の認可を受けた特権領域として法的に分離されたため，住民の環境行政への関わりは，事後的に発生した被害に対する損害賠償請求(私法)に限定され，同時に住民の利用可能な抵抗手段も，異議申し立てを除けば，裁判に限定されることになった。しかも，裁判闘争は，よしんば原告側が勝利を収めるとしても，長年月と多大な費用を要する困難な賭となった。

　もちろん，事前認可制が営業条例のなかに盛り込まれたからと言って，その直後から私法・公法の鮮明な分離が徹底されたわけでなく，数十年にわた

る過渡期を経てはじめて完成してくる。例えば，工場の排出ガス・蒸気による植生被害をめぐる賠償請求は，1848年，1852年の最高裁の第1法廷，第2法廷で対照的な判決を受けた。すなわち，一方が営業認可を受けた化学工場の経営を合法的で塩酸蒸気との直接の因果関係を否定したのに対し，他方は営業認可の有無に関わりなく「財産権の自由な行使の前提として，他人の財産権の侵害の回避」を挙げて，因果関係の論証の要なしと判断して損害賠償を命じたからである[39]。上に紹介したヘルマン製鉄所の係争における第一審の中間裁定も同じ文脈で理解できよう。あるいは，1874年ルール河畔のホルストに計画された化学工場建設に対する反対運動を呼びかけた文書から判断する限り，事前認可制に盛り込まれた経営計画の公示と異議申し立ての手続きを積極的に利用する姿勢のなかに，公法・私法の絡み合いの残滓を読みとることも可能やもしれない[40]。19世紀の経過するうちに，環境行政における公法・私法の絡み合いから，事前認可制度による形式的な分離と長い過渡期を経て，市民の権利は損害賠償請求に限定されてくる。

　第2に，工業化が進展する中で「その場所では，甘受すべき当たり前の水準」という曖昧ながら法的拘束力のある汚染基準が形成され，損害賠償を請求した闘争ですら難しくなってくる。このことは，原告側に被害発生の因果関係の論証義務が課されていた上に，ルール地方の例に明らかなように工場・炭坑群の乱立が「工業地帯」形成にまで進んで，特定の工場・企業を汚染源と判別できなくなる事情を考慮するとき，直ちに明らかとなる。この甘受すべき「当たり前の水準」原則の確立を印象づける事例として，上記のヘルマン製鉄所をめぐる和解成立から5年後の有名な係争を紹介しておこう。

　1915年エムシャー河畔のヴァンネにある果樹農園農家が，近隣のヒベルニア鉱山会社を相手どって損害賠償請求の訴訟を起こした[41]。その企業の経営するコークス炉から排出される煤煙が，果樹の枯死や非結実に責任があるというのだ。第一審は原告側の勝利に終わり，その後原告・被告の双方が帝国裁判所に上告した。その判決は，基本的に被告側の言い分に沿った第二審の判決を認める内容になっていた。一つは，被告のコークス炉が大気汚染を発生させているのは事実だが，周辺3km内に700にものぼるコークス炉が存在すること，そして被告所有の180基のコークス炉が技術的にも特別な汚染

の発生源とはみなせないこと，の2点を考慮するとき，損害賠償責任は問えないと判断している。被告は事前認可に抵触する経営方法を採用していず，周辺の多数のコークス工場と異なる生産技術も採用していないことから，因果関係を特定できないというのである。二つ目に，鉱山・コークス会社が集中的に立地するこの地方で，果樹園を営むことこそ異常であるとされた。「個々に見ると健康そうな果樹も，ごくわずかな例外を別とすれば，果実を結んでいない。したがって，原告の所有地の遠近周辺地にあってコークス会社から発生した煤煙汚染の結果として果樹園経営は可能ではなく，全体として住民たちはこの状況に我慢している，との一般的な印象を受けた」。

　甘受すべき「その場では当たり前の水準」が判例として確立してくるなかで，環境運動の第1の頂点は終わりを告げ，「汚染を繁栄の礼服」と受け止め，損害賠償請求の訴訟も手控える風潮と諦念とが広がってくる。その背景には，農業・漁業に比して工業が圧倒的な生産価値額・雇用者数を誇り，経済社会に多大な貢献をなしうるという信念が横たわっていた。当然，環境汚染への対応は，科学・技術の問題とされるが，直接の利益につながらない投資を嫌う企業の思惑もあって成果は上がらなかった。なお，1910年頃からエムシャー河協会やルール炭坑区定住団体など，自治体・企業も加わった初期環境団体の活動も始まるが，これら団体も産業界のつよい影響下にあったことから時流を変えることはできなかったといわれている。

6.2.2　法制的変化——企業の事前認可制度と「隣人権」の制限——

　工業化・都市化の進展は，環境負荷の多様化と広域化をもたらしたが，同時に新たな法的対応をも生み出した。とくに，環境史上で重要な地位を占めるのが，汚染や危険の恐れのある企業に対する事前認可制度である。これは，1845年プロイセン一般営業条例，その後の政治統合を境にして1871年帝国営業条例にも取り入れられており，ミークからは近代的な環境立法の先駆者とも位置づけられている。この法律は，「エコ革命」を提唱したジーマンからは取り上げられていないが，19世紀環境行政における深遠な変化を表現していると見なせる。19世紀ドイツ環境史関係の史料集を編纂したブリュッゲマイアーとトイカ・ザイトの解説からもうかがえるように，第2帝政期には

1970年代に匹敵する環境運動の盛り上がりを見せており，環境問題の高揚が工業化の進展と必ずしも並行していず，法制度や法の施行・監視のあり方の変化も反映していると考えられるからである。

　まず，ミークの所説の紹介から始めよう[42]。中近世フランスでは屠殺場，皮鞣場，染色場，獣脂処理場などの職種が，周辺住民の保護のために自治体レベルの規制を受けていた。18世紀末から化学工場をはじめ，新たな産業汚染への苦情が増えてくる中で，新たな立法措置の必要が痛感されていた。フランス革命後，内務大臣は専門家3人からなる調査委員会を設置して鑑定を行わせた。1804年，1806年，1809年の調査報告に基づき，1810年「有害で健康を害する危険な製造業・作業場に関する勅令」が発布され，66種類の産業活動に事前認可を受ける義務を課し，申請手続きと審査手続きあるいは異議申し立て方法を定めた。その後の産業発展につれ，認可義務のある業種の数はふえ，やがて1845年にはプロイセン一般営業条例に，そして普仏戦争後の政治統合を境にして1871年帝国営業条例にも取り入れられた。その概要は，以下の通りである[43]。

　1845年条例の第26条は，特別な行政的認可が必要とされる営業について「その立地ないし経営の性格によって近隣の土地の所有者や住民にとって，あるいは一般大衆にとって大きな不利益，危険および迷惑が発生する可能性があるような営業施設の設立」と定め，続く第27条で対象業種を次のように列挙する。「火薬工場，花火とあらゆる種類の発火具の製造，ガスの製造と貯蔵の施設，原料の獲得地以外に建てられる限りでの石炭タールとコークスの生産施設，鏡工場，磁器・陶器マニュ，ガラス工場，精糖工場，麦芽製造所，石灰・レンガ・石膏焼き場，冶金場，高炉，金属鋳造所，鍛造所，あらゆる種類の化学工場，澱粉・蠟引き布・ガット製造所，膠・魚油・石鹸工場，骨焼き業・蠟燭作り，獣脂作り，屠畜場，皮鞣業，皮剝人，人糞肥料工場，蒸気機関・蒸気釜・蒸気発生器，水力・風力によって運転される駆動装置，ブランデー・ビール醸造業。これらすべての施設の場合，それが企業家の自家需要のためであれ，あるいは他人への販売向けであれ，かかわりなく（行政的認可を受けること）」。

　それに続く第28条から第32条は認可手続きを扱っている。第1ステップ

は，企業家による申請手続きに関係しており，経営計画の説明と図面の添付が要求されている。「政府の判断により，近隣住民・一般大衆に大きな不利益，危険，迷惑が生ずる」など特別に却下すべき理由がないとされたとき，第2ステップに進む。すなわち，「当該地域の行政当局は，その企業を官報に記載し，さらに他の行政令に記載して公衆に知らせるべきである。それを通じて，この施設に対し何か異議申し立てがある場合には，4週間以内に申し出るように通知すること」。近隣住民への公示と4週間の異議申し立てが明記されているのである。第30, 31条に従えば，異議申し立てがない場合には，地方政府からの報告を受けた政府が文書による認可を行う。万一，異議申し立てがあった場合，私法(損害賠償)関係の問題は裁判所の判断に委ね，それ以外の問題は政府と企業の交渉，あるいは専門家の鑑定結果により解決が図られる。ただ，第32条は，「政府は，既存の火災・建設・公衆衛生条例と，想定される不利益・危険・迷惑に関する異議申し立てをも考慮しつつ申請を検討し，その検討結果に基づいて認可を取り消したり，あるいは条件なしに認めたり，あるいは最終的に，除去のために相応しい予防措置や施設を指示して認可すべきである」と述べて，他の関連法令も考慮に入れた，認可取り消しや条件設定など慎重な対応を義務づけている。最後に，第33条によれば，最終の認可内容は，企業家と異議申し立てを行った住民の双方に公示され，4週間の異議申し立てに付される。万一，異議申し立てがあった場合，所轄省庁に再検討のため差し戻しされる手はずとなっている。

　この営業認可制度の導入は，ブリュッゲマイアーに従えば，環境行政の集権化と企業の「経営の安全性」を保証する当局の「お墨付き」の付与を意味しており，裏返せば住民にとっては，異議申し立て権を除けば，営業停止を含む企業経営の是非をめぐる協議権の喪失，それ故に企業経営から発生する被害に対する事後的な損害賠償請求権への限定を，もたらすことになった。

　しかし，バンベルク闘争から1845年一般営業条例における事前認可制度の導入までの道は平坦ではなかった。この点では，ブリュッゲマイアーがプロイセン政府の産業・営業政策と住民側の抵抗の拠り所となってきた「隣人権」の変容の双方と絡めてきめ細かな検討を行っているので，その概要だけを紹介しておこう[44]。とくに，1845年の事前認可制が，青天の霹靂として突如導

入されたわけではなく，初期工業化の進展と経済政策の転換という長い試行錯誤の産物であることを，明らかにできると考えるからである。

19世紀初頭のプロイセンには，フランスの1810年法に相当するような営業認可制度はなく，既存の一般ラント法，あるいは異臭や火災の危険性をもつ皮鞣し，煉瓦焼きなどを対象にした個別法令によって解決が図られていた。なによりも，初期工業化期には，バンベルク闘争の例からもうかがえるように，市外への経営移転により対処することも容易であった。しかし，1820年代に入って事態は，大きく変化してくる。1826年ポーゼン行政区域における石鹸工場建設をめぐる抗争が，一つの契機となった。在地当局が市内への立地を拒否したが，その後企業家から異議申し立てを受けた内務省は，既存のラント法に石鹸に関する職種指定がないこと，それは製造過程で不快な悪臭こそ排出するものの健康被害を与える恐れはないと判断されたこと，の2点を理由に挙げつつ在地当局の決定を退けた。翌1827年ベルリン商人ヘンゼルが，市内での鉄鋳物工場建設の認可願いを提出したとき，警察当局は隣人権をほうふつとさせる近隣捺染場の被害発生が危惧されること，一般ラント法の定めた火災の危険ある職種の定住内建設を禁止した規定に抵触すること，の2点を理由にして申請を拒否した。

このように個々の事例によって，大きな解釈幅が存在する状況は，企業家だけではなく，中央・地方役人にも大きな混乱と当惑を生み出していた。そこで，この事態に終止符を打つべく1820年代末から営業認可制度の具体化に向けた動きが活発化してくる。その際，プロイセン政府が同時にクリアすべき基準にあげたのが，1810年勅令により明確な方針が打ち出された「営業の自由」原則との関係調整だった。そのため，ハルデンベルク改革の協力者である内務大臣シュックマンに対し，定住内の隣人被害が発生する恐れのある経営の建設に関する法令の作成を命じた。この実務的な作業を担当したのが，ベルリン市建設評議員のランガーハウスであった。1828年8月「都市ベルリンないしその近郊において条件付きでのみ許可されるか，許可されないような職種に関する法令」原案が提出された。新旧職種80が，火災の危険，不快で有害な蒸気・煙・悪臭の排出，および広大な敷地の占有を理由に列挙され，そのうち20職種が市内での建設を禁止された。この案は，ブリュッゲマイ

アーからも「18世紀の手段で19世紀の問題を解決しようとした」と表現されたように，内務省の支持を得られることはなかった。何よりも，営業認可後に被害発生が明らかになったとき，市外への立地移動や経営閉鎖を命ずる権限が警察当局に留保されているように，在地当局の大きな裁量権ともども営業の自由原則とは相容れない特質を備えていたからである。したがって，内務省は，危険・迷惑の回避ではなく軽減を軸に財産権行使の自由を拡大する方向での原案作成を，再度ベルリン警察に委託した。

それを担当した警察評議員ブレツィンクは，1830年5月「土地財産の産業的利用の制限に関する法」の原案を編纂した。この案は，96条項からなり，「環境立法編纂における最初の系統的試み」[45] と理解されてはいるが，同時に「この長大さだけからも，営業・産業の発展を妨げることなく営業利害と大衆利害とを調和できたかどうかは疑問である」[46] といわれる。先の草案と比べて，職種の分類方法の点で内務省の意向をくみ入れ8項目に細分し，その分，営業に対する制限の色彩を薄めてはいた。しかし，「他人の生命と健康をかならず危険にさらすような営業は存在してはならない」[47] という編纂方針は，営業の自由にうたわれた私的利害を初めから公的利害に従属させて，内務省の要請に耐えうる内容ではなかった。とくに，営業自由と並び，在地当局に大きな裁量権が留保されて環境行政の集権化にも抵触するからである。

ところで，その後1831年には，蒸気機関の普及と大型化の流れの中で爆発の危険防止と煤煙拡散(高い煙突建設と使用燃料の制限)を内容とする「蒸気機関条例」が，そして1838年には徹底した「原因者主義」の原則——損害賠償を回避するための因果関係の論証も，被害者＝原告でなく鉄道会社に課された——に貫かれた「プロイセン鉄道法」も制定されて，あたかも現場の声に耳を傾けつつ方針転換が行われたかの感さえあるが，実際はそうではない。この点は，1837年「営業警察法」草案から読みとれる。

まず，産業経営は原則として許可を不要と定めたことである。既存営業の継続を保証した冒頭の一節ともども，営業の自由の原則が大きく前景に出されている。ついで，その例外として悪臭，煤煙，騒音を発生させる「迷惑な経営」に分類される35職種，熟練・資格取得と関わる医師・薬剤師などの職種，公益と風紀に関わる劇場・質屋・本屋など規制対象も挙げられてはいる

が，立地条件の縛りもなく制限が大幅にゆるめられている。さらに，職種ごとに現場の諸条件に即して具体的措置を扱う，これまでのやり方と明瞭に一線を画するのが，一般的な認可手続きに関する規定である。都市では警察当局が，そして農村部ではラント評議会が窓口になって手続きを進め，住民の異議申し立ての有無を問うための計画案の公示，異議申し立て時の処置，異議申し立て人の最終決定への不満時の政府への抗告権など，1845年営業条例と重なるところが多い。ここでは重要度の高い営業・施設の場合，中央政府の決定が優先されることが確認されて，集権化が図られた点を指摘しておきたい。

この草案の是非をめぐっても論争が戦わされた。プロイセン領内の産業・経済発展における顕著な地域差もあって，それはあくまで一般的原則に留まるが，中央政府にとっては最終判定を下す際の法的な拠り所を提供した。ただ，原案作成者は，在地当局が火災，悪臭，煤煙被害の発生する恐れのある経営の住宅地そばの立地を広く拒否していた事情に配慮して，結局，在地当局の裁量権との妥協の産物に終わってしまった。この草案の検討結果をも踏まえつつ，営業自由の原則と，近隣住民の財産・健康被害の発生が危惧される職種に対する事前認可制を骨子として成立したのが，1845年一般営業条例である。それは1837年草案に盛り込まれた認可手続き全般を踏襲すると同時に，在地当局の役割を現状報告に限定して，中央政府の主導権を確立させることになった。この環境行政の集権化こそが，1845年一般営業条例における事前認可制導入に至る法制的対応の帰結だという。

ところで，事前認可制の導入と環境行政の集権化は，それまで住民側の異議申し立ての拠り所となってきた「隣人権」の制限と表裏一体をなしていた。とくに，19世紀には工業化の始動とも関連して土地利用をめぐる争いが急増していたが，その際の住民の抵抗の拠り所となったのが「隣人権」だったからである。それは，特定の施設が周辺住民の健康や火災の危険の恐れをもつ問題（公法）と財産権の侵害（私法）の双方にまたがっていた。このうち前者は，君主が「良きポリツァイ」の名の下に行政権内に次第に吸収する傾向にあったが，バンベルク闘争の例からもうかがえるように，「隣人に何か不快なこと，迷惑なことを加える権利は許されない」[48]との原則は生きており，新規

建設の際の「事前協議」権ないしそれに基づく建設禁止権は慣習的に残っていた。したがって，この時期の発展は，住民の共同決定権の排除と私法的な損害賠償請求権の制限と2つの方向に進む。

1794年一般ラント法は，既存の慣習・法の集成として，新旧両要素が混在していたが，過失の大小による損害賠償義務の発生が明記される一方で，合法的な営業から発生した被害に対する賠償請求権を排除して，隣人権そのものを否定する規定も盛り込まれていた。さらに，中央政府は，1810年設置の「医療制度のための科学委員会」Wissenschaftliche Deputation für Medizinalwesen, 1811年設置の「商工業技術委員会」Technische Deputation für Handel und Gewerbe を科学的鑑定の際の助言機関として積極的に利用することで，反対者の異議申し立てを退けていた。その到達点が，1845年一般営業条例における事前認可制の導入である。そして，事前認可を受けた営業に対する損害賠償責任免除の原則を正面から適用したのが，1848年の最高裁判決だということになる。その後，1852年最高裁判決が隣人権に再度注意を払い，両当事者の財産権の自由を認めたように，その原則の定着には時間を要した。それでも1861年には，「伝統的な隣人権は，最近ドイツのほとんどすべての領邦において立法を通じて排除されてしまった」[49] と表現されるほどの進展を見せていた。

このようにブリュッゲマイアーは，19世紀半ばプロイセンにおける環境行政の変化を，事前認可制度の導入を通じた集権化と，住民抵抗の基礎にあった「隣人権」の私法的権利への限定，すなわち財産権の侵害により発生した損害の賠償請求権への限定とを核として理解している。大きな潮流として，そのような解釈に異論はない。ただ，プロイセン政府の意を受けた法案作成担当者たちが，環境行政の集権化と営業の自由の促進という政府の意図を知りながらも，「公益に抵触しない営業の実施」という在地当局の現実的対応を無視できなかったように，そして裁判闘争でも20世紀初頭まで事実上「隣人権」に理解を示した原告寄りの判決が繰り返し下されたように，法と現実とのギャップの解消は一朝一夕には達成できなかったのである。逆に，「隣人権」に根ざした住民の生活慣習の変化といった問題は，後述の「木材不足」論争に見られるように，上は理念・思想から下は日常生活に至る経済社会全

体の編成替えの視点から追求されねばならないのである。

6.2.3 小　括

19世紀前半ドイツの環境行政において住民は，裁判，嘆願書，出版物など多様な回路を使って政府と企業の双方に強い影響を行使し，ガラス工場の立地移動という当初の要求を貫徹した。その運動の拠り所となったのは，近隣住民の財産・健康に有害な影響を与えるような財産権行使に歯止めをかける隣人権であり，少なくとも政府の手中にある営業認可権付与の適否まで裁判を通じて争うことは，法的には越権行為に他ならない。しかし，司教政府も，この理由を大上段に振りかぶって門前払いに処すことはなかった。角度を変えれば，財産・生存権と関わる限り，政府は公法的・私法的領域を峻別しつつ，懸案の産業振興・人口扶養策を強行することはなかった。したがって，政策主体の位相を，表6-2に挙げたイエーニッケの図式に当てはめてみる限り，19世紀前半には第3局面の特質も浮かび上がってくる（表6-3を参照）。その際，「手工業汚染から産業汚染への過渡期」の主要政策をどのように表現するかは難しいが，それを措けば，市民参加型の環境行政が，建設計画浮上時点から有効に機能して予防原則に基づき「経済と環境」の両立を達成したことを，看過してはならない。

19世紀後半から20世紀初頭にかけて状況は一変する。1845年プロイセン一般営業条例，1871年帝国営業条例における汚染・危険発生の恐れある企業に関する事前認可制，および1873年民法典における損害賠償請求時の原告側の因果関係論証義務制の導入が，石炭の大量利用に基づく重化学工業化・都市化の進展と相まって一大転換点となった。もっとも，法制的変化が，ただちにこれまでの慣習的関係を一掃したわけではない。19世紀半ばの最高裁の相対立する判決内容やヘルマン製鉄所抗争における第一審の中間裁定にみられるように，住民の財産・生存権を優先させる考えは長く残った。あるいは，事前認可制度に盛り込まれた，企業計画の公示と異議申し立て規定が，いわば従来の「隣人権」の代替物として一定期間機能したと見なせよう。

しかし，時代が進むにつれ，事前認可制度は，公法・私法の領域を峻別させる結果をもたらした。すなわち，所定の手続きを踏んだ企業にとって，私

表 6–3 19–20 世紀初頭ドイツにおける環境政策の主体配置

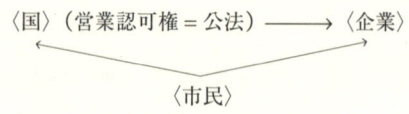

19 世紀前半
　　　　　〈国〉（営業認可権＝公法）─────→〈企業〉
　　　　　　　　　　＼　　　　　　　　　　　　／
　　　　　　　　　　　〈市民〉
　　（隣人権＝健康・財産の侵害に異議申し立て，私法・公法の絡み合い）

19 世紀後半～20 世紀初頭
　（過渡期）〈国〉（事前認可制・民法＝公法）─────→〈企業〉
　　　　　　　　　＼　　　　　　　　　　　　　／
　　　　　　　　　　　〈市民〉
　　　　（隣人権の名残：事前認可制の異議申し立て権の行使）

　（確立期）〈国〉（事前認可制・民法＝公法）─────→〈企業）
　　　　　　（「その場所では当たり前の汚染水準」原則）

　　　　　　　　　　　〈市民〉
　　　　（事後的な損害賠償請求権：それも次第に困難化）

［典拠］　筆者が作成。矢印は影響の方向。

的経営は「安全性に関する政府のお墨付き」を受けた特権的領域と受け止められ，経営拡大に伴う汚染の増加にもかかわらず，住民からの異議申し立てを排除することを可能にし，他方，住民にとっては，発生した被害に対し事後的に損害賠償請求を行う権利だけが残されることになったからだ。この損害賠償請求の闘争に止めを刺したのが，「その場では当たり前の水準」の汚染として甘受すべき原則の確立である。それ自体，工業化・都市化の進展に伴う産業集積地の形成の結果でもあるが，第一次大戦前後までには，この原則が確立して，上記の原告側の因果関係論証義務とともに，住民の抵抗手段を奪い諦念の広がりを生み出した。ここに環境行政における政府・企業と法規制という主体配置・主要手段が完成してくる。

　以上のように，200 年にわたる長期的視野から，表 6–3 に挙げられた環境政策の主体配置を見直すとき，19 世紀から 20 世紀初頭にかけて第 3 局面から第 1 局面への反転があったことがわかる。その際，産業社会の成熟度やマクニールの挙げる経済・人口指標の次元，したがって環境負荷の範囲と規模，あるいは通信・交通手段の異なる時期の環境組織の広がりと性格など多くの

点で，19世紀と20世紀とでは大きく異なることは言うまでもない。この点を留保する限り，19世紀前半は，基本的人権に相当する「隣人権」を基礎にし損害賠償を超える様々な要求，市民による国家と企業への多様な手段による強い影響など，今日の状況を彷彿とさせるものがある。その意味から，現在の環境政策を考える上でも重要な教訓を与えてくれよう。「成長・進歩」に囚われない工業化像の構築を目標に掲げることで環境史は，これまで遅れた伝統的価値・思想と片づけられてきた史実のなかに「経済と環境」の両立につながる豊かな教訓を見いだしているからである。以下，エネルギー政策と密接に関わる19世紀のエネルギー転換に関わる論争の限りで概観しよう。石油危機を境に急旋回した環境史が，80年代から展開された論争を検討することで，石油危機後に石油代替エネルギー源の開発，原子力へのシフトから再生可能エネルギーへの回帰という，エネルギー転換を円滑に推進するために必要な条件も明らかになると考えるからである。

6.3　化石燃料へのエネルギー転換

　環境史が，1970年代の2度にわたる石油危機を境に急成長したことは，先に述べた。その後，西側先進諸国では揃って省エネ・効率化と並び石油代替エネルギー源の開発が進められたこと，スリーマイルとチェルノブイリの原発事故を境にEU諸国を中心に脱原子力の動きが活発化してきたこと，さらに1990年代の地球温暖化議論の高まりのなか化石燃料を中期的に利用するとともに再生可能エネルギーへの重心移動が模索されていること，の3点にも触れた。しかし，我々の直面する第3のエネルギー転換が円滑に進展するためには，どのような条件が必要であろうか。燃料電池など水素エネルギーの研究開発・導入のような技術的条件が整えば，それで十分なのだろうか。それとも経済と環境の両立できる生態系に優しい社会を実現するためには，それ以外に何が必要とされるのだろうか。この問題を考えるために，薪炭から石炭・褐炭を中心とする化石燃料への転換をめぐり1980年代前半からドイツ学界で繰り広げられている「木材不足」論争を一瞥してみよう[50]。ただ，この問題については別の機会に詳細に扱ったことがあるので，論争については

概要を述べるにとどめる。むしろ，論述の中心は，環境政策における主体の配置など第3期の特徴を有する19世紀前半の「経済と環境」の独自の両立論である。この点を若干の史料証言を交えつつ論じて，環境史からの教訓を導き出そう。

6.3.1 「木材不足」論争

　ドイツ学界では，石炭へのエネルギー転換の推進要因を18世紀第3四半期以降の薪炭価格の急騰に象徴される「燃料の供給不足」，とくに森林乱伐の結果としての「木材不足」に還元するW.ゾンバルトの所説が広く受け入れられてきた。1980年代初頭のR.P.ジーフェーレとR.J.グライツマンの所説も基本的にゾンバルト説を踏襲しており，J.ラドカウがそれを鋭く批判の俎上に載せたことで「木材不足」論争の口火が切って落とされた[51]。ジーフェーレらに従えば，18世紀末に発生した「不足」は，輸送条件に制約されて間欠的に発生してきた局地的ないし地域的な危機とは根本的に性格を異にしている[52]。すなわち，1700–1800年の1,500万人から2,400万人への人口増加，森林の農牧畜向け利用の拡大，冶金・化学・鉱山など木材多消費型産業，あるいはより広く「プロト工業」の成長，領邦国家による産業振興策の推進など，エネルギー需要が爆発的に増加した。その間，森林の薪炭供給力は低下の一途を辿り，燃料・原材料の木材代替物探しも思うように進展しなかった。したがって，化石燃料への移行は，このエネルギー需給間のアンバランスに均衡をもたらす経済的(価格・コスト)・技術的にみて必然的過程であったというのである。2つの史料証言を挙げておこう。

　1798年ザクセン・ゴータ公国の森林・狩猟協会員で同時に林業専門家でもあるC.R.ラウロープが，シュレスヴィヒ・ホルシュタイン公国の木材・薪不足に関して述べた次の証言も，切実な響きを持つものと理解されている[53]。「木材不足と木材高騰は，規模の大小を問わずドイツ諸国の一般的な苦情となっている。君主も貴族も，とくに市民と農民は，この害毒をつよく感じ取っている。彼らにとってこの点に関する限り，将来の見通しは暗い。どこを見ても，木材不足の苦情が鳴り響いている。この悲惨な害毒に見舞われない幸運な国は，いまやごくわずかになってしまった。遠からぬ過去に木材余

第 6 章　環境史からの教訓　　　　　　　　　　　　　　231

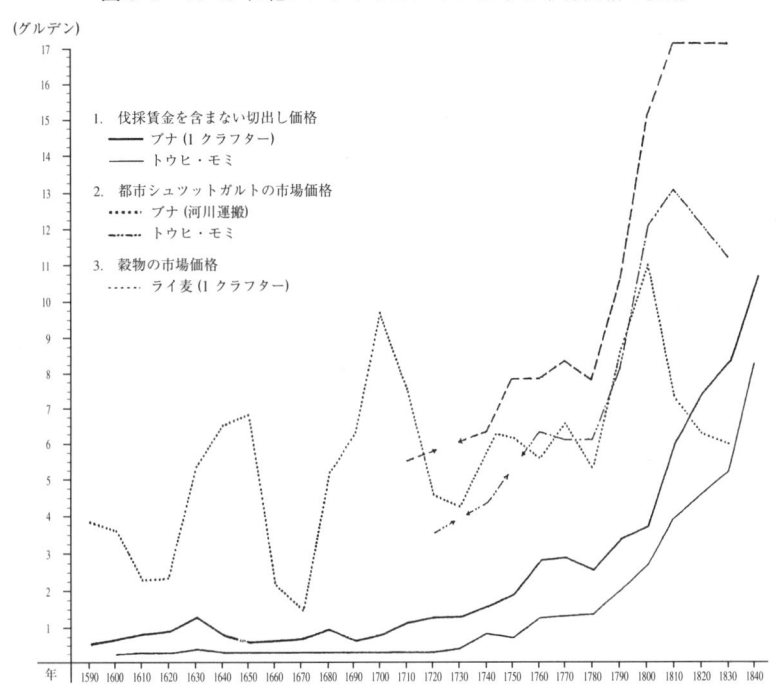

図 6–1　16–19 世紀シュツットガルトにおける木材価格の変動

(グルデン)

1. 伐採賃金を含まない切出し価格
   ── ブナ (1 クラフター)
   ── トウヒ・モミ
2. 都市シュツットガルトの市場価格
   ⋯⋯ ブナ (河川運搬)
   ─── トウヒ・モミ
3. 穀物の市場価格
   ⋯⋯ ライ麦 (1 クラフター)

年　1590 1600 1610 1620 1630 1640 1650 1660 1670 1680 1690 1700 1710 1720 1730 1740 1750 1760 1770 1780 1790 1800 1810 1820 1830 1840

[典拠]　Rubner 1967, p. 59.

剰ないし，少なくとも十分な量をもっていた国も，いまや不足に苦しめられている……辺りを見回せば，遠くも近くも悲惨な結果を伴う木材不足が支配していることに気がつく。数百万の人々が，日々，工場やマニュファクチュアで働いているが，どの工場が将来にわたり存続できるかどうか，そして我々以上にその種の不足に苦しめられることになる子孫たちに木材を残してやれるかどうか，これらの問題はほとんど考慮されていないようだ。鉱山・工場の(操業継続にとっての)一般的な阻害，商業の完全な停滞，および最終的な移出さえも，木材不足が早晩引き起こすであろう悲惨な結末のうちでは，最もましなものである」。

　もう一方は，ドイツ森林史の大家の H. ルブナーが作成した 16 世紀末から 19 世紀初頭シュツットガルトの木材・薪価格の時系列データである[54]（図 6–

1を参照)。この時期ドイツにおける薪炭に関する統一的な国内市場の形成に懐疑的な見解が支配的なだけに，その解釈には慎重を要するが，1780年頃から穀物価格の上昇率をも上回る勢いでブナ価格が急騰している。

ところで，ラドカウはゾンバルトが依拠した2類型の史料，「森林条例」と「木材節約文献」に関する厳密な史料批判を通じて，ドイツ全土にわたる「木材不足」の存在を退けただけでなく，「不足」証言が頻出した理由をも問いつつ自説を展開した。その要旨は，次の通りである。

第1に，森林条例は，発給者の領邦君主が自己利害に誘導すべく「不足」感を煽る狙いをもっていた。したがって，他の類型の同時代史料から判断する限り，ドイツ全土に薪炭不足が広がっていた形跡はない。一例を挙げておこう[55]。「都市と農村における褐炭の販売は，潤沢な木材が入手できるので長い間困難に直面している。褐炭は，運搬人への賃金支払いのために木材よりはるかに高価なものとなってきており，強制なしに，あるいは地上の木材の(利用)制限なしに，燃料としての利用は起こりえないであろう」。国庫の増収を図るための木材価格の釣り上げや国有林大量伐採の正当化，それまで法関係が曖昧だった森林から領民の用益権と共同体的権利を排除することによる領域支配の拡充，領主所有の精錬所・ガラス工場などへの優先的な燃料供給，近代林業の導入による収益拡大のような意図が大きく働いていた。

第2に，省エネ技術の展覧会の様相を呈する「木材節約文献」は18世紀後半に一つの流行現象ともなったが，石炭普及に先行する形で19世紀初頭から退潮に向かっており，石炭への移行を「木材不足」から説明するための論拠とはならない。加えて，それら文献の内容は手工業生産に応用可能な実用的なものではなく，「好奇心ある金持ちのお遊び」の域を一歩も出なかった。

第3に，この時期の資本主義，あるいはプロト工業は，そもそも燃料不足を死活問題とするほど爆発的な成長力を持っていなかった。前工業化期に木材不足は常態であり，燃料依存型の手工業は生産制限や立地移動により対応しており，その立地も燃料・動力源の便を考えて分散しており，化石燃料への移行を不可避とはしていなかった。

第4に，史料上の「木材不足」に関する証言の多くは未来形で登場しており，その理由は，18世紀後半以降の自然観の変化とそれと並行した成長思想

の台頭のなかに求められる。一時的な価格高騰が，人口増加と経済成長という不可逆的な過程の始動の前兆と理解されて，近い将来に想定される森林破壊と「木材不足」に対する警鐘が鳴らされたのである。18世紀末の「木材不足」は，将来の危機に備えた「転ばぬ先の杖」に他ならなかった。

　1983年論文が発表された直後から，ラドカウの所説の当否をめぐって活発な論議が闘わされてきた。現在までのところ，大半の論点は支持されているが，森林管理における領主・農民の対照的な姿勢を誇張するラドカウの説には疑問が提示され，ラドカウもそれを受けて自説を修正した。すなわち，森林条例や官房学的著作で言及される農民・共同体的諸権利の制限と近代林業導入の動きは，一方的に領邦君主の利害に帰すのではなく，初期林業の標榜する「持続可能性」への配慮とも関係していた。農民には持続可能な林業を，領主には皆伐・植樹を軸とした近代林業を割り振るのではなく，時として利害対立が表面化することはあれ，両者の協同下に森林資源の保全が可能となったのであり，それを支えたのが「法による調整」に他ならなかったのである。「環境史におけるヨーロッパ特有の道」と総称される1800年頃までの西欧を特徴づける，資源・自然に優しい営為を支えた一大支柱にも「法による調整」は挙げられている[56]。

　この「木材不足」論争は，化石燃料への移行の説明に際して供給のボトルネックの存在を強調してきた所説を退け，それに代わって，自然観の変化や成長思想の浸透のような高邁な理念・思想から日常的な自然とのつき合いの変化まで経済社会の深層部にわたる緩やかな変化を，いわばエネルギー転換の受け皿形成過程として浮上させることになった。第1の方向を代表するのがG. バイエールであり，そして第2の方向を代表するのがI. シェーファーとU. ベッツホールトである[57]。

　バイエールは，「18世紀の主導的学問である」自然史や官房学の著述を手がかりにして，「自然界を商品倉庫」と理解する見方の緩やかな浸透過程を2つの次元から追跡する。一方は，食料品，原材料，医薬品，嗜好品など人間生活と快適さを維持する目的から行われる，自然の動物，植物，鉱物の3界への分類，さらに新大陸・東洋の物産も含めた実用性の視角からのよりきめ細かな自然の分類である。それも18世紀ドイツの急速な人口増加と，それに

伴う消費増加や手工業生産の拡大に応えうる原料・加工方法探しと密接に結びついていた。もう一方は,「自然を搾取する成長経済」への移行であり,18世紀のうちに「至福」の意味内容に生じた変化,その脱神学化と「世俗的,功利的,快楽主義的な社会概念」への転換の確認から始める。官房学は,それを出発点に据え「国家資産」の有効な活用による至福の増進を国家行政の至上命題に据え,効用を基準とした科学の序列化,自然の資源化と分類,それら資源利用の最適化を通じて人口増加と産業発展からの要求に応えようとした。その際の最大のボトルネックが,「木材不足」論者の説く燃料不足でなく,原料基盤の拡大に他ならなかった。それと並行して人間労働も実用性を軸に「至福に至る手段としての勤勉」が機会あるごとに強調され,上は官房技術専門学校から工業・実業学校を経て国民学校,孤児院・救貧院から懲役場・授産場まで「将来の個人的・社会的富と福祉の増進に繋がるような,仕事と学習の結合した教育が施された」。換言すれば,人間自体の資源化と規律化された目的意識的な労働主体への改変が進められた[58]。

　しかし,このような理念・心性の変化も,日常生活にまで浸透するためには,葛藤に満ちた経過を辿らねばならなかった。この過程を「生業合理性から市場合理性への移行」の鍵概念のもとに考察したのが,シェーファーとベッツホールトである。この2人の歴史家は,「木材不足」論争をも念頭に置きながら,18世紀後半に領邦君主の主導する薪炭から石炭・褐炭への燃料転換策が惹起した手工業者・農民からの抵抗に光を当てる。この転換策導入の推進動機が,域外市場向け手工業と領主制的経営への優先的な薪炭配分あるいは森林資源の利用効率化に伴う国庫増収のいずれではあれ,石灰・煉瓦焼き,ビール醸造人,ガラス工などが頑強に抵抗したのは,決して技術的進歩への敵対からではない。燃料転換に伴う莫大な炉の改築費用,石炭燃焼時に発生する煤煙・灰による製品品質の低下,とりわけ薪炭利用とは異なる技量修得の必要をあげ,時には都市当局と連携しギルド組織を基礎にして長期にわたり反発した。その点,農民も変わりはない。煤煙による健康被害への危惧,木材・ポタシュ販売による貨幣収入の道の途絶,煙を利用した燻蒸の排除など,在地的な資源と慣習的な生活条件の堅持を目指す「生業合理性」に根ざしていた。この抵抗も,隣人権と通底するところがあるものの,最終的

には対外競争の圧力もあって廉価な石炭利用と「市場合理性」に道を譲ることになり、同時に社会経済的分化と共同体的連帯の解体にとっても一大契機となった。

化石燃料への移行は、平板な木材不足に対する技術的・経済的対応などではなく、経済社会の様々な次元――上は理念・思想から富の概念、労働観、教育のあり方を経て、下は日常的な生活慣習・ライフスタイルまで――の変化と並進していたのである。それが、「隣人権」の排除をめぐる法制的に紆余曲折を辿った過程と不可分に絡み合っていた。こうした視野から現在のエネルギー政策も再構成されねばならないのである。

ただ、19世紀の「成長概念」は、科学技術の発展に基礎づけられ、大量生産・大量消費・大量投棄を生み出した20世紀型の経済成長とは自ずから一線を画することを忘れてはならない。

19世紀前半A.D.テールは、イギリス農書の徹底研究と実験農場での経験に基づき、「合理的農業」を提唱し、経営学的な利潤原則を農業の基本に据えることを主張した。これ自体、土地利用の根本的変化を表現しているが、それも人口増加、開墾・干拓による耕地拡大、科学的知識を動員しての集約化の達成という時代の要請を受けてのことである。この場で注意したいのは、下記の引用からも明らかなように、テールの説く合理的農業は無制限な自然の収奪を意味するのではなく、持続可能性との両立を前提にしていた。「農業とは、植物性と動物性の物質の生産(ときには加工)によって利潤ないし貨幣の獲得を目的にした一つの営業である」、「その利潤が持続的になればなるほど、この目的はいっそう完璧に満たされる。したがって、最も完全な農夫とは、自分の経営からできるだけ最大の持続的な利潤を、それぞれの資産・体力・状況に応じて引き出す人物である」[59]。

19世紀半ばからドイツ林業も、大きな変化を経験した。石炭利用の急増と薪炭需要の低下のなかで、建材・枕木・坑木・家具用の樹木への転換が進み、それと並行してプレスラーの所説に代表される利潤最大化を主張する諸派が台頭した。ここに針葉樹の単一栽培と計画的な皆伐・植林を中心とした我々に馴染み深いドイツ林業の姿が完成してくる。それが森林の生産性の向上にある程度寄与したことは否定できないが、生態系の条件を無視した単一栽培

が深刻な虫害・風害を招いたことも知られている。1865年ドイツ農・林業協会大会の席上で大半の営林官は，森林荒廃を招く恐れのある純益説に批判的立場を表明していた。1790–1850年古典期の林業に大きな影響を与えたW. G. モーザーの林業スローガン，「需要の十分な充足」と「持続可能性」は，自然の回復力の手助けから人工的植樹へと時流が転換する時期にも広く支持されていたのである[60]。

市場を通じた利潤の最大化と需要充足・生存経済・持続可能性との調和を求める試みとの葛藤は，工業部門でよりいっそう顕著となる。1802/03年バンベルク闘争に際して，石炭蒸気の有害さを強調して立地移動を説いた医師2人の証言を軸に，その点を概観しよう。

まず，ドールンとレシュラウプの証言を引用しておこう[61]。

ドールン：「国民の健康をその種の(ガラス工場が都市近郊に建設され，石炭蒸気が排出されたとき)危険から守ることは，明らかに国家の義務である。たとえ，それによって罹病するのがただの一人であっても，この一人の健康を危険にさらす，その一方で，貨幣が官房学的山師を通じて企業家と彼の取り巻き連中の利益に帰すとすれば，(国家は)無責任であるに違いない」と，「この一事(石炭蒸気の排出による不動産価値の低下と散策路・庭園の景観破壊)をもってしても，企業家の私的利益と快楽にのみ帰すような場所から，ガラス工場を締め出すのに十分であろう」。

レシュラウプ：「我々は，現在のところ，またこれからもずっとそうだが，人間，とくにそれ(商工業の発展)から何ら利益を引き出せない人々の生命，健康，快適さを犠牲にすることなく，それは行われるべきだという意見である」，「この所見(薪炭を燃料として利用するガラス工場でも排出ガスが健康被害を与えること)は，1803年には考慮されなかったのだろうか。もしそうであれば，私は啓蒙を軽蔑する。なんとなれば，彼ら(啓蒙主義を標榜する科学者)は，人間の健康より高利貸しを重要視し，人間の生命を貨幣利益の追求者たちの犠牲にすることを何とも思っていないからである」，「ガラス工場から立ち上る蒸気が実際に有害か否か，まず実験することも(バイエルン官僚のバーダーが言うように)可能である。その場合，人々の健康と生命を賭けて実験をするのであろうか。健康と生命は，そもそも貨幣によって置き換えるこ

第6章 環境史からの教訓

とができるのだろうか。その実験は，どれくらいの間続けられなければならないのか。私には数年は要するように思える。なぜなら，問題となるのは，実験が明瞭な結果を提供し人々を完全に納得させるまでに数年間はかかるような消耗性疾患の原因や消耗性疾患(肺結核)といった慢性的に進行する疾病だからである。いったい誰が，その種の実験を行ったり，行わせたりする権限をもっているのだろうか」。

この両者に共通の出発点は，人間の健康と生命は貨幣によって代替できないとの主張である。既述のように，19世紀後半以降の住民の権限は損害賠償請求に限定されていくが，人間の健康・生命・財産，あるいは基本的生活権に属する景観(住環境)の破壊は許されないとの基本的立場が貫かれている。特定の経済的営為からの受益者以外に負荷を加える行為，すなわち社会的コストの第三者への転嫁は，医学的にも，あるいは法的にも認められてはいなかったのである。この批判の矛先は，自然の資源化・効用化を通じ産業振興・人口扶養策の推進を説く初期経済学(官房学)にも向けられている。

次に，自ら啓蒙・科学主義を標榜しつつ，汚染排出と疾病との因果関係の論証の必要を説く科学者に対する厳しい批判である。レシュラウプが，直接ターゲットに据えたのはバイエルンの技術官僚バーダーである。彼は，医学を修めるなかで物理学に専攻を転じ，イギリス留学を経て，バイエルンの鉄道馬車計画やビール醸造装置の発明などを手がけた，後発工業国ドイツの産業振興の先兵の一人である。この場では，疾病との因果連関の論証を人体実験と呼び「似非啓蒙」の名の下に厳しく糾弾されていることを再確認しておきたい。

しかし，彼らを批判の俎上に載せるのは，その点に鑑みてだけではない。バイエルン政府による抗争の調査報告は，住民による健康被害・建物汚染への危惧に対して，次のように述べ，人々の無知をあざ笑うかのように，完全燃焼や煤煙の排出抑制のための技術的解決方法を前景に押し出している。「医師(デリンガー)と化学者(シュトンプ)が(1802年6月の)鑑定書において指摘し，この問題に発言した多くの人々も指摘した技術(による解決)は，あまり知られていず，通常のガラス工場(の経験)から導き出された結論が，そのままシュトリュプの計画する工場にも適用されている。イギリス人のユステリ

ウスが発明し，ベルハーレが改良した煤煙燃焼のための装置がある。要求された条件に従って炉が作られた場合，どのような種類の木材，あるいは石炭を燃焼させたとしても，炉の排出口からほとんど煤煙は立ち上がることはない」[62]。これがフィクションに過ぎないことは，1812年バンベルク司教の取り巻きで，工場建設推進派の一人であったイエックが，立地を替えて建設されたガラス工場のそばを訪れたときの経験談から容易に読みとれる。「石炭が緩やかに巻き上げる異常な硫黄臭は，我々の社会(貴族)の幾人かに胸部疾患発生の不安を強くかきたてたので，我々は旅行用馬車に再び乗り込み街道を急がせた」[63]。科学主義が叫ばれる中で，環境汚染の技術的解決が標榜される回数は確実に増加の一途をたどるが，19世紀末ヘルマン製鉄所の例が教えるように，ついぞ一度として完璧な解決などもたらさなかった。シュトルベルクは，2人の医師の基本的立場を同時代からの引用を通じて，「炉は，どのようにも作ることができるので，最初に発生する煤煙は，いつも最後の段階でも認められる」と表現したが，それはこうした事情を念頭に置いてのことである[64]。

　ただ，これら2人の医師は，経済・産業の発展自体に異を唱えず，むしろ定住から離れた場所へのガラス工場移転を主張して，それによって「経済と環境の両立」を図ろうとしていた。これが工業化の進展するうちに「無限の海，大気」の汚染を経て今日の地球温暖化にまでつながることは周知の通りである。ただ，その場合にも今日環境運動の基礎に据えられる生活権をつよく照射して，環境史の秘める豊かな可能性をかいま見せている点を忘れてはならない。

6.3.2 小　　括

　1980年代からドイツ学界で戦わされてきた「木材不足」論争は，森林乱伐に伴う薪炭不足と価格高騰，その経済的・技術的隘路を突破するための化石燃料への移行を主張する通説を根本的に退ける結果をもたらした。19世紀後半から加速度化する重化学工業化は，化石燃料の大量使用を受容するような，新たな経済社会の形成と並行して起こった。それは，上は初期経済学を刻印づける「成長思想の浸透」「自然の資源化」「実践的な労働」概念の緩やかな

浸透から,「生業合理性から市場合理性への移行」に象徴される日常的な自然との付き合い方の漸次的な変化までを包括する一大変化であった。

しかし,この時期,官房学者の口から,産業振興,そのためのエネルギー転換や自然の資源化,雇用創出(人口扶養),国富増進,強国の建設について語られたとしても,あるいは環境汚染の最終解決策として技術的対応が強調されるとしても,それは丸のまま受け入れられることはなかった。

19世紀農林業の近代化を象徴する利潤説の台頭にしても,持続可能性や需要充足と不可分に結びついており,市場の自動調整機構のではなく,「制度に埋め込まれた経済」の観点を色濃く留めていた。また,この時期声高に叫ばれる科学主義・技術主義についても,その過信を戒める制動装置がまだ機能していた。石炭蒸気を排出しない完全燃焼炉の建設を推奨する案,あるいは石炭蒸気の人体被害の有無を見極めるために実験を訴える案は,健康・財産権あるいは植生・景観の破壊を危惧する反発に遭遇したからだ。もっとも,彼ら反発者が対案として提示した解決策も,定住から離れた場所への立地移動に過ぎず,19世紀後半以降の本格的な工業化と都市化のなかでは意味を失い,環境媒体への垂れ流しが深刻化することになる。したがって,工業化と並行した万物の商品化と市場の自動調節機能が勝利するにつれ,肝心カナメの生活権や生態系保全の論拠は退き,代わって健康・生命の貨幣化さえも進む。

「木材不足」論争は,脱原子力と再生可能エネルギーへの転換期に生きる我々にとって貴重な教訓を提供している。すなわち,エネルギー転換は,平板な技術開発・導入の問題ではなく,経済社会を支える理念・行動様式全体の抜本的な編成替えがあってはじめて機能することを明らかにしたからである。その際,出発点に据えられるべきは,言うまでもなく「隣人権」に象徴される生活権の保全である。

むすび

ドイツ学界において環境史研究が,現代の環境危機に応えるかのように1970年代以降に急成長をとげ,今日ではすでに歴史学の主流の一角を占める

に至っている。この環境史は，現代の問題関心に極端に引きずられずに，しかも「成長・進歩」概念に囚われることなく経済社会の歩みを追究することで，新たな工業化像の構築に向けて果敢に挑戦してきている。本章では，この新潮流に触発されつつ，同時に「環境史と現代環境政策論」の対話から導き出された方法を，19–20世紀ドイツ環境行政の史的展開過程の分析に適用してみた。すなわち，イエーニッケらの提唱する「政策主体の配置」に注目し，「国家・市民・市場（企業）」3者の織りなす関係の変化から環境行政の諸局面を考察した。それは，この方法が，狭義の政策論や政治学，社会学など広範な分野から継承されただけでなく，環境史の開拓者たちの挙げる時代区分の指標とも重なるところがあり研究の道具立てとしてきわめて有効だと考えられるからである。

　その結果，19世紀後半から20世紀初頭にかけてイエーニッケの作成した表6–2における第3局面から第1局面への反転が起こったことが分かった。したがって，我々の生きる現代の環境政策に直接先行する第3期の特徴を備える19世紀前半のドイツの経験から学ぶべき点は多い。その際，ブリュッゲマイアーも適切に指摘するように，農業社会の構造を色濃くとどめ，同時に市民社会の成熟度の低いこの時期から，現代の教訓を直接引き出すことには慎重を要することは言うまでもない[65]。その場合でも，「グローバルに考え，そして地域から行動しよう」という環境運動のスローガンにも通じ，かつまたその運動の立脚すべき幾つかの教訓を指摘することは可能である。

　第1に，初期工業化期の19世紀前半まで環境運動の拠り所となった「隣人権」の意義は，再評価されねばならない。19世紀後半に火災・汚染の危険性ある企業に対する政府の事前認可制度が導入されるまで，新規建設時の事前協議を認める慣習法的な「隣人権」は有効に機能して，住民の健康・財産だけでなく植生・景観の保全という基本的生活権全般の擁護に重要な役割を担っていたからである。逆に，19世紀後半以降の環境行政・立法の集権化が，住民の権利を事後的な損害賠償請求に限定したこと，しかも工業地帯の形成に伴い発生した被害の因果関係の論証も困難となり，「その場では甘受すべき当たり前の汚染水準」の原則が確立するに至って，住民の間に「汚染は繁栄の礼服」とみなす諦念が広がったこと，の2点が，「隣人権」の重要性を別の

角度から鮮明に照射してみせている。19世紀後半以降の発展自体，啓蒙主義・科学主義の名目のもとに進行した経済至上主義の勝利の過程に他ならなかったが，今日のエネルギー・環境に関する政策形成に際しては「隣人権」に通底する「サブシステンス」(ポランニー)により重きを置いた接近が必要となろう。

　第2に，19世紀の化石燃料への移行の推進力をめぐる論争は，森林乱伐に起因する木材不足と価格高騰を強調してきた古典学説を俎上に載せただけでなく，燃料転換を受容しさらに推進する経済社会への根底的な編成替え，いわば「大工業の序曲」(バイエール)の諸相を明らかにしてみせた[66]。それを通じて，我々の直面する第3のエネルギー転換が，水素・燃料電池社会への移行のような技術開発・導入だけでなく，大量消費・大量投棄型のライフスタイルそのものの抜本的修正と並進すべきことを浮き彫りにし，同時にテクノクラート型の意思決定と政策スタイルに反省を迫ったことは言うまでもあるまい。

　それら2つの教訓に鑑みるとき，我々はエネルギー・環境問題に取り組む場合，「成長・進歩」にかわる主導理念の再構成から日常的なライフスタイルまでを視野に収めた，広範かつ多様な課題に直面していることになる。それら課題に取り組むためには，これまでのような学際的な協力を越えて，隣人権のカバーする基本的生活権を基礎に据えた学的再編が不可欠だと思えるが，この点には第7章の結論で論ずることにしよう。

注

1) Siemann 1995, pp. 131–148. 引用は，p. 132.
2) ドイツ学界における環境史に関する研究動向については，基本的な参考文献も含めて田北 2000, 2003 を参照せよ。
3) Leidinger 1991, p. 495.
4) Mieck 1989, p. 205.
5) Brüggemeier 2000.
6) 環境史の学的確立をみるための指標については，参考文献も含めて田北 2003, p. 41 を参照せよ。
7) Troitzsch 1981.
8) Brimblecombe/Pfister 1990.

9) Troitzsch 1989, p. 89.
10) 英米学界でも環境史研究は 1970 年代以降に活性化し，今日では歴史科学の主流の一角を占めている (Sheail 2000, pp. 1–5)。
11) Zorn 1978. 東ドイツ学界の先駆者モテックの業績は，Mottek 1972, 1974 を参照せよ。また，『経済史雑誌』など代表的な雑誌に掲載された論文から判断するかぎり，ゴルバチョフ書記長の登場に先行する 1970 年代から環境史は，社会的需要概念の導入の主張などを通じて生産・工業至上主義に反省を迫る動きを示していた(田北 1993, p. 159)。
12) ハーンが名を挙げたのは，ミーク，ジーフェーレ，ラドカウ，ブリュッゲマイアーの 4 人だが (Hahn 1998, p. 119)，筆者は技術史家トロイチュを加えるべきだと考えている。とりわけ，環境史研究への定性・定量分析の併用と「技術進歩」に囚われない歴史の再解釈との必要性を説き，方法的指針を明確に提示したからである (Troitzsch 1981, 1989)。
13) Mieck 1983, 1989.
14) Radkau 2000. また，ラドカウの業績については，田北 2003 を参照せよ。
15) Radkau 1994, pp. 24–25.
16) Bayerl/Toitzsch 1998.
17) ミークとジーフェーレの所説については，田北 2000a, pp. 69–72 を，そしてラドカウの時代区分に関しては，Radkau 1990 を参照せよ。
18) Jänicke 1999, イエーニッケ他 1998 を参照。
19) 我が国の環境行政・立法が本格化し整備されるのも 1970 年前後のことである (環境庁 1999)。
20) イエーニッケ 1998, pp. 7–8 の長尾氏の論述を参照せよ。
21) 本書の第 3 章，第 4 章を参照せよ。
22) Mieck 1989.
23) Wey 1982.
24) Wey 1982, p. 11.
25) McNeill 2000.
26) フレイヴィン 2002, p. vii.
27) S. P. ヘイズは，米国における環境史を前工業期と工業期の 2 局面にわけ，とくに工業期については 1850–1950 年と 1950 年以降の 2 時期を区別しており，時代区分のあり方では近い立場にある。しかし，時代区分の基準として利用されたのは人口動態，消費水準，工業生産の 3 つで，産業社会の高度化に伴う環境負荷の上昇とそれに対応した環境施策の導入という伝統的な解釈系を出るものではない (Hays 2000, pp. 5–21)。
28) Mieck 1989, 1993.
29) Brüggemeier/Toyka-Seid 1995, pp. 11–18.
30) 代表的業績として，Wiesing 1987: Stolberg 1994: Brüggemeier 1996, pp. 21–78: 田北 2003a の 4 点を挙げておく。
31) Brüggemeier/Rommelspacher 1992, pp. 37–49.

第 6 章　環境史からの教訓　　　　　　　　　　　　　　　　　　243

32) 史料は 1826 年「隣人権に関する若干の所見」(Brüggemeier/Toyka-Seid 1995, pp. 153–155: オリジナルは Spangenberg, Einige Bemerkungen über das Nachbahrrecht. in *Archiv für civilistische Praxis*, 9, 1826, pp. 265–272) である。著者シュパンゲンベルクは最高裁評議員の地位にあり，「学説集」Digesten に挙げられた事例に基づきながら新種の汚染問題の取り扱いについて論じており，「隣人権」の強力な擁護者の一人に数え上げられるという (Brüggemeier 1996, pp. 143–145)。ブリュッゲマイアーらの編集した史料集に収められた史料は次の通りである。「誰でも，自分の土地の上では好きなことを行うことができる。ただし，彼が他人の土地ないしそこの住民に被害を与えるものを何も排出しない，という制限付きではあるが。この苦情権の理由となる被害とは見なされないのは，通常の利用（慣習的な生活）である。しかし，他人の土地の所有者（用益者）は，慣習外の利用（特別な目的をもった装置の設置）の結果，あるいは上記のような種類の被害を，彼の相手が地権者 Servitut 資格を既に獲得している場合にだけ，甘受せざるをえない。既述のように，我々の対象に関しては，特別な業種や活動を考慮しないでも，慣習的な生活方法の範囲と超えるものをすべて慣習外と呼びうる。このことからの帰結として，隣接の特別な業種の経営から生ずる好ましからざる排出のすべてを，所有者にとっての慣習外の被害と見なすべきであるということになる。たとえ，その排出自体が，当該業種の慣習的な結果でしかなかったとしても，そうである。これは，行き過ぎではないのだろうか，と問いかけることができようか……。この異議申し立てが的はずれではないこと，を否定しはしない。とくに，隣人に不快な結果を与え，そして被害なしには営むことが不可能であるような多数の業種の経営を考慮するとき，否定できないように見える……。我々の法文は，許されざる排出についてだけ定めており，したがって，排出されるものが，水，炭塵，煤煙のような有形物であることを前提としている。それ故に，営業によって感覚が不快にさらされるような場合には，当てはまらない……。（近隣の）所有者の耳，鼻，目が，たとえそれによって負荷をかけられるとしても，ブリキ工や白鞣工などが隣に居を構えたり，あるいはその向かいの家（仕事場）に目もくらむばかりの色合いを与えたとしても，それを甘受せざるをえないのである。また，彼の隣人の営業者が，経営に必要な装置を，ゴミ，不潔なもの，煤煙，塵やその他の有形物を彼の家屋内に侵入したり，彼に負荷をかけるような仕方で設置するときには，我慢する必要はあるまい。したがって，関連する法文は，排出される有形物がまさに問題となっているが故に，完全な禁止権を彼に与えている。他方で営業者は，所有地内外の隣人に負荷をかけないように装置を設置する義務を課されている。ただし，彼らが地権者資格を既に獲得していて，隣人の所有地内へ有形物の排出を甘受することを強制できるような場合を除くが」。
33) 田北 2003a, p. 247 に挙げた史料一覧を参照せよ。
34) J. S. バーダーの略歴については，Wiesing 1987, pp. 26–28: Müller 1985, pp. 13, 16, 21–22, 291–292 に詳しい。
35) Röschlaub 1803。なお，本書 6.3.1 にレシュラウプの証言の一部を引用してい

るので，併せて参照願いたい。
36) Dorn 1802.
37) Wiesing 1987, p. 107.
38) この史料は，1902年「ボッフム鉱山学校のブロックマン教授の証言: 甘受すべき基準について」(Brüggemeier/Rommelspacher 1992, p. 43) であり，ブリュッゲマイアーらの論考で引用された箇所は以下の通りである。「私(ブロックマン教授)は20年来ボッフムに住んでおり，西風の場合には，黄灰色の濃い煤煙・降灰混じりの大気を呼吸しなければならなかった。北風の場合，吐き気を催すようなボタの蒸気が鼻をつき，そして南風の場合には，鉄工所，ガス工場，および化学工場から立ち上る蒸気を享受できた。私が出かけるところで(はどこでも)煤煙が私を苦しめ，あらゆる種類の騒音と振動が，昼間には仕事を，そして夜中には私の睡眠を邪魔した。それらはすべて，じつに迷惑で不快なものだが，工業地域に住む以上は我慢しなければならない。……ヘルデは，最高水準の工場・製鉄都市であり，決して保養地・避暑地ではない。したがって，ヘルデに移り住む者は，多数の鉄工業経営によって汚染された大気を前もって意識せざるをえないのである。あらゆる種類の悪臭は嗅覚細胞をいらつかせ，大きな騒音は聴覚を激しい振動のなかに置くだろう。なぜなら，マルク地方産の鉄が伸ばされ圧延されるときには通常，重い鋼鉄ハンマーが使用されるが，空気入のゴム枕は差し込まれないからである」。
39) この史料は，1852年「最高裁判決: 企業の損害賠償責任について」(Brüggemeier/ Toyka-Seid 1995, pp. 159–162: オリジナルは Justiz-Material-Blatt, 14, 1852, pp. 259f.) であり，総会決定と審議経過説明の2部から構成されている。第1部の総会決定，「製造業施設の所有者は，彼の財産権を拠り所にして，その種の施設の経営から発生する蒸気を隣接の土地にまで広める権限を無条件にもつわけではないし，またそれに起因する損害の賠償を，財産権に付随する一権利を使用した，との主張によって回避することはできない。同じく，製造業施設が行政当局の認可を受けて設立・経営されているとの事情も，それだけでは，発生した被害の(賠償請求)要求から保護するものではない。製造業施設の所有者は，場合によっては，施設の利用によって発生し，他人の土地の上に広がった蒸気・煤煙に起因するような被害に対して責任を負う——その際，工場施設やその経営による特別な責任の論証という原告側代理人の責務を問うことなしに——こともありうる」。第2部の議事録(経緯説明)の前半，1848年9月18日付けの判決，「産業の発達は，近時，財産の利用に機会を与えたが，その本質からして，形こそ違え通常多少とも，他人の不利益と結びついていると言うことができる。亜鉛精錬所や塩酸・ソーダや他の化学製品の加工工場のように，蒸気を発生し，この蒸気によって遠近の土地，とくにそこの収穫に否定的に作用するような施設の場合に，それが当てはまる。その種の製造業施設の所有者が，それによって発生する被害に対し法的に責任があるかどうか，あるいはどの程度まで責任があるか，をめぐる問題に関しては，すでに1848年9月18日に最高裁第一法廷において決定が下され，いずれも責任なしとされた。こ

第6章　環境史からの教訓　　　　　　　　　　　　　　　　245

の事例では，化学工場の所有者が，隣接の土地所有者から，工場から立ち上る塩酸蒸気が彼の土地に広がったためにブドウに悪影響を与え，すべての植物を破壊したことから発生する損害の賠償を要求したものであった。控訴審裁判官は，要求を却下し，かくして第一法廷は，上記の解釈(財産権の行使が他人の権利侵害を伴うことはありうる)に理解を示した。この決定に至る理由は，次のように説明されている。人の恣意行為が間接的ないし遠因の一つとして有害な結果に導いたとしても，損害賠償義務(発生)の理由としては不十分である。むしろ，行為(工場経営)と損害との因果関連の存在，つまり有害な結果が，被害者に対する不法行為としての行為に責任を帰しうるかということが問題である。しかし，この前提が存在しているとは見なせない。なぜなら，所有者は自分の土地の上に行政当局の認可を受けて化学工場を設置し，許可を得て合法的に財産を利用しており，近隣住民の幾人かが迷惑をうけ不利益を被ったという理由だけでは，経営を妨げることはできないのであるから。(敷衍して述べれば)煙突からの蒸気の排出そのものによってではなく，明らかに，この蒸気の降下と侵入は，大気・天候の特別な条件や風向きによって規定されており，隣接の土地に悪影響を及ぼすような，この事例において，蒸気の有害な排出の責任を被告に帰すことはできない」。

　その後半，1852年の判決，「最近，最高裁の第2法廷において類似の事例に決定が下された。この事例では，亜鉛精錬所の所有者が，精錬所から立ち上る煤煙が隣接の土地所有者のブドウを枯死させたことに起因する損害に関して賠償責任があるかどうか，が問題とされた。控訴審裁判官は，責任有りと判定し，第2法廷は，この判決に不服な(原告側の)無効抗告(の訴え)の棄却を申し渡した。その際の主導的な理由は，基本的に次の通りである。被告が亜鉛工場を経営する権利は疑いの余地のないものであるが，その権利行使は，原告の権利——原告の財産が被告の権利行使によって損害を受けないことを請求する権利——によって制限される。この請求(権)は，要求者が自分の権利の行使によって利益を追求する者に対して，損害回避の考慮を求める場合には，特別な正当性を有する。被告が原告に不利益を課しつつ利益を追求する場合，両当事者間に権利の衝突がある。被告は，亜鉛精錬所の経営によって原告の土地に有害物質が加わるような仕方で，それを営む権利をもってはいない。被告の亜鉛精錬所による有形物質の原告の土地への不法な侵入は，原告の権利と被告の財産権との間に引かれる制限を無視している。責任の所在に関する特別な論証は，問題ともならない。許されざる行為から発生する損害の場合，責任の所在の客観的要素だけが考慮されることになる。誰かが，過失や故意からではなく，責任なく，他人の客観的な権利領域に利益獲得目的から侵入した場合，他人が被る損害賠償義務は，単純な法原則——誰も他人に損害を与えて富を得てはならない，あるいは誰も自分の利益のために他人の権利領域を犯してはならない——から発生する」。

40)　Brüggemeier/Toyka-Seid 1995, pp. 71–75. その呼びかけ文の一部をあげれば，次の通りである。「(その排出から健康・植生被害が予想されるソーダ工場の人

口稠密な場所への建設を阻止すべく）個人としてできる限りのことを行うためには，脅威を受ける地域の住民は共同の抵抗に結集しなければならない。それによって差し迫った危険を遠ざけねばならない」(p. 75)。

41) 史料は，1915 年「最高裁判決：ルールの果樹園農家の損害賠償請求について（抄訳）」(Brüggemeier/Rommelspacher 1992, pp. 168–170) であり，判決と審議経過説明の 2 部から構成されている。第 1 部の判決，「ヴァンネ Wanne そばのホルスターハウスの農家 H. F. が，ヘルネ Herne の株式会社，ヒベルニア Hibernia 鉱山会社に対して起こした訴訟に関して，帝国裁判所，第 5 民事法廷は以下のことを適切として判決を下す。ハムにあるプロイセン王国の上級ラント裁判所の第 5 民事法廷の，1915 年 3 月 27 日付けの判決に対する上告を却下する：上告審の費用は原告に課されるものとする」。第 2 部の審議経過説明，① 訴えの内容，「ホルスターハウゼンの果樹園所有者である原告は，そこの果樹が実を結ばず，枯死していると主張した。彼は，これを，完全にか圧倒的に被告のコークス炉から発生する影響に帰し，それを理由として損害賠償を，次のように請求した。第一審では，裁判によって決定さるべき金額と，そして第二審では，1909 年 1 月 1 日以降 4％ の利子つきで，6,725 マルク 25 グロシェンを」。② 第一，二審の判断，「ラント裁判所は，訴えを基本的に正当であると説明し，控訴審は訴えを退けた。上告によって，控訴審判決を取り下げて，ラント裁判所(第一審)判決に対する被告の控訴を却下するようにと委託した。被告は，上告の却下を委託した」。③ 二審の判断の理由，「(原告の所有地の周囲 1–3 km 以内に，被告のコークス工場以外に，各工場がそれぞれ 100–120 基の炉を備えた 6 つのコークス工場がある。被告は，以前 120 基の炉，1904 年に 60 基増設)。原告は，この増設の事実に被害発生の原因を見て取っている。被告人は，この点を争点とした。そして，民法典 906 条の規定——それに従えば，土地の所有者は，その場所の状況から見て普通と思えるような他の土地の利用によって惹起されるような事態を禁止することはできない——を引き合いに出している。この場合それが当てはまるかどうかの問題にとっては，上告者が主張するように，ホルスターハウゼンにはコークス工場のために使用されていない多数の土地があるかどうかは，考慮しないようにしなければならない。民法典 906 条に従って，その影響が甘受さるべき程度については，過半数の土地片の用益方法ではなく，人々の考え方が決定的である。一般に人々が，その場の状況に従って通常のものとして我慢するような影響に対しては，少なくとも原則的には，個々人は禁止権をもっていない。この観点から，控訴審の判決は明らかに出発している」。④ 最高裁の判断，「この原告の所有地が位置する地域が『典型的な工業地域』の性格をもっていること，そして，1904 年以来そこに特別多数で大規模なコークス工場が見いだされることを確認し，同時に裁判官の実地調査の所見を考慮するとき，この地方は広範に同じ像を示しているといえる。至る所に病気になった果樹や枯死した果樹があり，個別的にまだ健康な樹木があったとしても，ごくまれな例外を別とすれば，果実を付けてはいない。以上のことから，次のことが明白に表現される。原告人

の土地片の遠近周辺地では，コークス工場から出発した影響のために果樹園経営は可能ではなくなっていること。そこでは果樹園はもはや営めないこと。そのことに住民たちは一般に我慢していること。被告は，専門家が認めそして控訴審も確認したように『この地域で，当たり前でないことは一切していない』。たしかに，被告は1904年にコークス製造施設を60炉だけ増強したため，それ以来他の施設を規模において凌駕している。この地域は，すでに以前の規模でもコークス製造地域だったのであるから，誤った法解釈に陥ることなく，既存の700炉にもう60炉追加されたことによって，なにも本質的な変化は起こらなかったと考え得ることができる。被告の果樹は，はっきり確認できることだが，施設の拡充なくとも枯れていただろう。控訴審は，民事訴訟法の287条に従って自由裁量に基づき判定しなければならなかったのだが，被害はその拡充が行われなければそれほど突然でなく緩やかに軽微に起こったに違いないということを，ありうると考えなかった。決定的なことは，なによりも被告が施設の拡充によって民法典の903，906条の権限を越えて，法に反した行いをしたかどうかである。しかし，このことは，上記の確認を基礎にして否定されねばならない。施設拡充から発生した状況を考慮に入れても，一般住民にとっては被害は，以前と比べてさほど深刻化していず，被告だけがひどく打撃を受けたのだが，それは彼の所有地がコークス工場の西側に圧倒的に位置していた関係から西風にさらされたからに他ならない。被告人の施設がある土地の用益は，その場所の状況に従えば他のコークス工場の立地する土地片で慣習的である以外の仕方で行われていない。したがって，判決は，実質的・法的にもさらなる検討を必要としていない。今後，行われるやもしれぬ告発も何の成功も望めまい。どのような影響がその場では当たり前と見なされるかについて，行われた専門家の意見聴取に加えて新たな別の鑑定を行うべきだということについては，控訴審にその義務を認めない」。

42) Mieck 1983.
43) Brüggemeier/Toyka-Seid 1995, pp. 156–159.
44) Brüggemeier 1996, pp. 95–151.
45) Brüggemeier 1996, p. 106.
46) Brüggemeier 1996, p. 106.
47) Brüggemeier 1996, p. 105.
48) Brüggemeier 1996, p. 142.
49) Brüggemeier 1996, p. 148.
50) 典拠も含めて，田北 2000a, 2003 を参照せよ。
51) Radkau 1983, 1986.
52) Sieferle 1982: Gleitsmann 1981.
53) この史料は，多数の研究者が引き合いに出しているように，木材不足に関する最も代表的な証言である（Gleitsmann 1981, p. 68: Brüggemeier/Toyka-Seid 1995, pp. 24–25: Bayerl/Troitzsch 1998, pp. 190–196）。
54) 個々の都市における薪・建材価格の変動を，ドイツ全土におしなべて考える見

方には，国内市場形成への懐疑的姿勢と相まって疑問が呈されている（田北 2000a, pp. 76-77）。

55) この史料は，1798年ナッサウ鉱山・冶金委員会からディレンブルク当局宛の書簡の一節である（Schäfer 1983, p. 67）。
56) 典拠も含めて，田北 2003, pp. 51-52 を参照せよ。
57) Bayerl 1994: Schäfer 1983: Betzhold 1983.
58) 田北 2003, pp. 47-48 も参照せよ。
59) Brüggemeier/Toyka-Seid 1995, pp. 42-59. 引用は p. 43.
60) 参考文献も含めて，田北 2003, p. 51 を参照。なお，プレスラーの純益説については，Brüggemeier/Toyka-Seid 1995, pp. 51-52 所収の史料も参照せよ。
61) Dorn 1802: Röschlaub 1803. 引用は，それぞれ，ドールンは pp. 20-21, 28, レシュラウプは，pp. 108, 112, 118-119 である。
62) Schreiben des General-Commissariats Franken vom 25. Januar 1803. (Bayerisches Hauptarchiv München: Ministrium des Inneren 16148), p. 6.
63) Jäck 1812, p. 155.
64) Stolberg 1995, p. 73.
65) Brüggemeier 1996, pp. 133-134.
66) Bayerl 1994.

第 7 章

結　　論

　本書は，日本のエネルギー・環境政策の現状について 2 つの角度から検討を加え，今後の展望をえることを狙いとしていた。一つは，1990 年代～2003 年の環境先進地域 EU，あるいはそのなかの優等国ドイツとの比較を通じて我が国が摂取すべき基本理念・戦略や政策スタイルを明らかにするという，比較の「横軸」に当たる作業。もう一方は，過去 200 年の長期的視野から現代の環境政策の位置づけを探り，「歴史との対話」から教訓を引き出すという，比較の「縦軸」に当たる作業である。この後者の文脈で取り上げたのは 19–20 世紀ドイツ環境史に関わる研究成果の一部に過ぎないが，1980 年代初頭から「成長・進歩」概念に囚われずに，新たな工業化像の再構築に精力的に取り組んできており，それら概念を暗黙の前提としてきた社会経済史・経済諸科学，あるいは技術的解決に大きな信頼を寄せる現在の環境政策に反省を促すのに十分な蓄積をすでにもっている。なお，各章・節の要点は，それぞれの末尾に置かれた小括に挙げておいたので，そちらを参照願うとして，ここでは「横軸」「縦軸」の比較からの教訓をまとめることで，むすびに代えたい。

　(1)　日欧エネルギー・環境政策は，1970 年代の石油危機以降最大の転換点に立っている。今日，石油危機をその規模と範囲においてはるかに超える環境危機に直面し，その抜本的な見直しを迫られているからだ。内的には，先進諸国共通の家庭・交通部門の消費著増を前にして有効な需要抑制策の導入を迫られており，また対外的にも，それぞれ拡大 EU の発効あるいはアジア諸国の急速な経済成長と直接の契機を異にするとはいえ，国際的な責任を果たしながら，安定供給の確保と環境保全の新たな調和を達成しなければな

らないからである．マトレリーは，EU 共通政策の消長は対外・対内情勢の圧力に比例すると主張したが，その所説にしたがえば，日欧エネルギー・環境政策の再編にとってその機は熟しているのである．

ところで，上記のような共通の課題との格闘の産物である日欧エネルギー・環境政策は，その基本理念・目標など根幹部では相通ずるものがある．まず，基本理念に関しては，1992 年リオ地球サミットで提示された行動計画「アジェンダ 21」のうたう「持続可能性」を鍵概念に据えつつ，「経済と環境の両立」の達成を目指している．それが，我が国のエネルギー政策の基本目標の軌道修正——経済成長を効率改善(省エネ)と代置——に導き，低廉な価格での安定供給と効率改善(省エネ)とに環境保全を加えた 3 大支柱が確立したこと，また，相対立する特徴を持つそれら 3 目標の調和的達成をはかるために市場を最大限活用しながらも，環境負荷の拡大や国際競争力の低下を招く恐れがある場合には，政府による政策的舵取りの導入を考えていること，この 2 点でも共通するものがある．さらに，日欧の共同歩調をもっとも印象づけた出来事として，2002 年 3 月の京都議定書の批准決定がある．この軌道修正は，たしかに森林による二酸化炭素吸収分を数値目標削減の手段に組み込むことを条件としてではあれ，それまで国際的な気候変動問題に際し緊密なパートナーとして二人三脚の対応を見せてきた合衆国と袂を分かち，EU 寄りに踏み出すことを内外に宣言したものとして銘記する価値がある．

しかし，その一方で目標達成のために採用される政策手段や政策プロセスには大きな違いがあり，真の意味での「経済と環境の両立」を達成するために我々が学ぶべき点は多い．以下では，基本戦略とそれを達成するための手段の組み合わせ，および政策スタイルの 2 点に限り簡単に見ておこう．

第 1 に，基本戦略の点で EU は，エネルギー転換(脱原子力と再生可能エネルギーの拡充)あるいはそれと不可分の「需要管理」を基本戦略の要に据えている．他方，我が国は 2001 年「今後のエネルギー政策について」や 2002 年「温暖化対策推進大綱」にも明らかなように，エネルギー転換を省エネ・効率化と新エネルギー拡充との補完手段に位置づけており，また合衆国型のエネルギー政策とはっきり一線を画する需要管理についても，2003 年「エネルギー政策(案)」から読みとれるように，高度成長期に形成された需要増加に

第 7 章 結　論

見合った供給確保の考え方を再検討する文脈で，今後の課題に挙げられるにとどまっている．

　まず銘記すべきは，このエネルギー転換の中核に位置する脱原子力の潮流を反転させるのは容易ではないことである．2002年5月欧州委員会が温暖化対策の切り札の一つとして原子力政策の推進をメンバー国の選択に委ねる提案をしたが，近年脱原子力を主張する際の論拠として運転・廃棄物保管の安全性への疑問だけでなく，建設・廃棄物保管から運転停止後の原発遮蔽・解体までの費用から割り出された経済性への疑問も挙げられており，その提案がやすやすと受け入れられるとは思えないからである．EUにおける脱原子力の行方を占う試金石となるドイツの脱原子力は，2003年11月シュターデ原発の商業向け運転停止の決定によりその第1ハードルを越えたし，拡大EU加盟国に残る旧ソ連型原発の安全性と絡めて閉鎖のタイムスケジュールが始動してきた現在，フランスとフィンランド以外に新規に原発を増設する動きが出てくるとは考えづらい．本文中でも繰り返し触れたように，ドイツ連邦環境相トリティンは，「原発大国ほど温室効果ガスの削減に熱心でない」と非難したことがあるが，電力自由化の流れのなかで事実上の旧地域独占の維持にもつながりかねない原子力政策の見直しは，単一の燃料への過度の依存から生ずるリスクを回避するためにも必要なのである．2004年6月に発表されるはずの新版「長期エネルギー需給見通し」が，「準国産エネルギー」の原子力をエネルギー・ミックスの中核に据えるこれまでの方針を中長期的展望のもとに，どのように修正するのか，その行方に注目したい．

　次に，再生可能エネルギーは，文字通り発電過程で二酸化炭素を排出しないクリーンなエネルギーであり，その発展が化石燃料の輸入依存度の軽減にもつながるだけに，これまで以上に積極的な支援策を通じて，その拡充がはかられるべきである．EUでは，1997年「白書」や2001年「EU指針」を通じて具体化に向けていっそう努力が積み重ねられている．もちろん，我が国も2002年5月の「新エネルギー特別措置法」の制定や2003年「エネルギー政策（案）」に盛り込まれた国民への新エネルギーの利用推奨のように，拱手傍観していたわけではない．いや，太陽光発電のように欧州に導入支援のモデルケースを提供した事例もあるにはあるが，その後の展開は十分とは

いえない。

　一つに、拡充の目標があまりに低く設定されていることである。2001年EUが電源に占める再生可能エネルギーの比率を、1997年の13.9％から2010年の22.0％へとほぼ倍増する計画を立てたが、2002年「新エネルギー特別措置法」の掲げる目標は、水力・地熱をも含めて1999年10.3％から2010年の11.4％へとわずか1％増にすぎない。次に、再生可能エネルギーと新エネルギーは同一の概念ではない。後者には、化石燃料起源以外の廃棄物による発電・熱利用が含まれており、本来環境政策の根幹に据えらるべき大量消費・大量投棄型のライフスタイルの修正とは、相容れない廃棄物の増加につながる危険性さえはらんでいる。この問題が、三重県をはじめ自治体の推進するRDF発電所の事故として顕在化したことは周知の通りである。このRDF発電の構想のなかには、環境問題は技術的に解決可能だと考えるテクノクラート的思考が根底に横たわっているが、その点には後に立ち返る。最後に、ドイツにおいて風力発電を世界一にまで押し上げた最大の推進因が「買取り法」の制定であったように、比較的高額の初期投資を要するこの部門にあって電力会社による長期的な買取り義務を保証する制度は不可欠の前提となる。シュルツの適切な指摘にもあるとおり、それを起点として営業認可に当たる役所、損害補償に当たる保険会社、コンサルタルティング会社、設備・機械メーカー、金融機関のノウハウ蓄積などさまざまな分野に正の波及効果を生みだしたからである。2000年の再生可能エネルギー法が、EU諸国から広く継承されたのも、そのような背景があってのことである。市場は、「買取り法」のもとで、「価格は生態系の費用を正確には反映していない」との反省に立ちつつ適正に作動したのである。再生可能エネルギーは、相対的に労働集約度が高く、雇用創出効果を持つことが知られており、その点を考慮するとき、政府による原子力並みの研究開発・導入支援と併せて「買取り法」に準ずる法的措置の導入が待望される。

　EUは、再生可能エネルギー拡充の進展にもかかわらず、総エネルギー消費量の増加が、その相対比率の上昇を相殺するどころか減少させさえしている事情に鑑みて、省エネ・効率化策とバイオ燃料促進策を柱とする「需要管理」を打ち出した。これは、「需要に見合った供給の確保」という右肩上がり

の成長を前提に組み立てられてきた政策基調とは一線を画しつつ，環境負荷の軽減を軸にしてエネルギー政策の根本的修正をねらう意図を持っている。日欧ともエネルギー(炭素)密度改善の点では優等生であり，当然，その直接のターゲットになるのはエネルギー消費の伸びの著しい家庭・民生と交通・運輸の両部門ということになる。そのためにEUでは燃料消費の40%を占める暖房効率の上昇につながる施策，あるいは炭素税・環境税が導入されているが，それに倣って我が国の温暖化対策や炭素税案は早急に練り直されねばならない。

　まず，2001年「新大綱」から判断する限り，我が国の温暖化対策はいかにも現実味に欠ける。そもそも京都議定書の設定した，対1990年比での温室効果ガス削減の数値目標6%のうち90%以上は，森林吸収と京都メカニズムに帰されており，化石燃料消費と密接に関連した二酸化炭素排出の削減でなく，±0の水準への抑制が目標とされている。この生ぬるい対応が，「失われた10年」と称される経済不況のもとで8–10%の二酸化炭素排出増を招き，トリティンの皮肉を込めた批判を浴びることになった。しかも，6%削減を達成するための重要な手段(−1.8–2.0%)に位置づけられている国民的努力・革新的技術開発にしても，経済的な誘導もない努力目標の列記とトップランナー機器の普及や経団連の自主行動計画(硫黄・窒素酸化物の削減では顕著な成果を上げた)の反復に終わっており，「環境問題の元凶」である交通・運輸部門への対応の甘さともども実効性は期待できない。部門別の数値目標を定め，それを達成するための具体的手段を講じ，進行度を中間総括し，定期的に手段を見直しつつ，政策の実を上げるための厳格な体制の確立が待たれる。

　以上のような状況を考慮するとき，2002年以降に温暖化対策税(炭素税)をめぐる論議が，これまで以上に具体性をもって活発に繰り広げられるようになったこと自体，歓迎できよう。とくに，EUでも1992年最初のエネルギー・炭素税導入の試みの挫折後に，1997年最低課税率の設定を経て1999年以降ドイツをはじめその導入がすすみ，家庭・交通部門におけるエネルギー消費削減など，それに先行した北欧諸国と同じように目に見える形の環境効果が出ているからである。2002年「温暖化対策税(中間報告)」を踏まえて発表された2003年「最終案」は，化石燃料に対する輸入・精製時点での上

流課税，ガソリン1ℓ当たり2円程度の低税率，および税収の使途を環境改善向けに定めたことを特徴としており，およそ国勢アンケートの結果に即した内容になっている。ただ，この炭素税が導入されるかどうかは，「新大綱」にうたわれた第1ステップの既存税制のグリーン化を含めた施策の評価を待って初めて2004年度以降に検討されることになっている。前倒しの導入とドイツに倣った定期的な税率見直しにより実効性があがるように設計しなければなるまい。

　第2に，政策スタイルの軌道修正が急務だと考えられる。2002年制定の「エネルギー政策基本法」に従えば，政策策定に当たるのは経済産業相，関係大臣および総合エネルギー調査会に過ぎず，ドイツの「エネルギー対話2000」に象徴されるような市民・環境団体の参加した合意形成こそが重要である。とくに，エネルギー・環境問題の加害者・被害者の中心に位置する国民のライフスタイルの修正なしには，消費削減と環境改善など望むべくもあるまい。EUの標榜する「需要管理」を核とした政策の実を挙げるためにも，小規模・分散型エネルギー生産者として，同時に最多の需要者として政策形成・施行・監視全体への市民の参加が不可欠となってきているからである。2003年「エネルギー政策（案）」は，政策過程への市民の参画を今後の課題に挙げているが，アリバイ作りのために事後的に実施されるヒアリングに代わり，「適正なエネルギー・ミックスの構造」を自ら選択できるスタイルへの一日も早い見直しが必要である。

　このような見直しが必要な理由は，無限の利便性を追求する国民のライフスタイルの転換を促進するためだけではない。ダヒンデンから「テクノクラート型」と呼ばれるトップ・ダウン型の政策スタイルは，当然のことながら問題解決に際して技術偏重に陥る傾向を孕んでいる。たしかに，環境問題への取り組みにとって，技術の協力なしに解決が難しいことは事実である。しかし，専門家は技術的現状に関する的確な情報を伝え，それを基礎に「国家・市民・市場（企業）」の利害関係者が論議し有効な解決策を導出する方法こそが，市民参加型・対話型の意思決定方式として望ましい姿である。とくに，環境政策の効果は技術，法規制，経済手段からの手段選択の問題というよりは，むしろ我々のライフスタイル・価値観・行動様式全般の見直しにか

かっているのだから．テクノクラート型の政策の陥る危険性は，安全性確保が繰り返し主張されながらも，跡を絶たない原発の事故や点検結果隠しから容易に見て取れるし，後述のように歴史からの教訓でもある．

ところで，環境先進地域EUのエネルギー・環境政策の効果をめぐっては争論の余地があり，またエネルギー転換の要の地位を占める再生可能エネルギーの拡充にしても，必ずしも計画通りには進行していない．しかも，2004年5月に控える拡大EUの発効は，ヒト・モノ・カネ・情報の流れをこれまで以上に活発化させ，「需要管理」の徹底や京都議定書の挙げる数値目標の達成を，いちだんと困難にさせる危険性を孕んでいる．しかし，それを拠り所にしてEU政策は，机上の空論と片づけてはならない．市民の合意に基づく基本戦略の策定(エネルギー転換や需要管理)，数値目標の設定(再生可能エネルギー)，研究開発・導入に関する財政支援から法制度の整備といった政策手段の選択，それらの波及効果も睨んでの中間総括，手段の見直しと促進策導入といった具合に政策形成・施行・監視のサイクルが形成されており，しかも「緑のトロイカ」諸国の先導のもと様々なレベルで共同歩調をとって政策理念・手段の浸透が確実に進んでいるからである．それだからこそ，EUのアンケート調査においても環境(エネルギー)は，政府というよりはEUが取り組むべき優先事項と理解されているのである．ドイツの「エネルギー報告」が教えるように，一貫性のないパッチワーク的手段選択によって政策効果を台無しにするような事態は回避しなければならない．EUのエネルギー・環境政策は，その意味からも我々の重要な参照系としての意義を失ってはいない．

(2) ドイツ学界では1970年代の石油危機を契機にして環境史研究は急成長をとげ，今日では独自の学問領域としての地位を確立したといわれる．この環境史は，「成長・進歩」概念に囚われずに経済社会の歩みを追跡する目標を掲げて，新たな工業化像の構築に向けて果敢に挑戦してきた．本論では，この新潮流に触発されつつ，同時に環境政策論の代表者の一人であるイエーニッケらの提唱する「政策主体の配置と主要手段」を目安にした環境政策の時代区分の手法を，19–20世紀初頭ドイツの環境行政の史的考察に遡及的に援用してみた．その結果，19世紀後半から20世紀初頭にかけて，イエーニッケのいう第3局面から第1局面への反転が起こったことが分かった．す

なわち，19世紀前半の初期工業化期の「隣人権」に依拠した市民の裁判・嘆願・出版物など多様な経路を通じた政府・企業家への異議申し立てと強い影響力は，その後19世紀後半以降の重化学工業化・都市化の進展や環境行政の集権化のなかで，しだいに失われてくる。もちろん，その間の道は平坦ではなく，財産・営業の自由を振りかざしながら産業振興をはかる政府・企業と，財産・健康・植生・景観など生活権全般を包括する「隣人権」を拠り所に抵抗を試みる市民とのせめぎ合いが，一進一退を繰り返した。結局，19世紀後半から20世紀初頭の間に市民の権利は，発生した損害賠償に対する事後的な請求に限定されるようになり，政府による法的手段を通じた企業規制という我々に馴染み深い第1局面の図式が完成してくるが，それに先行する19世紀前半までは現在に近い政策主体の配置を確認できるのである。もちろん，19世紀前半と1980年代の経済社会の特質は，工業化の進展度や国制的編成まで大きく異なる点を忘れてはならないが。

　その意味からも，ジーマンからは「二重革命」に加え「エコ革命」の世紀と呼ばれた19世紀の環境史から学ぶべきことは多い。これを「木材不足」論争を素材に検討し，化石燃料への移行を燃料不足・価格高騰という経済・技術的なボトルネックの克服，したがってエネルギー需給バランスから説明せずに，エネルギー転換を受容する経済社会への根本的再編の過程として再解釈してきていることを明らかにした。初期経済学（官房学）もその普及に一役買った「成長」「自然の資源化（効用化）」「至福概念の世俗化」の台頭，啓蒙期を特徴づける科学主義・技術主義の高らかな宣言が，隣人権に集約される生活権や生態系の保全，「生業合理性」，あるいは農林業の利潤説の引きずる持続可能性・需要充足のような原則と併存していた。この併存状況は，ブリュッゲマイアーらのように工業化の「過渡期」の特質と片づけることも可能だが，この場では「伝統と近代」の対比につながりがちな「過渡期」の表現をとらない。むしろ，「成長・進歩」に囚われない新たな工業化像構築の一つの試みとして，今後のエネルギー・環境政策が考慮すべき「環境史からの教訓」3点を指摘したい。

　第1に，環境負荷が地球的規模にまで拡大した現代は，市場経済が離床してくる19世紀ドイツ経済社会が対峙した問題に，グローバルな次元でふたた

び直面しているとも言えよう。マクニールは，人口増加の加速度化と財・エネルギー生産・消費の増加が反復可能な範囲を超えていることを指摘し，市場経済に基づく大量生産・大量消費型経済が地球という器の限界につき当たったことを明らかにし，また多少形こそ違え，レスター・ブラウンは，20世紀後半の人口爆発が 1980 年代半ば以降の食料生産の頭打ち傾向と相まって，地球的規模で「積極的抑制」(マルサス) が作動する危険性に注意を喚起している。つまり，K. ポランニーのいう「希少性と生存(サブシステンス)」と 2 つの経済が地球的規模で問題となってきたのである。人類の存亡の危機が叫ばれる現在，WTO に代表されるように，科学主義を標榜しつつ市場開放を叫んで自由化を極限まで推し進める態度は，「ゲームのルールを知らずに地球を賭けて始めた賭博」との非難を免れまい。「生業合理性と市場合理性」とのせめぎ合い，利潤原理と持続可能性・需要充足原理の絡み合いのなかから，工業化の進展につれて削ぎ落とされてきた重要な要素として「隣人権」を取り上げ，それに凝集的に表現された「人間の健康・財産権と動植物・景観の保全」を基礎に据えつつ，これまで以上に生存型の経済を重要視した社会の構築を目指すこと，これが第 1 の教訓である。

　第 2 に，今日環境問題の最終的な解決策としてその重要性が強調される科学・技術を過信することは控えねばならない。それ自体，「技術進歩」に対する確たる信念に導かれた結果とも見なせるが，発電過程で二酸化炭素を排出しないクリーンなエネルギーであるはずの原子力にせよ，ゴミ処理の究極的切り札 RDF 発電の事故と頓挫にせよ，フロンガスや有害化学物質であれ，功罪相半ばに終わりがちなことを銘記してかかる必要がある。技術は，対処療法として眼前の問題を解決するたびに，それ以上に深刻な環境負荷を先送りしてきたことは，例を挙げるまでもあるまい。バンベルクの事例が教えるように，科学的論証の有無を争点とせずに，危険と見なせる企画・財を排除する予防原則の採用こそが必要なのである。

　ただ，誤解を避けるために一言しておくが，環境問題の解決にとって技術開発・導入が不要だというつもりはない。1970–80 年代の水質・大気汚染浄化に法規制と「排出口での対応」が多大な貢献をしたことは十分承知している。ただ，問題なのは技術開発・導入までは，手近な日常的な対応を見合わ

せて，従来の路線を突き進む態度である。レシュラウプは，石炭蒸気が健康に与える有害・無害を論証するための実験を勧める技術官僚に対し「人体実験」「健康・生命と貨幣の交換」と鋭く批判したが，同じことが，今日地球規模で繰り返されていることを忘れてはならない。地球温暖化問題から見てとれるように，どの程度まで，人間と生態系は温室効果ガスの濃度上昇に耐えうるかを我々は日々実験しているからである。

それに加えて，技術偏重のもう一つの問題は，政策過程全般における専門家・官僚主導のテクノクラート型の意思決定と結びつく傾向を帯びていることである。誰もが加害者にも被害者にもなりうる環境・エネルギー問題の場合，専門家は最新情報を提供し，市民を含む利害関係者自身が議論・意思決定を行えるような政治スタイルの採用こそが重要なのである。とくに，「木材不足」論争が教えるように，エネルギー転換は，平板な経済的・技術的ボトルネックの打破などではなく，主導理念・思想から日常的な自然関係まで経済社会全体の深部からの編成替えと並進したのであり，市民の積極的参画なしに，経済社会の縮図ともいえるライフスタイルの修正など考えられないからである。

第3に，以上からも明らかなように，環境問題への効果的対処のためには，単なる学際的な協力を超えて，より包括的なリスク管理とでも呼べるような学的再編が必要といえよう。我々は新たな技術的装いをまとった再生可能エネルギーの大幅拡充という第3のエネルギー転換の時代に生きているからである。森俊介氏は，環境問題の解決にとって法学・工学・経済学の協力が不可欠なことを，次のように卓抜な表現を用いて指摘されたことがある。「有限性を念頭に置く環境問題では，どうしても何らかの我慢が必要である。いってみれば技術とは我慢しないための，制度(法)は我慢させるための，そして経済(学)は我慢を最小にするための方策というところであろうか」[1]。しかし，それだけでは十分ではない。「木材不足」論争が教えるように，エネルギー転換には理念・思想から日常的なライフスタイルの変化まで経済社会全般を捉える編成替えが伴っていたからである。

そして，この新たな学的再編を考える上で参考になるのが，ワールドウォッチグループの仕事である。新たなエネルギー転換をも視野に入れなが

ら，グローバルな環境危機を南北問題や貧困・性差など社会問題と不可分に絡み合った問題領域と理解しつつ，政策提言も含めて多面的な取り組みを見せている。昨年上梓された『地球白書 2002–2003』は，「アジェンダ 21」以降の取り組みの回顧と展望の位置を占めるが，そのなかで環境問題解決のための基本視角として興味ある提案が行われている。良質な飲料水確保のための施策として，浄化施設の拡充という対処療法にかわる広域的な有機農法の採用による抜本的療法が挙げられ，広領域的な問題を睨んだシステム的接近の必要が叫ばれている[2]。卑近な例を挙げれば，昨今 BSE や鶏インフルエンザ問題に端を発した食肉危機に直面して，食糧自給率の引き上げ論がにわかに浮上してきた。しかし，一方で大量の食料が人間の口に入らず丸のまま廃棄処分される我が国の実情を考慮するとき，我々のライフスタイルを根本的に修正して持続可能な形態に転換しない限り，その種の議論は空論のそしりを免れまい。逆に，そのような経済社会の実現に向けて，存在するボトルネックを一つずつクリアしながら具体的な設計図を描き出すためには，経済学，法学，工学以外にも多様な分野の科学の結集と，新たな「総合的なリスク管理（安全保障）学」とでも呼びうる学的枠組みが不可欠なのである。この点でも，環境史は十分に貢献できると考えている。本論で扱った範囲でも，エネルギー転換に伴う社会経済の根底的再編の重要性を浮き彫りにし，あるいはエネルギー・環境政策の依って立つべき原理として基本的生活権を再発掘してみせたからである。この「総合的なリスク管理学」の構築に向けて，一つの接近視角を与えたこと，これが第 3 の教訓である。

　もちろん，この新たな学的再編も含めエネルギー・環境政策を考える上で残された問題は多い。今後とも，この「現代と歴史」の双方向的な接近方法を踏襲しつつ，日欧エネルギー・環境政策の現状と将来につき，新たな学的再編をも睨んで取り組むことを筆者の課題として，本論の筆を措くことにしよう。

注

1) 森 1992, p. 111.
2) フレイヴィン 2002, pp. 119–120.

資料・参考文献一覧

〈EU 関係の資料〉
（1） Union Policy Energy.
  1） Introduction (Current position and outlook). 1999.
  2） Common Energy Policy.
    ● Investment projects   1996 April.
    ● Energy cooperation   1997 August.
    ● Overall view of energy policy and actions   1997 April.
  3） Energy Efficiency.
    ● Towards a strategy for the rational use of energy   1998 April.
    ● Action plan   1998–2000.
    ● SAVE Programme   2000 February.
  4） Renewable Energy Sources.
    ● Promotion of renewable energy: ALTENAR programme   2000 February.
    ● Green Paper   1996 November.
    ● White Paper laying down a Community strategy and action plan
                                        1997 November.
  5） Taxation Of Energy Products.
    ● Community framework for the taxation of energy products   1999 April.
  6） The Energy Dimension Of Climate Change.   1997 May.
（2） EU Policy Environment.
  1） Introduction (Current situation and outlook). 1999.
  2） General Provisions. Fifth European Community Environment Programme: towards sustainability.   1998 September.
  3） The Integration Of Environmental Policies Into Union Policies.
    ● Current situation and prospects   1999 July.
    ● Environment and employment   1997 November.
    ● A strategy for integrating the environment into EU policies   1998 June.
    ● Integrating the environment into Community energy policy   1998 October.
    ● Approaches to sustainable agriculture   1999 January.
    ● Integration of the environmental dimension in developing countries
                                                   1999 February.
    ● Strategy for integrating the environment into single market   1999 June.
    ● Strategy for integrating the environment into industry   1999 April.

- Strategy for integrating environmental considerations into the common fisheries policy　　1999 July.
- Integrating the environmental dimension into sustainable development of the urban environment　　1999 November.
4) Application And Control of Community Environmental Law.
    - The Amsterdam Treaty: a Comprehensive Guide　1997 September.
5) Environmental Instruments.
    - LIFE: a financial instrument for the environment　　1992–2000.
    - Environmental taxes and charges in the single market　　1997 March.
(3)　Energy for the Future: Renewable Sources of Energy. White Paper for a Community Strategy and Action Plan.　1997 November.
(4)　Report on Nuclear Safety in the Context of Enlargement (Council of the EU). 2001 May.
(5)　Annual Energy Review 2001 (European Commission Directorate-General for Energy and Transport).　2002 January.
(6)　European Barometer 2002. The 2002 Overview of Renewable Energies.　2002 April.
(7)　The Future of Nuclear Energy in the European Union (European Commission for Energy and Transport).　2002 May.
(8)　Peer Review Status Report (Council of the EU).　2002 June.
(9)　Communication from the Commission to the Council and the European Parliament. Final Report on the Green Paper "Towards a European Strategy for the Security of Energy Supply".　2002 June.
(10)　Energy and Transport in Figures. Full List of Tables.　2003.
(11)　Progress in the Negotiation (Chapter 14: Energy).　2003 June.

〈ドイツ関係の資料〉
(1)　Gesetz über die Einspeisung von Strom aus erneuerbaren Energien in das öffentliche Netz (Stromeinspeisungsgesetz).　1990 Dezember.
　1)　Stromeinspeisungsgesetz vom Dezember 7. 1990 in der Fassung vom August 1. 1994.
　2)　Gesetz zur Neuregelung des Energiewirtschaftsrechts.　1998 April.
(2)　Erneuerbare-Energien-Gesetz (EEG) für den Vorrang erneuerbarer Energien (vom Deutschen Bundestag angenommen am Februar 25. 2000).
(3)　Gesetz zum Einstieg in die ökologische Steuerreform.　1999 März.
(4)　Ergebnisse des Energiedialogs 2000.　2000 June.
(5)　Vereinbarung zwischen der Bundesregierung und den Energieversorgungsunternehmen.　2000 June.
(6)　Nationales Klimaschutzprogramm.　2000 Oktober.
(7)　EU-Richtlinie zur Förderung der Erneuerbaren Energien ist in Kraft getreten.

2001 September.
(8) Energiebericht. Nachhaltige Energiepolitik. Versorgungssicherheit, Umweltverträglichkeit, Wirtschaftlichkeit für eine zukunftsfähige Energieversorgung. 2001 November.
(9) Entwicklung der Erneuerbaren Energien: Aktueller Stand. 2002 Januar.
(10) Energieeinsparverordnung. 2002 Februar.
(11) Fachtagung, "Energiewende: Atomausstieg und Klimaschutz". 2002 Februar 15/16.
(12) Nukleare Sicherheit während der Restlaufzeit (Rainer Baake). 2002 Februar 16.
(13) Der Atomausstieg als Chance für den Klimaschutz (Jürgen Trittin). 2002 Februar 16.
(14) Atomgesetz. 2002 April.
(15) Antwort auf die Grosse Anfrage der CDU/CSU-Fraktion zum Energiebericht. 2002 Mai.
(16) Politische Einigung zur Strommengenübertragung vom Phillipsburg nach Obrigheim. 2002 Oktober 14.
(17) Atomkraftwerk Stade geht vom Netz (Die Bundesregierung). 2003 November 14.
(18) Die Zukunft hat begonnen. Das AKW Stade geht vom Netz: wir bauen eine sichere Energieversorgung auf (Reden von J. Trittin). 2003 November 14.

〈デンマーク関係〉
(1) Danish Ministry of Environment and Energy. Energy Statistics 1998.

〈日本関係〉
(1) 「経団連環境自主行動計画」（経団連HP）1997年6月。
(2) 「今後のエネルギー政策について」（「新見通し」総合資源エネルギー調査会）2001年6月。
(3) 「今後のエネルギー政策について」（資源エネルギー庁HP）2002年。
(4) 「京都メカニズム利用ガイド Version 1.0」（経済産業省）2002年1月。
(5) 「地球温暖化対策推進大綱」（「新大綱」環境省地球環境局地球温暖化対策課）2002年3月19日。
(6) 「電力事業者による新エネルギー等の利用に関する特別措置法」2002年5月31日。
(7) 「ヨハネスブルグサミット実施計画案」（環境省仮訳）2002年6月12日。
(8) 「エネルギー政策基本法」2002年6月14日。
(9) 「我が国における温暖化対策税制について（中間報告）」（中央環境審議会地球温暖化対策税制専門委員会）2002年6月18日。
(10) 「エネルギー基本計画案」（総合資源エネルギー調査会・基本計画部会）2003年

7月25日。
(11)「温暖化対策税の具体的な制度の案──国民による検討・議論のための提案」(中央環境審議会,総合政策・地球環境合同部会・地球温暖化対策税制専門委員会) 2003 年 8 月 27 日。

参考文献

Abelshauser, W. (ed.), 1994, *Umwelt Geschichte. Umweltverträgliches Wirtschaften in historischer Perspektive*. Göttingen.

Allnoch, N., 1998, Zur Lage der Wind- und Solarenergienutzung in Deutschland. Herbstgutachten 1998/99. in: *Energiewirtschaftliche Tagesfragen*, 48, pp. 660–666.

Allnoch, N., 1999, Zur Entwicklung der deutschen und europäischen Windenergienutzung 1999. in: *Windkraft Journal*, 19, pp. 24–28.

Andersen, M. S. / Sprenger, R. U. (ed.), 2000, *Market-based Instruments for Environmental Management. Politics and Institutions*. Cheltenham / Northampton.

Bayerl, G., 1994, Prolegomenon der "Grossen Industrie". in: Abelshauser, pp. 29–57.

Bayerl, G. / Troitzsch, U. (ed.), 1998, *Quellentexte der Umwelt von der Antike bis heute*. Göttingen.

Betzhold, U., 1983, Zur Rationalität der Verweisung der Steinkohlefeuerung in den westlichen Preussischen Provinzen in der zweiten Hälfte des 18. Jahrhunderts, in: *Scripta Mercaturae*, 17, pp. 45–61.

Bressers, H. T. / Huitema, D., 2000, What the doctor should know: politicians are special patients.The impact of policy-making process on the design of economic instruments. in: Andersen / Sprenger, pp. 67–86.

Brimblecombe, P. / Pfister, C. (ed.), 1990, *The Silent Countdown. Essays in European Environmental History*. Berlin / Heidelberg / New York.

Brüggemeier, F. J., 1996, *Das unendliche Meer der Lüfte*. Essen.

Brüggemeier, F. J., 2000, New Development in Environmental History. in: *Proceeding Actes. 19th International Congress of Historical Sciences*. Oslo, pp. 375–394.

Brüggemeier, F. J. / Rommelspacher, Th. (ed.), 1989, *Besiegte Natur. Geschichte der Umwelt im 19. und 20. Jahrhundert*. München.

Brüggemeier, F. J. / Rommelspacher, 1992, *Blauer Himmel über der Ruhr. Geschichte der Umwelt im Ruhrgebiet 1840–1990*. Essen.

Brüggemeier, F. J. / Toyka-Seid (ed.), 1995, *Industrie-Natur. Lesebuch zur Geschichte der Umwelt im 19. Jahrhundert*. Frankfurt am Main / New York.

Busch-Lüty, Ch., 1989, Zur Gestaltung des Verhältnisses von Gesellschaft und Natur im realen Sozialismus: Harmonisierung von Ökonomie und Ökologie der Naturnutzung — ein "erstrangiges Problem"? in: Schreiber, pp. 11–42.

Calliess, J. / Rüsen, J. / Striegnitz, M. (ed.), 1989, *Mensch und Umwelt in der Geschichte*. Pfaffenweiler.

Cater, F. W., 1989, Stadt und Umwelt im Sozialismus. in: Schreiber, pp. 60–90.

Dahinden, U., 2000, *Demokratisierung der Umweltpolitik. Ökologische Steuern im Urteil von Bürgerinnen und Bürgern*. Baden-Baden.

Dorn, A., 1802, *Das Schädliche der projektierten Glashütte in der Weiden zu Bamberg, besonders in Hinsicht auf ihre Feuerung mit Bambergischen Steinkohlen, ganz nach medizinischen und vernünftigen Grundsätzen geprücht und erweisen*. Bamberg.

Goldman, M., 1989, Umweltverschmutzung in der Sowjetunion: Die Abwesenheit einer aktiven Umweltbewegung und die Folgen. in: Schreiber, pp. 162–183.

Grabas, M., 1991, "Zwangslagen und Handlungsspielräume". Die Wirtschaftsgeschichtsschreibung der DDR im System der real existierenden Sozialismus. in: *Vierteljahrschrift für Sozial- und Wirtschaftsgeschichte*, 78, pp. 501–531.

Gleitsmann, R. J., 1981, Aspekte der Ressorcenproblematik in historischer Sicht, in: *Scripta Mercaturae*, 15, pp. 33–89.

Grant, W./Mattews, D. / Newell, P., 2000, Introduction. in: Grant et al., *The Effectiveness of European Union Environmental Policy*. London. pp. 120–151.

Grant, W./Mattews, D./Newell, P., 2000a, The Climate Change Policy of European Union. in: Grant et al., 2000, pp. 120–151.

Hahn, H. W., 1998, *Die industrielle Revolution in Deutschland*. (Enzyklopädie deutscher Geschichte, Bd. 49). München.

Hays, S. P., 2000, *A History of Environmental Politics Since 1945*. Pittsburgh.

Henning, F. W., 1996, *Handbuch der Wirtschafts- und Sozialgeschichte Deutschlands*. Bd. 2, Paderborn/München/Wien.

Hoffmann, F./Laschke, M., 1977, Einige Fragen der Erforschung der Sozialistischen Industrialisierung. in: *Jahrbuch für Wirtschaftsgeschichte*, pp. 27–44.

Horsch, G. / Speer, G., 1974, Staatsmonopolistischer Reproduktionsprozess und Umwelt. in: *Wirtschaftswissenschaft*, 22, pp. 1553–1558.

Jäck, J. H., 1812, *Bamberg und dessen Umgebung. Ein Taschenbuch*. Bamberg.

Jänicke, M., 1989, Umweltpolitisches Staatsversagen im realen Sozialismus. in: Schreiber, pp. 43–59.

Jänicke, M., 2000, Environmental Innovations from the Standpoint of Policy Analysis. in: Andersen/Sprenger, pp. 49–66.

Jänicke, M./Kunig, Ph./Stitzel, M. (ed.), 1999, *Lern- und Arbeitsbuch Umweltpolitik. Politik, Recht und Management des Umweltschutzes in Staat und Unternehmen*. Bonn.

Jänicke, M. et al., 1999a, Umweltpolitik in Deutschland. in: *Lern-und Arbeitsbuch Umweltpolitik*. pp. 30–48.

Jasinski, P./Pfaffenberger, W. (ed.), 2000, *Energy and Environment: Multiregulation in Europe*. Aldershot/Burlington/Singapore/Sydney.

Jordan, A. (ed.), 2002, *European Union Environmental Policy — Actors, Institutions and Policy Processes*. London.

Kellenbenz, H. (ed.), 1982, *Wirtschaftsentwicklung und Umweltbeeinflussung (14.–20. Jahrhundert)*. Wiesbaden.

Laschke, M., 1976, Wirtschaftsgeschichte und Umwelt in aktueller und historischer Sicht. Festliches Kolloquium zu Ehren von Hans Mottek am 25. September 1975. in: *Jahrbuch für Wirtschaftsgeschichte*, pp. 241–250.

Leidinger, P., 1991, Von der historischen Umweltforschung zur historischen Ökologie. in: *Westfälische Forschung*, 41, pp. 495–516.

Lübbe. H./Ströker, E. (ed.), 1986, *Ökologische Probleme im kulturellen Wandel*. Paderborn.

Matláry, J. H., 1997, *Energy Policy in the European Union*. Basingstoke/New York.

McCormick, J., 2001, *Environmental Policy in the European Union*. Basingstoke/New York.

McGowan, F., 2000, Reconciling EU Energy and Environment Policy. in: Jasinski./Pfaffenberger, pp. 1–21.

McNeill, J. R., 2000, *Something New under the Sun. An environmental history of the 20th-century World*. London/New York/Toronto.

Mieck, I., 1983, Umweltschutz zur Zeit der frühen Industrialisierung. in: Kellenbenz, pp. 231–245.

Mieck, I., 1989, Industrialisierung und Umweltschutz, in: Calliess et al., pp. 205–228.

Mieck, I., 1993, Wirtschaft und Gesellschaft Europas von 1650 bis 1850. in: Id. (ed.), *Europäsiche Wirtschafts- und Sozialgeschichte von der Mitte des 17. Jahrhunderts bis zur Mitte des 19. Jahrhunderts*. Stuttgart, pp. 1–223.

Mottek, H., 1972, Zu einigen Grundfragen der Mensch-Umwelt-Problematik. in: *Wirtschaftswissenschaft*, 20, 1972, pp. 36–43.

Mottek, H., 1974, Wirtschaftsgeschichte und Umwelt. in: *Jahrbuch für Wirtschaftsgeschichte*, pp. 77–82.

Müller, R. A. (ed.), 1985, *Aufbruch ins Industriezeitalter*. Bd. 2 (Aufsätze zur Wirtschafts- und Sozialgeschichte Bayerns 1750–1850). München.

Mueller-Bülow, K., 1989, Die wissenschaftlich-technische Revolution — ihr Charakter, ihre Einordnung unter Berücksichtigung des Verhältnisses von Ökonomie und Ökologie in kapitalistischer Ländern. in: *Jahrbuch für Wirtschaftsgeschichte*, pp. 149–163.

Nordlander, A., 1999, Energy and Environmental Taxes in the European Community and in OECD Countries. in: Sterner, pp. 204–232.

OECD (ed.), 1997, *Environmental Taxes and Green Tax Reform*. Paris.

Park, A./Pezzey, C. V., 1999, Variations on the Wrong Themes? A Structured Review of the Double Dividend Debate. in: Sterner, pp. 158–180.

Pestman, P., 2000, Dutch Infrastructure Policies. Changing and Contradictory Policy Arragements. in: Tatenhove et al., pp. 71–96.

Pfaffenberger, W./Otte. Ch., 2000, Energy Efficiency in Germany. in: Jasinski/Paffenberger, pp. 99–127.

Pohl, H. (ed.), 1993, *Industrie und Umwelt. Referate und Diskussionsbeiträge der 16. öffentliche Vortragsveranstaltung der Gesellschaft für Unternehmensgeschichte am*

15.5.1991 in Mannheim. Stuttgart.
Radkau, J., 1983, Holzknappung und Krisenbewusstsein im 18. Jahrhundert, in: *Geschichte und Gesellschaft*, 9, pp. 513–543.
Radkau, J., 1986, Warum wurde die Gefährdung der Natur durch den Menschen nicht rechtzeitig erkannt? in: Lübbe/Ströker, pp. 47–78.
Radkau, J., 1990, Umweltproblem als Schlüssel zur Periodisierung der Technikgeschichte. in: *Technikgeschichte*, 57, pp. 345–361.
Radkau, J., 1994, Was ist Umweltgeschichte? in: Abelshauser, pp. 11–28.
Radkau, J.,1996, Technik und Umwelt. in: Ambrosius, G. et al. (ed.), *Moderne Wirtschaftsgeschichte*. München, pp. 119–136.
Radkau, J., 2000, *Natur und Macht. Eine Weltgeschichte der Umwelt*. München.
Ribeiro, M. T./Schlegelmilch, K./Gee, D., 1999, Environmental Taxes seem to be Effective Instruments for the Environment. in: Sterner, pp. 181–203.
Röschlaub, A., 1803, Einiges über die Bamberg'schen Glashüttengeschichte. in: *Hygiea*, 1, pp. 103–120.
Rubner, H., 1967, *Forstgeschichte im Zeitalter der industriellen Revolution*. Berlin.
Schäfer, I., 1983, "Gewerbehierarchie", Instrument der Brennstoffpolitik im 18. Jahrhundert. in: *Scripta Mercaturae*, 17, pp. 63–90.
Schreiber, H. (ed.), 1989, *Umweltprobleme in Mittel- und Osteuropa*. Frankfurt am Main/New York.
Schreiber, H., 1989a, Einleitung. in: Schreiber, pp. 7–9.
Schulz, W., 2000, Promotion of Renewable Energy in Germany. in: Janinski et al., pp. 128–149.
Sieferle, R. P., 1982, *Der unterirdische Wald. Energiekrise und Industrielle Revolution*. München.
Sieferle, R. P., 1984, *Fortschrittfeinde? Opposition gegen Technik und Industrie von der Romantik bis zur Gegenwart*. München.
Sieferle, R. P. (ed.), 1988, *Fortschritte der Naturzestörung*. Frankfurt am Main.
Sieferle, R. P., 1989, Energie. in: Brüggemeier/Rommelspacher, pp. 20–41.
Siemann, W., 1995, *Vom Staatbund zum Nationalstaat. Deutschland 1806–1871*. München.
Sprenger, R. U., 2000, Market-based instrument in environmental policies: the lesson of experience. in: Andersen/Sprenger, pp. 3–24.
Stark, C., 2001, Germany; Rule by Virtue of Knowledge. in: Münch, R. et al. (ed.), *Democracy at Work*. Westport/London, pp. 103–128.
Sterner, T. (ed.), 1999, *The Market and the Environment. The Effectiveness of Market-Based Policy Instruments for Environmental Reform*. Cheltenham/Northampton.
Sterner, T., 1999a, Introduction. in: Sterner, pp. 1–13.
Stolberg, M., 1994, *Ein Recht auf saubere Luft*. Erlangen.
Strenz, W./Narweleit, G./Rook, H. J./Thümmler, H., 1984, Zu den Beziehungen zwischen Gesellschaft und Umwelt von der Industriellen Revolution bis zum Übergang zum

Imperialismus. in: *Jahrbuch für Wirschaftsgeschichte*, pp. 81–132.
Sydow, J. (ed.), 1981, *Städtische Versorgung und Entsorgung im Wandel der Geschichte*. Sigmaringen.
Tatenhove, J. B./Arts, B./Leroy, P. (ed.), 2000, *Political Modernisation and the Environment. The Renewal of Environmental Policy Arrangements*. Dordrecht/Boston/London.
Tatenhove, J. B./Arts, B./Leroy, P., 2000a, Introduction. in: Tatenhove et al., pp. 1–15.
Tatenhove, J. B./Leroy, P., 2000b, Conclusions and Research Agenda: Political Modernisation and the Dynamics of Environmental Policy Arrangements. in: Tatenhove et al., pp. 199–215.
Tietenberg, J., 1999, Disclosure Strategies for Pollution Control. in: Sterner, pp. 14–49.
Troitzsch, U., 1981, Historische Umweltforschung: Einleitende Bemerkungen über Forschungsstand und Forschungsaufgaben. in: *Technikgeschichte*, 48, pp. 177–190.
Troitzsch, U., 1989, Umweltprobleme im Spätmittelalter und der frühen Neuzeit aus technikgeschichtlicher Sicht, in: Hermann, B. (ed.), *Umwelt in der Geschichte*. Göttingen, pp. 89–110.
United Nations, 1992, *Agenda 21: Program of Actions for Sustainable Development*. New York.
Weizsäcker, E. U., 1992, *Erdpolitik. Ökologische Realpolitik an der Schwelle zum Jahrhundert der Umwelt*. 3. Aufl. Darmstadt.
Weizsäcker, E. U./Jesinghaus, J., 1992, *Ecological Tax Reform*. London, New Jersey.
Wengenroth, U., 1993, Das Verhältnis von Industrie und Umwelt seit der Industrialisierung. in: Pohl, pp. 25–44.
Wey, K. G., 1982, *Umweltpolitik in Deutschland. Kurze Geschichte des Umweltschutzes in Deutschland seit 1900*. Opland.
Wiesing, U., 1987, *Umweltschutz und Medizinialreform in Deutschland am Anfang des 19. Jahrhunderts*. Köln.
Ziegler, C. E., 1989, Umweltschutz in der Sowjetunion. in: Schreiber, pp. 92–114.
Zorn, W., 1978, Ansätze und Erscheinungsformen des Umweltschutzes aus sozial- und wirtschaftshistorischer Sicht, in: Schneider, J. (ed.), *Wirtschaftskräfte und Wirtschfatswege*. Wiesbaden, pp. 707–723.
飯田哲也，2000,『北欧のエネルギー・デモクラシー』新評論。
イエーニッケ，M. 他編(長尾伸一・長岡延孝監訳)，1998,『成功した環境政策』有斐閣。
石弘光，1999,『環境税とは何か』岩波新書。
今泉みね子，2003,『ここが違うドイツの環境政策』白水社。
宇沢弘文，1994,『宇沢弘文著作集 I (社会的共通資本と社会的費用)』岩波書店。
OECD (石弘光監訳)，1994,『環境と税制――相互補完的な政策を目指して』有斐閣。
大西健夫・中曽根佐織編，1995,『EU 制度と機能』早稲田大学出版部。
大西健夫・岸上慎太郎，1995,『EU 政策と理念』早稲田大学出版部。

カーソン，レイチェル・L.(青樹簗一訳)，1974，『沈黙の春』新潮文庫。
環境庁編，1999，『環境白書，平成11年版(総説)』大蔵省印刷局。
資源エネルギー庁編，1999，『エネルギー2000』電力新報社。
「社会経済史学会第70回全国大会小特集：環境経済史への挑戦——森林・開発・市場」，2003，『社会経済史学』68-6, pp. 3–74.
社会経済史学会編，2003，『社会経済史学の課題と展望』有斐閣。
田北廣道，1993，「統合下の東ドイツ経済史学の動向」九州大学ドイツ経済研究会編『統合ドイツの経済的諸問題』九州大学出版会，pp. 151–177.
田北廣道，1993a，「前工業化社会から工業化社会へ」武野要子編『商業史概論』有斐閣，pp. 54–57.
田北廣道，2000a，「EUエネルギー政策の基本理念と戦略」九州大学大学院経済学研究院・政策評価研究会編著『政策分析2000——21世紀への展望』九州大学出版会，pp. 303–335.
田北廣道，2000b，「ドイツ学界における環境史研究の現状——エネルギー問題への接近方法を求めて」『経済学研究』67-3, pp. 61–85.
田北廣道，2001，「ヨーロッパにおける環境政策手段の変化——1970年代以降に法規制から経済的手段への重心移動はあったか」九州大学大学院経済学研究院・政策評価研究会編著『政策分析2001——比較政策論の視点から』九州大学出版会，pp. 113–141.
田北廣道，2002，「日本におけるエネルギー政策の展望——ドイツとの比較を中心に」九州大学大学院経済学研究院・政策評価研究会編著『政策分析2002——90年代の軌跡と今後の展望』九州大学出版会，pp. 151–182.
田北廣道，2003，「18-19世紀ドイツにおけるエネルギー転換——『木材不足』論争をめぐって」『社会経済史学』68-6, pp. 41–54.
田北廣道，2003a，「『ドイツ最古・最大』の環境闘争——1802/03年バンベルク・ガラス工場闘争に関する史料論的概観」『経済学研究』69-3・4, pp. 235–269.
田北廣道，2004，「ドイツ中世都市『最古の悪臭防止文書』——15世紀後半のケルン経済社会」藤井美男・田北廣道編著『ヨーロッパ中世世界の動態像——史料と理論の対話(森本芳樹先生古稀記念論集)』九州大学出版会，pp. 543–568.
福田成美，1999，『デンマークの環境に優しい街づくり』新評論。
ブラウン，レスター・R.(加藤三郎監訳)，1992，『地球白書1992-93』ダイヤモンド社。
ブラウン，レスター・R.(浜中裕徳監訳)，1999a，『地球白書1999–2000』ダイヤモンド社。
ブラウン，レスター・R.(枝廣淳子訳)，1999b，『環境ビッグバンへの知的戦略：マルサスを超えて』家の光協会。
ブラウン，レスター・R.(エコフォーラム21世紀監修)，2001，『地球白書2001-02』家の光協会。
フレイヴィン，C.(エコ・フォーラム21世紀監修)，2002，『地球白書2002-2003年』家の光協会。

ペッチョウ，U. 他(白川欽哉・寺西俊一・吉田文和訳)，1994，『統合ドイツとエコロジー』古今書院．
北海道グリーンファンド監修，1999，『グリーン電力——市民発の自然エネルギー政策』コモンズ．
ポランニー，K.(吉沢英成・野口建彦他訳)，1975，『大転換——市場社会の形成と崩壊』東洋経済新報社．
ポランニー，K.(玉野井芳郎・中野忠訳)，1980，『人間の経済』I, II 岩波書店．
ポンティング，C.(石弘之・京都大学環境史研究会訳)，1994，『緑の世界史』(上)(下)朝日新聞社．
宮崎勇・田谷禎三，2000，『世界経済図説(第二版)』岩波新書．
メドウズ，D. H. 他(大来佐武郎監訳)，1972，『成長の限界(ローマ・クラブ「人類の危機レポート」)』ダイヤモンド社．
森俊介，1992，『地球環境と資源問題』岩波書店．
ルードマン，デヴィッド(福岡克也監訳)，1999，『エコ経済への改革戦略』家の光協会．
ワイツゼッカー，E. U.(宮本憲一・楠田貢典・佐々木建監訳)，1994，『地球環境政策——地球サミットから環境の 21 世紀へ』有斐閣．

著者紹介

田北廣道（たきた　ひろみち）　九州大学大学院経済学研究院教授

1950 年生まれ．単著：『中世後期ライン地方のツンフト「地域類型」の可能性――経済システム・社会集団・制度』九州大学出版会，1997 年．

編著：『中・近世西欧における社会統合の諸相』九州大学出版会，2000 年．(藤井美男氏との共編著)『ヨーロッパ中世世界の動態像――史料と理論の対話(森本芳樹先生古稀記念論集)』九州大学出版会，2004 年．

論文：「中・近世ヨーロッパの市場統合と制度」社会経済史学会編『社会経済史学の課題と展望』有斐閣，2002 年．「18–19 世紀ドイツにおけるエネルギー転換――『木材不足』論争をめぐって」『社会経済史学』68-6，2003 年．「『ドイツ最古・最大』の環境闘争――1802/03 年バンベルク・ガラス工場闘争に関する史料論的概観」『経済学研究』69-3・4，2003 年，他．

日欧エネルギー・環境政策の現状と展望
――環境史との対話――

2004 年 7 月 10 日　初版発行

著　者　田　北　廣　道
発行者　福　留　久　大
発行所　(財)九州大学出版会

〒812-0053　福岡市東区箱崎 7-1-146
九州大学構内
電話　092-641-0515　(直通)
振替　01710-6-3677
印刷・製本　研究社印刷株式会社

© 2004　Printed in Japan　　ISBN 4-87378-839-0